弘深·科学技术文库

镁基储氢材料

Magnesium-based Hydrogen Storage Materials

李谦 潘复生 编著

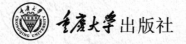

重庆大学出版社

内容提要

本书详细介绍镁基储氢材料领域的新进展及发展趋势。针对镁基储氢材料应用面临活化困难、放氢温度高、吸放氢速度缓慢,以及吸放氢循环寿命短等应用瓶颈,全面系统介绍镁基储氢材料体系的组分、结构与储氢特性、吸放氢反应的热力学与动力学基本原理、制备方法与储氢性能的测试表征技术、镁基储氢材料热力学与动力学改性方法及其应用。本书围绕镁基储氢材料成分-微观组织-制备技术-储氢性能之间的关联性,重点阐述镁基储氢材料领域发展中的新理论、新技术和典型应用案例。注重总结和体现我国科研人员在镁基储氢材料研究中所做的重要贡献,具有较强的科学性、工程指导性和参考价值。

本书可供从事氢能、材料、化工及其他相关行业领域的科研技术人员阅读参考,也可作为该领域高年级本科生和研究生的教材。

图书在版编目(CIP)数据

镁基储氢材料 / 李谦,潘复生编著. — 重庆 : 重庆
大学出版社,2023.1
ISBN 978-7-5689-3173-1

Ⅰ. ①镁… Ⅱ. ①李… ②潘… Ⅲ. ①镁基合金-储
氢合金 Ⅳ. ①TG139

中国版本图书馆 CIP 数据核字(2022)第 035033 号

镁基储氢材料
MEIJI CHUQING CAILIAO

李 谦 潘复生 编著
策划编辑:杨粮菊
责任编辑:陈 力 版式设计:杨粮菊
责任校对:夏 宇 责任印制:张 策

*

重庆大学出版社出版发行
出版人:饶帮华
社址:重庆市沙坪坝区大学城西路 21 号
邮编:401331
电话:(023)88617190 88617185(中小学)
传真:(023)88617186 88617166
网址:http://www.cqup.com.cn
邮箱:fxk@cqup.com.cn(营销中心)
全国新华书店经销
重庆升光电力印务有限公司印刷

*

开本:720mm×1020mm 1/16 印张:16.75 字数:283 千
2023 年 1 月第 1 版 2023 年 1 月第 1 次印刷
ISBN 978-7-5689-3173-1 定价:98.00 元

序

氢能是一种绿色、来源丰富且应用广泛的二次能源。利用太阳能、风能等可再生能源转换成电能电解水制备的"绿氢",在解决环境污染、能源调配和实现能源转型等方面潜力巨大,正逐步成为新能源体系的重要组成部分。同时"绿氢"能帮助可再生能源消纳,实现电网大规模调峰和跨季节储能。国家发展和改革委员会与国家能源局联合印发了《氢能产业发展中长期规划(2021—2035年)》,将氢能上升至国家能源战略高度。氢能的开发与利用正在引发一场深刻的能源革命,氢能将成为破解能源危机、实现"双碳"目标、构建安全高效能源体系的重要途径。

氢能产业链包含氢气制备、储运及应用等重要环节,其中氢的安全储运是氢能走向规模化的关键环节。虽然我国针对氢气储运已做了大量工作,但现有高压气态和液态储氢技术存在易燃爆易泄漏等问题,已成为氢能战略实施的重大瓶颈。固态储氢技术由于其吸放氢条件温和,不存在氢气压缩耗能、泄漏引发爆炸等问题,所以相较于液态和气态储氢方式更为安全经济,并且绿氢的供应商在制氢生产调度与应用方柔性衔接上更为便利。在各种固态储氢材料中,镁基储氢材料具有密度小、储氢容量高、原材料丰富、制备成本低等优势,并且我国资源极为丰富。但镁基储氢材料存在吸放氢温度高、吸放氢速率慢、循环寿命短、在碱液中抗腐蚀性能差等缺点,使其工业化应用受到限制。近年来,如何改进镁固态储氢的性能,全球各国做了大量工作,论文数和专利数都出现了大幅度增长,诸多关键技术有了重要突破,工程化应用已开始推进,引起了能源产业和材料产业的高度关注。

由李谦教授和潘复生院士编著的《镁基储氢材料》总结介绍了重庆大学、上海大学等国内外优势单位在镁储氢材料方面的重要进展。全书从镁基储氢合金及其氢化物的结构、热力学性质和吸放氢反应动力学出发,阐述了镁基储氢合金吸放氢反应的热力学原理和宏微观过程动力学机制;介绍了镁基储氢合金、镁基纳米及复合储氢材料的制备方法;浅析了镁基储氢材料的测试技术和表征方法;最后提出了镁基储氢材料热/动力学调控方法,对其应用进行了详细介绍。作者将抽象的反应热力学和动力学理论知识具体应用到镁基储氢材料的制备和吸放氢过程中,并结合对氢能产业发展的调研与思考以及国内外镁基储氢材料发展的最新进展,为读者展示了镁基储氢材料科学研究与工程应用的全景图。

该专著注重科教融合、产教融合、理实融合,聚焦镁基储氢材料的性能提升,从成分、结构、组织、性能四个维度解析了镁基储氢材料的吸放氢反应。该书篇章布局和结构框架清晰,重点和难点一目了然,内容深入浅出,数据丰富翔实,汇集了镁基储氢材料的结构、性质、气固反应基本理论、制备方法和检测技术等较全面的知识体系,是氢能技术和储能材料领域的一本重要参考书籍。相信该书对氢能领域的科学研究人员、教师及学生、企业家、工程技术人员和投资人都有所裨益。

中国工程院院士

2022 年 12 月 8 日

前　言

　　材料、信息、能源是人类社会的三大支柱。随着世界科技的发展与经济规模的不断扩大,人类对能源的需求与日俱增。石油、煤炭和天然气等化石能源引领了20世纪人类的工业革命。但化石能源因过度消耗而日渐匮乏,其高污染排放也给生态环境带来了前所未有的压力。开发可持续清洁能源从而满足世界日益增长的能源需求已成为当下研究的热点和前沿方向。基于能源使用的零污染物排放原则,太阳能、潮汐能、风能、地热能等都是潜在的可替代化石能源的再生清洁能源。但上述可再生能源也存在时间局限性、地域局限性等诸多不稳定因素,需要优质的二次能源与之配合,才能实现在空间和时间上的"削峰填谷"。氢能具有能量密度高、功能多样性、无污染、无毒无害、储量丰富和环境兼容性等优势,是匹配一次能源的理想二次能源载体,有望在替代化石能源过程中发挥重大作用。

　　氢能全产业链包含制氢、储运氢和用氢3个关键环节。而氢能的高密度储运则是氢制取到应用的桥梁,也是制约世界和我国氢能布局的瓶颈环节。储氢技术主要分为低温液态储氢、高压气态储氢和固态材料储氢。而固态储氢材料根据氢在结构中的存在形式又可分为物理吸附材料和化学氢化物材料。从1968年储氢合金被发现以来,此类储氢材料就以其安全、高效、高储氢密度、便捷等显著优势成为较理想的储氢介质。当前,该领域已经研制出镧(稀土)系、钛铁系、镁系及锆(钒)系四大系列储氢合金。其中,镁基储氢材料具有原材料充裕、理论储氢密度高、充/放氢平台缓、可逆性好等优点,被认为是最具发展前景的大容量储氢材料之一。但镁基储氢材料活化困难、放氢温度高、吸放氢速度缓慢、吸放氢循环寿命短等缺点也成为其实际应用的障碍。镁是活泼金属,表面极易氧化,导致氢在镁表面解离困难。如何解决这些问题是镁基储氢材料领域研究的焦点和热点。早在20世纪70年代,研究人员就开始探索用镍、铜、钛、铝、钇和稀土元素等与镁进行合金化以改善其动力学性能,如镁-镍、镁-稀土和镁-过渡金属-稀土等体系。另一方面,随着纳米材料与纳米技术在 20 世纪 80 年代的兴起,"纳米化"也被广泛应用于改善镁基储氢材料的性能。在复合化和纳米化的研究过程中,催化作用越来越得到关注。迄今为止,改善镁基储氢材料吸放氢性能的方法主要有合金化、复合化、纳米化和催化等。未来,镁基储氢材料需要在成分优化和合成方法两个方面进行深入研究,向多元化镁基储氢材料和多方法调控制备技术方向发展。

针对这一备受关注且迅速发展的领域,国内外已经从多个角度出版了一些关于氢能利用和储氢材料方面的书籍。但鲜见系统总结镁基储氢材料研究进展的专业书籍,为了促进镁基储氢材料的发展,帮助读者更好地了解镁基储氢材料的最新进展,我们编写了这本《镁基储氢材料》,力求较全面反映镁基储氢材料领域取得的新进展和发展趋势,同时希望为从事本专业的技术人员,以及有志于本专业的人员提供专业参考。本书重点介绍镁基储氢材料体系的组分、结构与储氢特性、镁基储氢材料的制备方法与表征测试技术、镁基储氢材料热力学与动力学改性方法及其应用。

全书共分为 5 章,由李谦教授、潘复生院士共同编写。第 1 章主要介绍镁基储氢相及其氢化物的结构和性质、镁基材料氢化物的热力学,从简单体系拓展到多元多相体系;第 2 章以理论与实验研究相结合的方式,介绍镁基储氢材料吸放氢反应的宏微观过程动力学模型及影响因素;第 3 章围绕加工工艺—微观组织—储氢性能关系等,重点阐述镁基储氢合金、镁基纳米及复合储氢材料的先进制备技术,并介绍镁基储氢材料的制粉与氢化方法;第 4 章主要阐述镁基储氢材料的测试技术和方法,重点介绍各项性能指标的测试方法、步骤、注意事项以及结构解析和吸放氢机理方面的表征技术;第 5 章从调控镁基储氢材料热力学与动力学出发,重点阐述吸放氢反应热力学与动力学的影响因素和改善方法,同时介绍镁金储氢材料的具体应用实例。本书在内容上力求简明扼要,将反应热力学和动力学理论知识与镁基储氢材料吸放氢过程紧密结合,以我们课题组的工作成果为主线,并总结国内外镁基储氢材料相关的理论和技术最新进展,经过不断完善和调整编写而成。力求新颖,紧跟时代,注重体现我国科研人员在镁基储氢材料研究中所做的贡献,既可作为相关行业技术从业人员的参考书籍,也可作为高等院校相关专业教学参考书。

鉴于镁基储氢材料发展日新月异,相关文献资料浩如烟海,我们尽量收集国内外的最新研究资料,力求客观准确。但由于编者水平所限,难免以偏概全,甚至有取舍不当、疏漏、不妥乃至错误之处,恳请各位专家和读者批评指正。本书在编写过程中参考了部分参考文献。在此,对文献的作者表示深深的谢意。希望本书能给那些对该领域感兴趣的同行带来帮助,并欢迎大家对本书所覆盖的任何观点和问题进行反馈和开展讨论。

2022 年 3 月

目　录

第1章　镁基储氢合金及其氢化物的结构和热力学性质 ……………………… 001

1.1　镁基储氢相的结构和物理性质 ……………………………………… 001

1.1.1　镁基储氢相的结构 …………………………………………… 002

1.1.2　镁基储氢相的物理性质 ……………………………………… 010

1.2　镁基氢化物的结构和物理性质 ……………………………………… 011

1.2.1　镁基氢化物的结构 …………………………………………… 011

1.2.2　镁基氢化物的物理性质 ……………………………………… 014

1.3　镁基储氢合金的吸放氢反应热力学 ………………………………… 015

1.3.1　镁基储氢合金吸放氢反应的热力学基础 …………………… 015

1.3.2　镁基储氢合金的吸放氢反应热力学特性 …………………… 018

1.3.3　镁基储氢合金的吸放氢反应热力学的改善方式 …………… 021

参考文献 ………………………………………………………………… 023

第2章　镁基储氢合金的吸放氢反应动力学 ……………………………… 026

2.1　镁基储氢合金吸放氢反应的宏观与微观过程 ……………………… 027

2.1.1　镁基储氢合金吸放氢反应的宏观过程和评价方式 ………… 027

2.1.2　镁基储氢合金吸放氢反应的微观过程和评价方式 ………… 029

2.1.3　吸放氢反应宏观与微观动力学过程的联系 ………………… 031

2.2　镁基储氢合金吸放氢反应的微观动力学 …………………………… 032

2.2.1　镁基储氢合金吸放氢反应的微观动力学机理 ……………… 032

2.2.2　储氢合金吸放氢反应的动力学理论模型 …………………… 036

2.3　影响镁基储氢合金吸放氢反应动力学的因素 ……………………… 048

2.3.1 温度的影响 ……………………………………………………… 048

2.3.2 氢压的影响 ……………………………………………………… 052

2.3.3 颗粒尺寸的影响 ………………………………………………… 053

2.3.4 催化剂的影响 …………………………………………………… 055

参考文献 …………………………………………………………………… 057

第3章 镁基储氢材料的制备 ……………………………………………… 061

3.1 镁基储氢合金的制备方法 ………………………………………… 062

3.1.1 熔炼法 ……………………………………………………… 062

3.1.2 粉末冶金 …………………………………………………… 070

3.2 镁基纳米储氢材料的制备方法 …………………………………… 084

3.2.1 球磨法 ……………………………………………………… 084

3.2.2 沉积法 ……………………………………………………… 094

3.2.3 液相还原法 ………………………………………………… 104

3.3 镁基复合储氢材料的制备方法 …………………………………… 105

3.3.1 纳米限域法 ………………………………………………… 105

3.3.2 催化合成法 ………………………………………………… 109

3.4 镁基储氢材料的制粉和氢化方法 ………………………………… 113

3.4.1 制粉方法 …………………………………………………… 113

3.4.2 氢化方法 …………………………………………………… 117

参考文献 …………………………………………………………………… 124

第4章 镁基储氢材料的测试技术和表征方法 ………………………… 136

4.1 镁基储氢材料的性能指标 ………………………………………… 136

4.2 镁基储氢材料的储氢性能测试技术 ……………………………… 139

4.2.1 体积法 ……………………………………………………… 139

4.2.2 重量法 ……………………………………………………… 149

4.3 镁基储氢材料的晶体结构与显微组织表征技术 ………………… 152

4.3.1　晶体结构表征技术 ……………………………………… 153

4.3.2　显微组织表征技术 ……………………………………… 158

参考文献 …………………………………………………………… 166

第 5 章　镁基储氢材料热/动力学调控及其应用 ……………… 169

5.1　镁基储氢合金的氢化反应热力学调控 …………………… 170

5.1.1　影响吸放氢反应热力学的因素 ……………………… 170

5.1.2　合金化和复合化 ……………………………………… 172

5.1.3　纳米化 ………………………………………………… 182

5.2　镁基储氢合金的氢化反应动力学改性 …………………… 192

5.2.1　影响吸放氢反应动力学的因素 ……………………… 192

5.2.2　添加催化剂 …………………………………………… 193

5.2.3　合金化和复合化 ……………………………………… 198

5.2.4　纳米化 ………………………………………………… 203

5.3　镁基储氢材料的应用 ……………………………………… 208

5.3.1　储氢 …………………………………………………… 208

5.3.2　储热 …………………………………………………… 220

5.3.3　储能 …………………………………………………… 226

5.3.4　变色薄膜 ……………………………………………… 233

5.3.5　其他应用领域 ………………………………………… 239

参考文献 …………………………………………………………… 243

第 **1** 章
镁基储氢合金及其氢化物的结构和热力学性质

1.1 镁基储氢相的结构和物理性质

自 1968 年发现储氢合金以来,储氢合金经历了从纯金属到合金,从二元合金到多元合金,从单一系列到多个系列的发展过程。目前,在已经研究的镧(稀土)系、钛铁系、镁系及锆(钒)系四大系列储氢合金中,镁基储氢材料的优点最为明显,镁基储氢材料由于密度小(纯镁密度为 1.74 g/cm^3)、储氢容量高(MgH_2 质量储氢量可达 $w(H_2) = 7.6$ $wt\%$)、资源丰富(地壳中镁含量约 2.3%)和价格低廉($2 \sim 3$ 美元/kg)而得到广泛研究,是目前颇具发展前景的储氢合金材料之一。但纯镁吸放氢速率慢,放氢温度高,储氢容量衰退快,这些问题限制了其实用化进程。为了解决这些问题,研究者开展了大量的工作来改善镁的储氢性能,比如合金化、纳米化、添加催化剂、利用外部能量场效应等方式。其中合金化是最常见、最简便的方式之一。由此开发出了多种多样的镁基储氢合金。本节按照镁基储氢合金的晶体结构及其物化性质进行描述,并从简单体系拓展到多元多相体系。

1.1.1 镁基储氢相的结构

镁具有银白色金属光泽,化学性质活泼,在空气中就能被快速氧化而变暗,与酸反应生成氢气。镁属于碱土金属,位于元素周期表第三周期,属于 IIA 族,晶体结构为密排六方,如图 1.1 所示,空间群为 $P6_3/mmc$(194),常温下晶胞参数 $a = b = 3.195\ 4$ Å,$c = 5.187\ 2$ Å,晶格内滑移系少。镁的合金化能力强,多种元素如 Al、Zn、Sc、Gd、Y 等都能固溶于镁中,但过渡元素 Ti、V、Fe、Co、Ni、Zr 等在镁中的固溶度小。镁的熔点为 923 K,密度比铝还小 1/3,且在自然界中分布广泛,也是人体必需的元素之一。镁的基本物理性质见表 1.1。

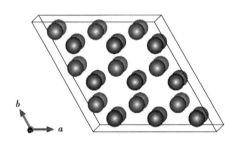

图 1.1　Mg 的晶体结构示意图

表 1.1　镁的基本物理性质

性质	数值	性质	数值
原子序数	12	熔点/K	923±1
原子价	2	沸点/K	1 380±3
相对原子量/$(g \cdot mol^{-1})$	14.305	汽化潜热/$(J \cdot g^{-1})$	5 150 ~ 5 400
原子体积/$(cm^3 \cdot mol^{-1})$	14.0	升华热/$(J \cdot g^{-1})$	6 113 ~ 6 238
原子直径/nm	0.320	燃烧热/$(J \cdot g^{-1})$	24 900 ~ 25 200
泊松比	0.33	镁蒸汽比热容/$[J \cdot (g \cdot K)^{-1}]$	0.870 9
密度/$(g \cdot cm^{-3})$	1.74	室温电导率/$(\Omega \cdot m^{-1})$	23×10⁶
电阻率/$(n\Omega \cdot m)$	47	室温热导率/$[W \cdot (m \cdot K)^{-1}]$	153.66

镁及其合金具有如下特点:

①密度低。镁合金密度为 1.75 ~ 1.85 g/cm³,约为铝的 2/3,钢的 3/4,塑料的 17/10。

②比强度和比刚度高。镁的比强度明显强于铝合金和钢,但略低于纤维增强材料。镁的比刚度、比弹性模量与高强的铝合金和合金钢相差不大,远超过纤维增强材料。

③弹性模量低,阻尼性能好。在受到同样外力冲击时,应力能更均匀分布,不会导致应力过于集中。在弹性范围内承受冲击载荷时,可比铝多吸收50%的能量,适用于抗震部件。

④铸造性和尺寸稳定性好。压铸生产时,由于镁与铁基本不反应,对压铸模的熔蚀少,可延长铸模使用寿命。镁合金铸造加工精度高,高速机械加工同样适用于镁合金。

⑤切削加工性好。可以采用高速、大进给量切削,切削力小,散热快。

⑥热稳定性优良,导热快。

⑦抗电磁干扰和屏蔽性能效果好。

⑧易回收利用,且回收成本低、利用率高,有利于减少矿产资源的开发和改善环境。

⑨镁熔炼时易发生剧烈氧化、燃烧等现象。

当添加元素超过固溶度极限时,将会形成另一种结构的金属间化合物或物相。部分的金属间化合物可以储氢,吸氢后转变为对应结构的氢化物。常见的二元镁基储氢体系包括 Mg-Ni、Mg-Co、Mg-Ti、Mg-Fe、Mg-RE 等,其中可以储氢的金属间化合物列于表 1.2 中。

表 1.2　二元镁基储氢相的晶体结构及其储氢量

二元储氢相	皮尔逊符号 / 结构原型	空间群	晶胞参数/Å	储氢量/wt%
Mg_2Ni	hP18 / Mg_2Ni	$P6_222$	$a=5.19, c=13.21$	3.62
Mg_3La	cF16 / BiF_3	$Fm\bar{3}m$	$a=7.494$	2.89
$Mg_{17}La_2$	hP38 / Th_2Ni_{17}	$P6_3/mmc$	$a=10.359, c=10.240$	4.87
$Mg_{12}Ce$	tI26 / $ThMn_{12}$	I4/mmm	$a=10.33, c=5.96$	5.68
Mg_3Ce	cF16 / BiF_3	$Fm\bar{3}m$	$a=7.428$	3.62
Mg_3Nd	cF16 / BiF_3	$Fm\bar{3}m$	$a=7.37\sim7.41$	1.95
$Mg_{12}Nd$	tI26 / $ThMn_{12}$	I4/mmm	$a=10.310, c=5.930$	5.63
$Mg_{24}Y_5$	cI58 / αMn	$I\bar{4}3m$	$a=11.25$	5.34
Mg_3Pr	cF16 / BiF_3	$Fm\bar{3}m$	$a=7.425$	2.58

Mg-Ni 体系中有两种金属间化合物，Mg_2Ni 和 $MgNi_2$，其相图如图 1.2 所示[1]。Mg_2Ni 是可以储氢的化合物，熔点为 1 032 K，Ni 含量少于 54.7 *wt%* 时可与 α-Mg 形成共晶组织，α-Mg 和 Mg_2Ni 的共晶温度较低(781 K)，通过常规熔炼方法即可制备。Mg_2Ni 的晶体结构示意图如图 1.3 所示。氢可以间隙形式少量固溶于 Mg_2Ni，形成 $Mg_2NiH_{0.3}$。当氢气压力高于对应温度下的金属与氢化物平衡氢压时，将会形成 Mg_2NiH_4 氢化物，且结构不同于 Mg_2Ni。Mg-Ni 合金是常用的储氢镁合金，Mg_2Ni 的储氢容量为 3.6 *wt%*。Mg-Ni 体系的另一种化合物 $MgNi_2$ 在 623 K 和 40 MPa 氢压以下范围内无法吸氢[2]，所以通常采用富镁的 Mg-Ni 合金作为储氢合金。利用 Mg_2Ni 本身可以储氢的特性和对镁储氢的催化作用，极大地改善了纯镁的储氢热力学和动力学行为，同时使合金的储氢容量保持在 3.6～7.6 *wt%*。

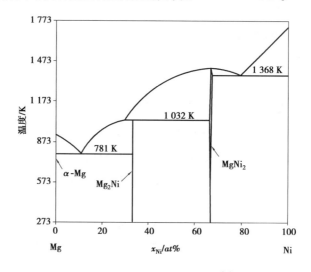

图 1.2　Mg-Ni 二元体系相图[1]

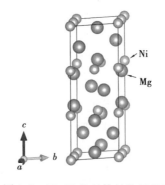

图 1.3　Mg_2Ni 的晶体结构示意图

Mg-Fe、Mg-Co、Mg-Ti 体系都没有稳定的二元金属间化合物,且这些过渡金属元素在 Mg 中的固溶度小于 2 $at\%$。Mg 和 Fe 粉需在高温(约 773 K)和高氢气压力(2~12 MPa)下烧结数天,或在氢气气氛下使用机械合金化才能形成 Mg_2FeH_6。Mg_2FeH_6 具有 5.4 $wt\%$ 的储氢容量和 150 kg H_2/m^3 的体积密度[3-5]。Mg-Co 球磨储氢后得到的 Mg_2CoH_5 和 $Mg_6Co_2H_{11}$ 的氢含量分别为 4.5 $wt\%$ 和 4 $wt\%$。通过机械合金化的方式可以形成 Mg_xTi_{100-x} 合金的过饱和固溶体,如 $25 \leqslant x \leqslant 65$ 范围内形成 BCC 结构固溶体,$35 \leqslant x \leqslant 80$ 范围形成 FCC 结构固溶体,以及 $65 \leqslant x \leqslant 80$ 范围形成 HCP 结构固溶体[6-8],但这些过饱和的固溶体在 473 K 以上将分解。

Mg-RE 体系含有较多的金属间化合物。常见的稀土元素 La、Ce、Nd、Y、Pr 等可以与 Mg 形成一系列结构相似的金属间化合物,如 $REMg_{12}$、RE_2Mg_{17}、RE_5Mg_{41}、$REMg_3$、$REMg_2$、$REMg$ 等。除了尚未报道的 Mg-Pm 相图和金属间化合物,其他轻稀土和镧系稀土的化合物及结构类型列在图 1.4 中。$REMg$ 相几乎存在于所有 Mg-RE 合金体系,且都为简单的 CsCl 结构类型。$REMg_2$ 有两种结构类型,分别为 $MgZn_2$ 和 $MgCu_2$。$REMg_3$ 具有 BiF_3 结构,是 Mg-RE 体系中常见的析出强化相,作为金属间化合物稳定存在于 Mg-La/Ce/Pr/Nd/Sm/Gd/Tb/Dy 体系中。越靠近富 Mg 侧,由于结构复杂性提高,能形成富 Mg 的 Mg-RE 金属间化合物的体系越少,RE_5Mg_{41} 只在 Mg-Ce/Pr/Nd/Sm 体系稳定存在,RE_2Mg_{17} 只在 Mg-La/Ce/Eu 体系稳定存在,$REMg_{12}$ 只在 Mg-La/Ce/Pr 体系稳定存在,而 $NdMg_{12}$ 为亚稳相。Mg-RE 合金氢化后将分解为 REH_x 和 MgH_2,其吸氢反应方程见式 1.1,而由于稀土氢化物的分解平台压低,在通常温度范围内很难分解,所以 Mg-RE 合金可循环的储氢容量是其中 MgH_2 的贡献量。常用的 Mg-RE 储氢合金 Mg 含量较高,包含的镁稀土金属间化合物的晶体结构示意图如图 1.5 所示。

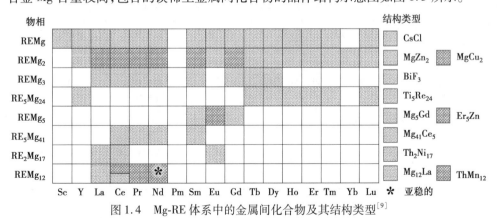

图 1.4　Mg-RE 体系中的金属间化合物及其结构类型[9]

$$\mathrm{Mg}_a\mathrm{RE}_b+\left(\frac{2a+bx}{2}\right)\mathrm{H}_2\longrightarrow a\mathrm{MgH}_2+b\mathrm{REH}_x \qquad (1.1)$$

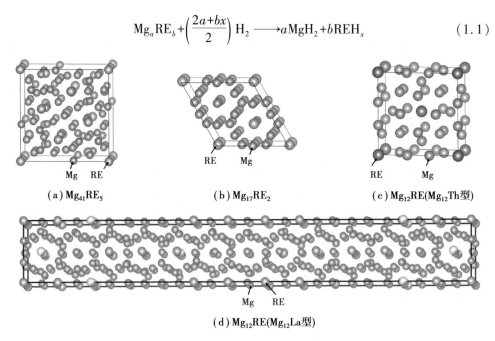

(a) $\mathrm{Mg}_{41}\mathrm{RE}_5$ (b) $\mathrm{Mg}_{17}\mathrm{RE}_2$ (c) $\mathrm{Mg}_{12}\mathrm{RE}(\mathrm{Mg}_{12}\mathrm{Th}型)$

(d) $\mathrm{Mg}_{12}\mathrm{RE}(\mathrm{Mg}_{12}\mathrm{La}型)$

图 1.5 常见的 Mg-RE 合金金属间化合物晶体结构示意图

三元镁基储氢合金大多由 α-Mg 和二元储氢相组成,它们的储氢性能也通常表现为镁和二元金属间化合物的复合。而在众多的镁基储氢合金中,镁-过渡金属-稀土体系受到极大关注,因为这些体系包含众多的三元金属间化合物,如长周期堆垛有序结构相(long period stacking ordered,LPSO)和准晶相等,同时过渡金属和稀土元素的添加明显改善了合金的吸放氢热力学和动力学性能。本书将一些三元的金属间化合物结构信息及储氢容量列在表 1.3 中。

表 1.3 三元镁基储氢相的晶体结构及其储氢量

三元储氢相	皮尔逊符号 / 结构原型	空间群	晶胞参数/Å	储氢量/wt%
18R-LPSO ($\mathrm{Mg}_{85}\mathrm{Zn}_6\mathrm{Y}_9$)	mS144 / $\mathrm{Mg}_{29}\mathrm{Gd}_4\mathrm{Al}_3$	C2/m	$a=11.1$ $b=19.3$ $c=16.0$	4.6~5.3
18R-LPSO ($\mathrm{Mg}_{12}\mathrm{NiY}$)	—	—	$a=11.12$ $b=19.26$ $c=46.89$	4.6~5.1

续表

三元储氢相	皮尔逊符号 / 结构原型	空间群	晶胞参数/Å	储氢量/$wt\%$
14H-LPSO （$Mg_{92}Cu_{3.5}Y_{4.5}$）	—	P63/mcm	$a=b=11.1$ $c=36.58$	5.5
10H-LPSO	hP120 / $Mg_{23}Zn_3Y_4$	P63/mcm	$a=b=11.1$ $c=26.0$	—
12R-LPSO	—	P1	$a=11.28$ $b=11.13$ $c=30.68$	—
$Nd_4Mg_{80}Ni_8$	tI92 / $Mg_{20}NdNi_2$	I41/amd	$a=b=11.274$ $c=15.917$	4.9
$Nd_{16}Mg_{96}Ni_{12}$	oS124 / $Mg_{24}Nd_4Ni_3$	Cmc21	$a=15.342$ $b=21.675$ $c=9.486$	3.9
$LaMg_2Ni$	oS16 / $MgCuAl_2$	Cmcm	$a=4.223$ $b=10.303$ $c=8.360$	1.9
$CeMg_2Ni$	oS16 / $MgCuAl_2$	F-43m	$a=4.863$	1.8
$PrMg_2Ni$	oS16 / $MgCuAl_2$	F-43m	—	1.8
$NdMg_2Ni$	oS16 / $MgCuAl_2$	F-43m	—	2.1
$NdMgNi_4$	cF24 / $MgCu_4Sn$	F-43m	—	1.1
$SmMgNi_4$	cF24 / $MgCu_4Sn$	F-43m	a=7.057	0.9
$LaMg_2Ni_9$	hR36 / $LaMg_2Ni_9$	R-3m	$a=4.924$ $c=2.387$	1.9
$CaMg_2Ni_9$	hR36 / $LaMg_2Ni_9$	R-3m	$a=4.925$ $c=23.787$	1.5
La_2MgNi_9	hR36 / $LaMg_2Ni_9$	R-3m	$a=5.031$ $c=24.302$	1.5
Sm_2MgNi_9	hR36 / $LaMg_2Ni_9$	R-3m	$a=4.969$ $c=24.253$	1.4

Mg-TM-RE（TM＝Al,Zn,Cu,Ni,Co）体系中,已发现的长周期堆垛有序结构有 24R、14H、18R、10H、12R 等,其命名中的数字表示堆垛周期,而 H 和 R 表示堆垛的对称性。图 1.6 给出了几种典型 LPSO 结构的高角环形暗场电子显微图像,亮色衬度原子表示过渡金属或稀土原子的偏聚层,微观上周期性排列成为其结构特色,也是吸氢过程中形成原位纳米 Mg_2Ni 和 REH_x 颗粒的结构基础。18R 的 $Mg_{12}NiY$ 在 573 K 的储氢容量达 4.6～5.1 $wt\%$[10,11],镁含量更高的 14H-$Mg_{92}Cu_{3.5}Y_{4.5}$ 相储氢容量达 5.5 $wt\%$。这些富 Mg 的 LPSO 相都是潜在的高性能镁基储氢合金。

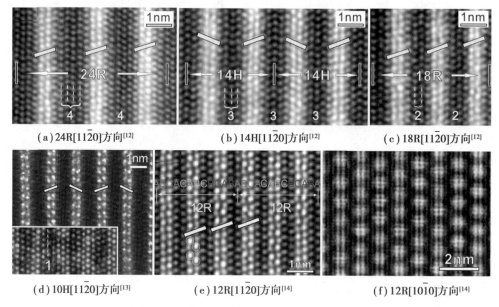

(a) 24R[11$\bar{2}$0]方向[12]　　(b) 14H[11$\bar{2}$0]方向[12]　　(c) 18R[11$\bar{2}$0]方向[12]

(d) 10H[11$\bar{2}$0]方向[13]　　(e) 12R[11$\bar{2}$0]方向[14]　　(f) 12R[10$\bar{1}$0]方向[14]

图 1.6　Mg-TM-RE 体系中 LPSO 的 STEM 图像

Mg-Ni-Nd 体系中没有 LPSO 相的报道,但在富 Mg 角存在多种新型的金属间化合物,如 $Nd_4Mg_{80}Ni_8$、$Nd_{16}Mg_{96}Ni_{12}$、$NdMg_5Ni$、$NdMg_2Ni$ 等。其 中 $Nd_4Mg_{80}Ni_8$ 和 $Nd_{16}Mg_{96}Ni_{12}$ 的晶体结构已通过同步辐射结合高分辨透射解析,基本结构信息见表 1.3。这两种物相的储氢容量分别为 4.8 $wt\%$ 和 3.9 $wt\%$,并且 $Nd_4Mg_{80}Ni_8$ 相具有优异的循环寿命,在 573 K 下循环 819 次后仍保留其最高储氢容量的 80%[15]。优异的循环寿命来源于稳定的组织结构。$Nd_4Mg_{80}Ni_8$ 相初始吸氢分解为纳米级的 NdH_2、α-Mg 和 Mg_2Ni,其中 NdH_2 的平均颗粒尺寸仅为 32 nm,并在后续的循环过程中缓慢长大,限制了 α-Mg 的生长,同时作为 α-Mg 和 MgH_2 吸放氢的催化剂,极大地提升了该合金的吸放氢动力学性能。$NdMg_5Ni$ 的结构与 LPSO 有些相似,由几层 Mg

原子构成的框架沿着 c 轴堆垛而成,Mg 原子层间被 NiNd 层隔开,如图 1.7 所示。但由于该物相中镁含量低,储氢容量仅为 3.2 $wt\%$[16]。

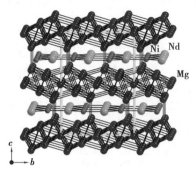

图 1.7　沿着 a 轴方向观察的 $NdMg_5Ni$ 结构[17]

REMg$_2$Ni 化合物如 LaMg$_2$Ni、CeMg$_2$Ni、NdMg$_2$Ni 和 PrMg$_2$Ni 也具有储氢能力,但由于镁含量仅为 50 $at\%$,所以储氢容量一般为 1.7 ~ 2.0 $wt\%$。研究表明 REMg$_2$Ni 吸氢后大多将分解为 REH$_2$ 和 Mg$_2$NiH$_4$。REMgNi$_4$ 和 $(RE_xMg_{1-x})_3Ni_9$ 是 RE-Mg-Ni 体系中少有的可以实现室温可逆储氢的物相,它们吸氢后转变为 REMgNi$_4$H$_4$ 和 $(RE_xMg_{1-x})_3Ni_9H_{12}$,但储氢容量相对较低,仅有 1 $wt\%$ 和 1.5 $wt\%$。三元以上的储氢相通常由其他组元在一元、二元化合物中固溶形成,鲜有新的储氢物相被发现。多元的储氢合金也主要由以上这些 α-Mg、二元和三元的储氢相复合而成。由这些储氢相组合形成的储氢合金也表现出丰富多样的储氢性能。

除了以上富 Mg 侧的金属间化合物外,富 Ni 角也包含一些储氢的金属间化合相,如 REMgNi$_4$ 和超晶格结构化合物,如 AB$_3$、A$_2$B$_7$、A$_5$B$_{19}$ 和 AB$_4$。超晶格的结构都是由[AB$_5$]和[A$_2$B$_4$]亚结构单元沿着 c 轴方向堆垛而成,不同单元间的比例按照 1:1、2:1、3:1 和 4:1 分别形成了以上 4 种超结构类型,它们的晶体结构示意图如图 1.8 所示。[A$_2$B$_4$]亚结构单元又具有两种不同的结构,C14 和 C15 型,这就导致 AB$_3$、A$_2$B$_7$、A$_5$B$_{19}$ 和 AB$_4$ 型金属间化合物具有 2H 和 3R 两种构型。AB$_3$ 型的化合物如 REMg$_2$Ni$_9$ 可以形成 REMg$_2$Ni$_9$H$_{12~13}$ 的氢化物,并且在室温下可以实现吸放氢,通常应用于电池的负极材料。

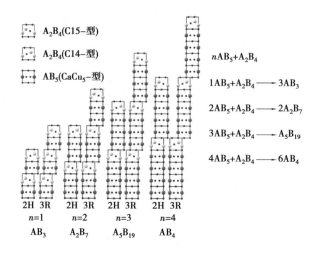

图 1.8　RE-Mg-Ni 体系超晶格金属间化合物的堆垛结构示意图

1.1.2　镁基储氢相的物理性质

金属储氢合金是用于氢气的固态存储介质,具有储氢压力低、体积储氢密度高等优点。但用于储氢装置中还需要考虑储氢合金粉末流动性、吸氢后体积膨胀导致装置变形破坏、金属氢化物粉末导热性差等问题。吸放氢过程中热量的传递取决于合金的有效热导率,虽然纯 Mg 的热导率高达 156 W/(m·K),但随着循环次数的增加,储氢合金的粉化将导致合金有效热导率迅速降低至 0.01~0.1 W/(m·K)。吸氢过程为放热反应,产生的热量难以迅速对外释放,造成合金温度急剧升高。而部分镁基金属间化合物熔点较低,长期使用后易发生挥发和烧结现象,导致合金容量降低,动力学性能变差,循环寿命衰减。因此,镁基金属储氢相的密度和熔点是储氢合金重点关注的物理性质。镁基储氢合金虽然种类繁多,但吸氢后易分解。表 1.4 列举了几种镁基储氢相的密度和熔点信息。Mg-Ti、Mg-Fe、Mg-Co 体系中无稳定的金属间化合物,BCC 结构的 MgCo 通过氢气气氛下球磨形成 Mg_2CoH_5 和 $MgCo_2$ 相。金属储氢相的熔点都高于纯 Mg 的熔点,但当它们与镁混合时,由于共晶温度低于单相的熔点温度,常出现合金熔点降低现象,实际中常利用共晶温度低的特点来合成镁基合金。

表 1.4　几种镁基储氢合金的物理性质

储氢相	密度/(g·cm^{-3})	熔点/K	氢化物相
Mg	1.74	923	MgH$_2$
Mg$_2$Ni	3.8	1 043	Mg$_2$NiH$_4$
MgCo	4.533	—	Mg$_2$CoH$_5$ MgCo$_2$
LaMg$_2$	3.677	1 048	LaMg$_2$H$_7$
CeMg$_2$	3.907	1 023	CeMg$_2$H$_7$
LaMg$_2$Ni$_9$	7.11	—	LaMg$_2$Ni$_9$H$_{12}$

1.2　镁基氢化物的结构和物理性质

1.2.1　镁基氢化物的结构

镁基储氢合金中虽然储氢相众多,但氢化后往往形成以 MgH$_2$ 为主的复合氢化合物,如 MgH$_2$、Mg$_2$NiH$_4$、TiH$_2$ 和 REH$_2$ 等的混合物。主要原因是镁基合金中 Ti、RE等元素与氢原子的结合力更强,更容易首先选择氢化形成 TiH$_2$ 和 REH$_2$ 等氢化物,而这些氢化物的稳定性好,同一温度下分解氢压远低于 MgH$_2$ 的分解压,不易分解,最终以这些元素氢化物的形式留存在合金中。表 1.5 给出了常见的镁基氢化物的结构信息,镁基氢化物与其金属物相的结构往往完全不同,氢不是进入金属物相的间隙位置,而是与镁形成共价键。

表 1.5　镁基氢化物的晶体结构

二元储氢相	皮尔逊符号/结构原型	空间群	晶胞参数/Å
MgH$_2$	tP6 / TiO$_2$	P4$_2$/mnm	$a=4.509\ 6, c=3.015\ 2$
Mg$_2$NiH$_4$(ht)	cF36 / K$_2$PtCl$_6$	Fm-3m	$a=6.489\ 0$

续表

二元储氢相	皮尔逊符号/结构原型	空间群	晶胞参数/Å
$Mg_2NiH_4(rt)$	mS56 / Mg_2NiH_4	$C12/c1$	$a=6.406\ 7, b=6.494\ 1$, $c=14.366\ 7$
Mg_2FeH_6	cF36 / K_2PtCl_6	Fm-3m	$a=6.430\ 0$
Mg_2CoH_5	tP16 / Mg_2CoH_5	P4/nmmO2	$a=4.480\ 0, c=6.619\ 0$
$LaMg_2H_7$	tP40 / $LaMg_2H_7$	$P4_12_12$	$a=6.405\ 4, b=9.599\ 4$
$CeMg_2H_7$	tP40 / $LaMg_2H_7$	$P4_12_12$	$a=6.366\ 3, b=9.522\ 6$

注:ht 表示高温型,rt 表示低温型。

镁只有一种氢化物 MgH_2,且 MgH_2 的晶体结构与 α-Mg 不同。如图 1.9 所示为 MgH_2 的晶体结构示意图,Mg 原子呈体心结构,每个 Mg 原子周围有 6 个 H 原子形成共价键,Mg-H 键长有两种,分别为 1.943 8 Å 和 1.955 2 Å。图 1.10(a)给出了 Mg-H 体系的相图,其中只有一种氢化合物相 MgH_2。氢在镁中的固溶度极小,图 1.10(b)给出了不同氢压下富 Mg 侧的相图,可以看到氢压对氢在 α-Mg 中的固溶度影响很小。α-Mg 中氢的固溶度仅与温度相关,从 373 K 的极小值增加到 495 K 的 0.003 6 $at\%$。而 MgH_2 的稳定存在温度与氢压密切相关。图 1.10(a)中,当氢压升高时,MgH_2 能够稳定存在的温度也随之升高。0.01 MPa 下 MgH_2 升温至 495 K 将分解成 α-Mg 和氢气,即 MgH_2 释放出氢气;而当气氛氢压升高至 0.1 MPa 时,MgH_2 的放氢温度需提高至 560 K。

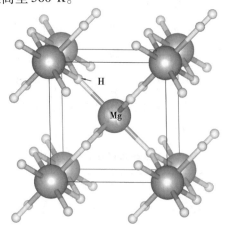

图 1.9　MgH_2 的晶体结构示意图

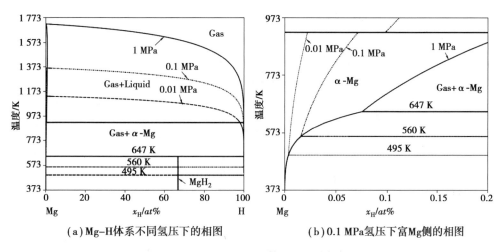

(a) Mg-H体系不同氢压下的相图　　　　(b) 0.1 MPa氢压下富Mg侧的相图

图 1.10　Mg-H 体系相图

Mg_2NiH_4 有两种结构,一种为低温斜方结构的 $Mg_2NiH_4(rt)$,一种为高温面心结构的 $Mg_2NiH_4(ht)$,它们的晶体结构如图 1.11 所示。高温结构和低温结构的转变温度为 508 ~ 513 K,且不随气氛氢压的变化而变化。图 1.12 所示为 Mg_2Ni-H 体系的相图。氢原子在 Mg_2Ni 中具有一定的固溶度,689 K 和 3 MPa 氢压下最大固溶度可达 10 $at\%$。随着气氛氢压的升高,高温 Mg_2NiH_4 的放氢温度升高。0.3 MPa 氢压下,高温 Mg_2NiH_4 的放氢温度为 571 K,而 3 MPa 下,高温 Mg_2NiH_4 的放氢温度升高至 689 K。

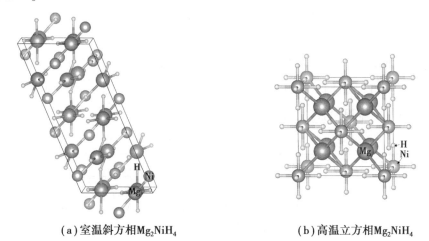

(a) 室温斜方相Mg_2NiH_4　　　　　　(b) 高温立方相Mg_2NiH_4

图 1.11　不同 Mg_2NiH_4 的晶体结构示意图

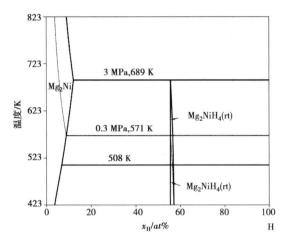

图 1.12 Mg₂Ni-H 体系不同氢压下的相图

1.2.2 镁基氢化物的物理性质

镁基储氢相转变为氢化物后体积变大,所以氢化物的密度通常小于储氢相的密度,见表 1.6。Pilling 和 Bedworth 曾提出金属氧化物和金属体积比的概念[18],即 Pilling-Bedworth Ratio(PBR),用于描述常见金属氧化后的氧化层体积膨胀和收缩率。这一概念也被推广用于氢化物与金属的体积变化[19,20]。对比几种典型的镁基储氢相,其中 Mg₂NiH₄ 的 PBR 值最大,说明 Mg₂Ni 转变为 Mg₂NiH₄ 时体积膨胀最大。最新的研究发现,Mg₂NiH₄ 存在两种结构,分别为单斜的 LT1 结构和正交的 LT2 结构。这两种结构在 494~733 K 都出现了负膨胀现象,体积收缩分别达 18.7% 和 11.3%,这与 LT1 和 LT2 在升温过程中的相转变和放氢有关[21]。而 LaMg₂ 和 CeMg₂ 的氢化物体积膨胀较小,仅为 1.05 和 1.06。

表 1.6 镁基储氢相的物理性质

氢化物相	密度/(g·cm⁻³)	PBR	热导率	分解温度
MgH₂	1.44	1.12	0.6~1.6 W/(m·K) [22] 0.03 W/(m·K) [24](0.4 MPa 氢气气氛下球磨粉末)	560 K (0.1 MPa)
Mg₂NiH₄	2.685	1.36	0.83 W/(m·K) 373 K 和 4.5MPa 氢气条件下测量的[25] 0.65 W/(m·K) 308 K 和 3.5 MPa 氢气条件下测量的[26]	528 K (0.1 MPa)

续表

氢化物相	密度/(g·cm⁻³)	PBR	热导率	分解温度
Mg_2CoH_5	2.882	—		
$LaMg_2H_7$	3.349	1.05	—	—
$CeMg_2H_7$	3.522	1.06	—	—

MgH_2 具有高稳定性和高分解温度,在 0.1 MPa 氢气平台压的条件下,需要 560 K 才能开始放氢。Mg_2NiH_4 的分解温度稍低于 MgH_2,0.1MPa 氢压下的分解温度为 528 K。由于镁基储氢合金反应热大,被认为是最有前途的高温储热材料之一。MgH_2 的有效热导率为 0.6~1.6 W/(m·K)[22],排出和供给热量缓慢限制了氢气吸附和解吸。而在不同氢压和粉末粒度下,氢化物的热导率存在较大差异,如 0.4 MPa 氢气气氛下球磨后的粉末热导率降低至 0.03 W/(m·K),粉末越细,热导率越低。将石墨和 MgH_2 复合可以使其有效热导率提高至 38 W/(m·K)[23]。

1.3 镁基储氢合金的吸放氢反应热力学

1.3.1 镁基储氢合金吸放氢反应的热力学基础

镁基储氢合金中最主要的储氢相是 α-Mg。一些镁-过渡金属或镁-稀土合金氢化后,根据其成分的不同,会分解为不同含量的 MgH_2、镁过渡金属氢化物如 Mg_2NiH_4、Mg_2FeH_6 和稀土氢化物等。如前面提到了镁基储氢合金中包含众多的三元储氢相,如 18R-LPSO($Mg_{12}NiY$)、$Nd_4Mg_{80}Ni_8$、$LaMg_2Ni$ 等。以这几个储氢相为例,它们的吸放氢反应方程式分别为

$$Mg_{12}NiY + 13H_2 \longleftrightarrow 10MgH_2 + Mg_2NiH_4 + YH_2 \qquad (1.2)$$

$$Nd_4Mg_{80}Ni_8 + 84H_2 \longleftrightarrow 64MgH_2 + 8Mg_2NiH_4 + 4NdH_2 \qquad (1.3)$$

$$LaMg_2Ni + 3H_2 \longleftrightarrow Mg_2NiH_4 + LaH_2 \qquad (1.4)$$

由于其中稀土氢化物的分解氢压非常低,通常不参与后续的吸放氢循环,所以镁基

储氢合金的氢化反应可以简单表示成储氢相 Mg 或 Mg 基储氢相的吸放氢,即

$$M+H_2 \longleftrightarrow MH_2 \tag{1.5}$$

该反应的摩尔吉布斯自由能可以表达为

$$\Delta G = \Delta G^\circ + RT \ln \frac{a_{MH_2}}{a_M P_{H_2}} \tag{1.6}$$

其中固态氢化物和金属的活度通常看作 1。当反应达到平衡时,$\Delta G = 0$。此时,方程可以变化为

$$\ln P_{H_2}^{eq} = \frac{\Delta H^\circ}{RT} - \frac{\Delta S^\circ}{R} \tag{1.7}$$

式中　$P_{H_2}^{eq}$——平衡氢压,MPa;

　　　ΔH°,ΔS°——分别是反应标准焓变(kJ/mol H_2)和熵变[J/(mol·K) H_2]。

式(1.7)即著名的 van't Hoff 方程,平衡氢压 $P_{H_2}^{eq}$ 是温度的函数,与反应焓变和熵变有关。

从吸放氢反应的合金微观组成来看,吸放氢反应包含 3 种状态,分别是储氢相、储氢相和氢化物混合物以及完全的氢化物相。一般地,用 α 相表示金属和含氢的金属固溶体结构,用 β 相表示对应的氢化物。热力学上,当金属在一定温度和氢压下放置足够长时间,金属-氢体系将达到这个状态的平衡态。由此,就可以获得氢压-金属成分-温度的平衡状态图,这也是相图的一种。每种金属都有对应的氢压-金属成分-温度曲线,称为 P-C-T 曲线。图 1.13(a)所示为压力-成分-温度曲线示意图,而根据其中平台压与温度的关系就可以获得 van't Hoff 图[图 1.13(b)]。在较大的温度范围内,$\ln P_{H_2}$ 与 $1/T$ 呈严格的直线关系。

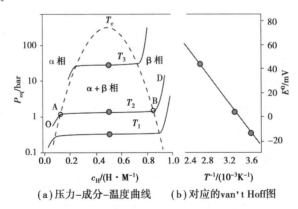

(a)压力-成分-温度曲线　　(b)对应的van't Hoff图

图 1.13　典型的压力-成分-温度曲线与 van't Hoff 图对应关系

P-C-T状态图包含了大量重要的热力学信息,包括储氢容量、特定温度下的吸放氢平衡压力等。如果将P-C-T图看作一张成分-氢压的相图,那么等温线上的每个点都对应了一个平衡状态。当某一合金与周围氢气环境达到平衡时,合金各物相中各元素的化学势相等,则

$$\mu_H^{\alpha} = \mu_H^{\beta} = \mu_H^{Gas} \tag{1.8}$$

而氢气中氢原子的化学势与氢气分子的化学势具有如下关系

$$\mu_H^{Gas} = \frac{1}{2}\mu_{H_2}^{Gas} = \frac{1}{2}\left(\mu_{H_2}^{\circ,Gas} + RT\ln\frac{P_{H_2}^{eq}}{P_{H_2}^{\circ}}\right) \tag{1.9}$$

式中　$\mu_{H_2}^{Gas}$——氢气在气相中的化学势,J/mol;

　　　$\mu_{H_2}^{\circ}$——氢气在标准状况下的化学势,J/mol。

气态的氢压可用压力传感器检测,所以可以简便地通过测定气态氢压来测定合金各相中氢的化学势,也通常用压力-成分曲线来表示金属或合金热力学上的吸/放氢特性。图1.13(a)表示了金属/合金-氢体系的等温氢压曲线,横轴为固相中的氢与金属/合金的原子比,纵轴为氢压。

常见的P-C-T曲线可以分为3个阶段:

①含氢固溶体(α相),位于P-C-T平台的左侧 OA 段,其成分对应于氢原子完全固溶于金属或合金中。

②金属或合金与氢化物两相平衡(α+β相),位于P-C-T平台段(AB段),成分对应于α+β相的两相区。

③氢化物,位于P-C-T平台的右侧 BD 段,成分对应于完全的氢化物。

在第①阶段,随着体系氢压的升高,α相中的氢含量增加。当达到氢在金属中的极限固溶度时,继续升高氢压,α相将与氢反应生成金属氢化物相(β相),进入第②阶段。当出现β相时,合金中形成α+β的两相平衡,此时体系的自由度为1,氢在α相、β相和气相中的化学势相等,如图1.14所示。所以,即使α相和β相含量比变化,而体系的平衡氢压不变,则出现了如图1.13(a)所示的平台段。当继续增加氢压,α相完全转变为β相后,进入第③阶段即完全的氢化物。此后,β相中氢的化学势随着氢压的升高而升高,合金中只包含β+Gas两相。图中 T_1、T_2、T_3 的不同曲线说明不同温度下具有不同的反应平衡压力,且平衡氢压随温度的升高而升高。镁基储氢合金由于α-Mg和MgH$_2$中氢的固溶度极小,所以很难看到α和β相的成分区域,通常只能检测到α-Mg+MgH$_2$的宽平台。

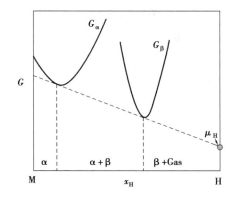

图 1.14　金属或合金-氢体系的吉布斯自由能曲线
和化学势相等示意图

1.3.2　镁基储氢合金的吸放氢反应热力学特性

镁基储氢合金的吸放氢反应热力学特性与 AB_5 型、AB_2 型、AB 型、固溶体型等金属氢化物有明显的差别,具体体现在氢化物的晶体结构(氢的存储位置)、反应焓和反应熵、平台压以及滞后性上。氢在镁和 MgH_2 中的固溶度极小,而氢在 AB_5 型、AB_2 型、AB 型结构金属储氢合金中都具有较大的固溶度,甚至以 Pd、$LaNi_5$ 等为代表的储氢金属或合金主要通过固溶形式将氢存储在间隙位置,而 MgH_2 则与镁的晶体结构完全不同,且氢与 Mg 形成共价键。

氢化反应的反应焓和反应熵可以通过 van't Hoff 方程(1.7)计算,由 $P_{H_2}^{eq}$ 对 $1/T$ 作图,即可获得如图 1.13(b)所示的 van't Hoff 图,由 $\ln P_{H_2}$ 与 $1/T$ 的线性关系求出 ΔH°,由截距求出 ΔS°。图 1.15 给出了镁基储氢合金的 van't Hoff 图。ΔH° 都为负值,说明反应为放热反应。图中直线的斜率体现了反应焓变的大小,斜率越大,说明反应焓越大。In 在镁中的固溶稍微降低了镁的放热反应焓,Mg_2Ni 的反应焓较纯镁有大幅降低,所以在 0.1 MPa 下的放氢温度也降低。ΔS° 值主要取决于气体氢的存在,近似 ΔS° 等于 $-S_{H_2}^\circ$,其中 $S_{H_2}^\circ$ 为氢气的绝对熵,在 298 K 时为 130.6 J/(mol · K) H_2[27],因此各个金属的 ΔS° 相差不大。

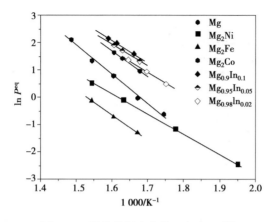

图 1.15　镁基储氢合金的 van't Hoff 图

表 1.7 列出了常见的几种氢化物的放氢标准焓和标准熵。与镁基氢化物相比，AB_5 型的 $LaNi_5H_6$、AB_2 型的 $TiMn_2H_3$ 和 AB 型的 $TiFeH_2$ 氢化物放氢标准焓都远远小于镁基氢化物，对应的放氢温度也较低。而镁基储氢合金较大的反应焓（吸放热）也使其成为具有潜力的储能材料[22]。

表 1.7　各种氢化物的放氢标准焓和标准熵

氢化物	放氢温度/K	$\Delta H°$ /(kJ·mol^{-1} H$_2$)	$\Delta S°$/[J·(mol·K)$^{-1}$ H$_2$]
MgH_2	573	−74.4	130.1
Mg_2NiH_4	527	−64.4	122.2
Mg_2FeH_6	583	−80.0	137.0
Mg_2CoH_5	590	−79.0	134.0
$LaNi_5H_6$	283	−30.9	109.0
$TiMn_2H_3$	216	−24.6	114.0
$TiFeH_2$	265	−28.1	106.0

注：表中给出的放氢温度条件为 0.1 MPa 氢压下。

镁基储氢合金的吸放氢平台较其他储氢合金更平更宽，也表明了镁基储氢合金吸放氢量大的特性。图 1.16 给出了 Mg 和 Mg_2Ni 合金在不同温度下的吸放氢 P-C-T 曲线。MgH_2 的热稳定性高，其分解 $\Delta H°$ 和 $\Delta S°$ 分别是 −74.4 kJ/mol H$_2$ 和 130.1 J/(mol·K) H$_2$，这意味着 MgH_2 在 0.1 MPa 氢压下的放氢温度将高于 573 K。而 Mg_2NiH_4 的放氢平台压较 MgH_2 高，在 523 K 时也可以在 0.1 MPa 下放出氢气。

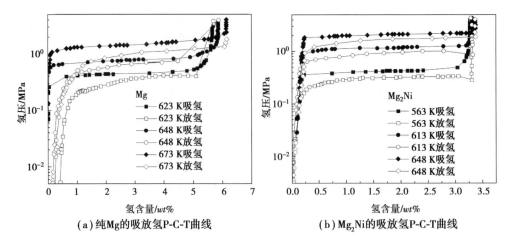

（a）纯Mg的吸放氢P-C-T曲线　　　　（b）Mg₂Ni的吸放氢P-C-T曲线

图 1.16　Mg 和 Mg₂Ni 合金的吸放氢 P-C-T 曲线

热力学上吸/放氢反应是可逆过程,吸/放氢平台压也相等。但实际上放氢和吸氢过程往往存在滞后性,即吸氢生成氢化物时的平衡压力 P_a 一般高于该氢化物解离放出氢气时的平衡压力 P_d,两者平衡压力差称为压力滞后。从图 1.16 可以看到,Mg 和 Mg₂Ni 合金的 P-C-T 曲线中吸放氢都存在滞后。该现象产生的主要原因是金属或合金被氢化后金属晶格膨胀使晶格间产生压应力,但是释放氢时,由于氢化物几乎没有受到应力作用,使分解压降低。滞后系数(H_f)的计算公式为

$$H_f = \ln\left(\frac{P_a}{P_d}\right) \tag{1.10}$$

式中　P_a——吸氢平台压,MPa;

　　　P_d——放氢平台压,MPa。

滞后系数越大,意味着吸放氢平台压差越大,在吸放氢时,需要以更大的温度差来对合金或氢化物进行加热、冷却,或者以更大的压差用于氢气的储存和释放,使得合金的储氢能力和反应热不能有效利用。因此,实际应用中总希望储氢合金滞后系数尽量小。表1.8 给出了镁基储氢合金吸放氢平台的滞后系数,以及与其他几种典型储氢合金的对比。

表 1.8　几种典型氢化物的吸放氢平台滞后系数

氢化物	Pa/MPa	Pd/MPa	滞后系数
MgH_2	0.80(648 K)	0.66(648 K)	0.19
Mg_2NiH_4	1.15(648 K)	0.93(648 K)	0.21
$LaNi_5H_6$	0.20 (353 K)	0.16 (353 K)	0.22
Mg_2FeH_6	3.19 (573 K)	0.69 (573 K)	1.53
$TiFeH_2$	0.99 (298 K)	0.37 (298 K)	0.98
$TiMn2H_3$	0.70 (298 K)	0.44 (298 K)	0.46

1.3.3　镁基储氢合金的吸放氢反应热力学的改善方式

镁基金属氢化物的放氢温度高是其应用的瓶颈,因此人们尝试用各种方式来改善其吸放氢热力学特性,如添加合金元素(Ni、Cu、Al、Ti、Fe、Nb、La、Ce、Y、Si 等)、改善制备方式(球磨、非晶化、微波和磁场热处理)等。合金元素可以形成新的镁基氢化物,降低 MgH_2 的稳定性,从而降低放氢温度。而如果 MgH_2 粉末颗粒足够小,那么其表面能就不能被忽略。外部能量场的引入可以提高合金的吸放氢性能,可能与其引入附加能量项有关。从而可以看出,这些方式的本质是通过合金化降低反应焓、纳米化增加表面能和外场引入附加能量,最终降低反应能量差。本节不具体介绍改善镁基合金吸放氢热力学的具体方法,而是从理论上探讨改善方式的可行性。

根据式(1.6)的反应吉布斯自由能变化,添加表面能和附加能量项,可变化为

$$\Delta G = \Delta G^\circ + RT \ln \frac{a_{MH_2}}{a_M P_{H_2}} + \Delta G^{surf}_{M \leftrightarrow MH_2} + \Delta G^{ext}_{M \leftrightarrow MH_2} \tag{1.11}$$

式中　$\Delta G^{surf}_{M \leftrightarrow MH_2}$——$M \leftrightarrow MH_2$ 转变时表面能差,J/mol;

$\Delta G^{ext}_{M \leftrightarrow MH_2}$——外场对转变的能量贡献,J/mol。

当吸放氢反应达到平衡时,式(1.11)可以简化为

$$RT \ln P^{eq}_{H_2} = \Delta H^\circ - T\Delta S^\circ + \Delta G^{surf}_{M \leftrightarrow MH_2} + \Delta G^{ext}_{M \leftrightarrow MH_2} \tag{1.12}$$

整理式(1.12)可以得到

$$\ln P^{eq}_{H_2} = \frac{\Delta H^\circ + \Delta G^{surf}_{M \leftrightarrow MH_2} + \Delta G^{ext}_{M \leftrightarrow MH_2}}{RT} - \frac{\Delta S^\circ}{R} \tag{1.13}$$

Bérubé 等[28]曾总结过颗粒尺寸对氢化物形成热的影响,其中表面能项表达为

$$\Delta G_{M\leftrightarrow MH_2}^{surf} = \frac{3V_M E_{M\rightarrow MH_2}(\gamma, r)}{r} \tag{1.14}$$

式中 $E_{M\rightarrow MH_2}(\gamma, r)$——表面能项($J/m^2$),是单位面积表面能 $\gamma(J/m^2)$ 和颗粒半径 $r(m)$的函数。

$$E_{M\rightarrow MH_2}(\gamma, r) = \left[\gamma_{MH_2}(r)\left(\frac{V_{MH_2}}{V_M}\right)^{2/3} - \gamma_M(r)\right] + E_{ads} \tag{1.15}$$

式中, V_{MH_2} 和 V_M 是 MH_2 和 M 的摩尔体积,通常金属或合金氢化后体积会膨胀 10%~20%。而氢气在金属或者氢化物表面成键将降低金属或者氢化物与氢气的表面能,因此,将这部分能量的降低用 E_{ads} 表示。

磁场对反应摩尔吉布斯自由能的影响可以表达为

$$\Delta G_{M\rightarrow MH_2}^{mag} = (G_{MH_2}^{mag} - G_M^{mag}) - (E_{MH_2}^{mag} - E_M^{mag}) \tag{1.16}$$

式中 $\Delta G_{MH_2}^{mag}$ 和 ΔG_M^{mag}——MH_2 和 M 的磁吉布斯自由能(J/mol),用 Hillert-Jahl 模型[28]描述,是磁矩 m 和居里温度 T_c 的函数;

$E_{MH_2}^{mag}$ 和 E_M^{mag}——静磁能,J/mol,由外部磁场引入。

$$E_\phi^{mag} = \int_0^B m(T, B)\,dB \tag{1.17}$$

式中 $m(T, B)$——磁化率,与温度 $T(K)$和磁场强度 $B(T)$有关。

将表面能和磁吉布斯自由能表达式代入新的 van't Hoff 公式(1.12)中可以看到标准反应焓变、表面能增量和外场能量对反应热和平衡压的影响。标准反应焓与合金成分相关,通过采用不同元素的合金化,$\Delta H°$将会升高或降低。降低 MgH_2 的尺寸或者引入外场都有可能降低反应焓变。Wagemans 等用 Hartree-Fock 从头算和密度泛函理论计算晶粒尺寸对 Mg 和 MgH_2 热稳定性的影响,计算结果显示 Mg 和 MgH_2 的稳定性都随团簇尺寸的降低而降低,而当团簇少于 19 个 Mg 原子时,MgH_2 的稳定性比 Mg 更低。并预测 MgH_2 团簇尺寸为 0.9 nm 时对应的放氢温度将降低至 473 K。这些热力学理论上的理解为高容量低放氢温度镁基储氢合金设计提供了新的思路。

参考文献

[1] JACOBS M H G, SPENCER P J. A critical thermodynamic evaluation of the system Mg-Ni[J]. Calphad, 1998, 22(4): 513-525.

[2] REILLY J J, WISWALL R H. Reaction of hydrogen with alloys of magnesium and nickel and the formation of Mg_2NiH_4[J]. Inorganic Chemistry, 1968, 7(11): 2254-2256.

[3] POLANSKI M, PtoCIŃSKI T, KUNCE I, et al. Dynamic synthesis of ternary Mg_2FeH_6[J]. International Journal of Hydrogen Energy, 2010, 35(3): 1257-1266.

[4] POLANSKI M, NIELSEN T K, CERENIUS Y, et al. Synthesis and decomposition mechanisms of Mg_2FeH_6 studied by in-situ synchrotron X-ray diffraction and high-pressure DSC[J]. International Journal of Hydrogen Energy, 2010, 35(8): 3578-3582.

[5] CASTRO F J, GENNARI F C. Effect of the nature of the starting materials on the formation of Mg_2FeH_6[J]. Journal of Alloys and Compounds, 2004, 375(1-2): 292-296.

[6] ASANO K, AKIBA E. Direct synthesis of Mg-Ti-H FCC hydrides from MgH_2 and Ti by means of ball milling[J]. Journal of Alloys and Compounds, 2009, 481(1-2): L8-L11.

[7] ASANO K, ENOKI H, AKIBA E. Synthesis of Mg-Ti FCC hydrides from Mg-Ti BCC alloys[J]. Journal of Alloys and Compounds, 2009, 478(1-2): 117-120.

[8] ASANO K, ENOKI H, AKIBA E. Synthesis process of Mg-Ti BCC alloys by means of ball milling[J]. Journal of Alloys and Compounds, 2009, 486(1-2): 115-123.

[9] 李谦, 周国治. 稀土镁合金中关键相及其界面与性能的相关性[J]. 中国有色金属学报, 2019, 29(9): 1934-1952.

[10] ZHANG Q A, LIU D D, WANG Q Q, et al. Superior hydrogen storage kinetics of $Mg_{12}YNi$ alloy with a long-period stacking ordered phase[J]. Scripta Materialia, 2011, 65(3): 233-236.

[11] LI Y, GU Q, LI Q, et al. In-situ synchrotron X-ray diffraction investigation on hydrogen-induced decomposition of long period stacking ordered structure in Mg-Ni-Y system[J]. Scripta Materialia, 2017, 127: 102-107.

[12] NIE J F, ZHU Y M, MORTON A J. On the structure, transformation and deformation of long-period stacking ordered phases in Mg-Y-Zn alloys[J]. Metallurgical and Materials Transactions A, 2014, 45(8): 3338-3348.

[13] YAMASAKI M, MATSUSHITA M, HAGIHARA K, et al. Highly ordered 10H-type long period stacking order phase in a Mg-Zn-Y ternary alloy[J]. Scripta Materialia, 2014, 78: 13-16.

[14] LIU C, ZHU Y, LUO Q, et al. A 12R long-period stacking-ordered structure in a Mg-Ni-Y alloy[J]. Journal of Materials Science & Technology, 2018, 34(12): 2235-2239.

[15] LUO Q, GU Q, LIU B, et al. Achieving superior cycling stability by in situ forming NdH_2-Mg-Mg_2Ni nanocomposites[J]. Journal of Materials Chemistry A, 2018, 6(46): 23308-23317.

[16] OURANE B, GAUDIN E, LU Y F, et al. The new ternary intermetallic $NdNiMg_5$: Hydrogen sorption properties and more[J]. Materials Research Bulletin, 2015, 61: 275-279.

[17] OURANE B, GAUDIN E, ZOUARI R, et al. $NdNiMg_5$, a new magnesium-rich phase with an unusual structural type[J]. Inorganic Chemistry, 2013, 52(23): 13289-13291.

[18] PILLING N B, MEMBER M S, BEDWORTH R E. The oxidation of metals at high temperatures[J]. Journal of the Institute of Metals, 1923, 29: 529-591.

[19] CHOU K C, LUO Q, LI Q, et al. Influence of the density of oxide on oxidation kinetics[J]. Intermetallics, 2014, 47: 17-22.

[20] LI T, LI Q, LONG H, et al. Interpretation of negative temperature dependence of

hydriding reaction in LaNi$_5$-Mg alloys by modified Chou model[J]. Catalysis Today, 2018, 318: 97-102.

[21] LUO Q, CAI Q, GU Q, et al. Negative Thermal Expansion and Phase Transition of Low-temperature Mg$_2$NiH$_4$[J]. Journal of Magnesium and Alloys, 2022, In press. https://doi.org/10.1016/j.jma.2022.09.012.

[22] SHEPPARD D A, BUCKLEY C E. The potential of metal hydrides paired with compressed hydrogen as thermal energy storage for concentrating solar power plants [J]. International Journal of Hydrogen Energy, 2019, 44(18): 9143-9163.

[23] POHLMANN C, RÖNTZSCH L, HU J, et al. Tailored heat transfer characteristics of pelletized LiNH$_2$-MgH$_2$ and NaAlH$_4$ hydrogen storage materials[J]. Journal of Power Sources, 2012, 205: 173-179.

[24] CHAISE A, DE RANGO P, MARTY P, et al. Enhancement of hydrogen sorption in magnesium hydride using expanded natural graphite[J]. International Journal of Hydrogen Energy, 2009, 34(20): 8589-8596.

[25] SUISSA E, JACOB I, HADARI Z. Experimental measurements and general conclusions on the effective thermal conductivity of powdered metal hydrides[J]. Journal of the Less Common Metals, 1984, 104(2): 287-295.

[26] ISHIDO Y, KAWAMURA M, ONO S. Thermal conductivity of magnesium-nickel hydride powder beds in a hydrogen atmosphere[J]. International Journal of Hydrogen Energy, 1982, 7(2): 173-182.

[27] 大角泰章. 金属氢化物的性质与应用[M]. 北京:化学工业出版社, 1990.

[28] BERUBE V, RADTKE G, DRESSELHAUS M, et al. Size effects on the hydrogen storage properties of nanostructured metal hydrides: A review[J]. International Journal of Energy Research, 2007, 31(6-7): 637-663.

第 2 章
镁基储氢合金的吸放氢反应动力学

镁基氢化物固态储氢系统合金的吸放氢过程,从宏观上来看表现为金属氢化物反应器(简称反应器)的储氢和放氢过程,从微观上看是镁合金与氢之间的反应过程。宏观上反应器不同的反应速率,对应于微观反应过程中不同的限制性环节。因此,为了调控镁基储氢合金的反应动力学进程,就需要了解宏观反应的影响因素和微观反应速率的控速环节,及镁基储氢合金的氢化反应动力学机理。反应动力学机理主要研究反应过程的具体途径和反应速率问题,确定反应速率的控速步骤,分析反应速率与各种因素变量之间的定量关系。宏观反应速率与流体的流动特性、传质和传热相关。微观反应则研究镁基合金氢化反应与合金成分及其微观形貌、反应温度、初始氢压等影响因素的关系。两者的研究方法分为实验研究和理论研究两类,实验研究仅给出具体某个条件和时间段内的吸放氢量,变换条件后又需要重新测量,效率低;理论研究主要根据实验观察到的反应现象,抽象出物理模型,结合现有理论推导反应速率和各个变量间的数学关系,建立描述反应过程的动力学模型,结合实验确定部分模型参数,从而可以预测其他未测定条件下的反应速率。本章首先介绍镁基储氢合金吸放氢宏观过程与微观过程的对应关系,然后重点介绍一些经典和常用的吸放氢动力学模型,讨论影响镁基储氢合金吸放氢动力学的因素,最后讨论镁基储氢合金的吸放氢反应微观动力学机理。

2.1　镁基储氢合金吸放氢反应的宏观与微观过程

2.1.1　镁基储氢合金吸放氢反应的宏观过程和评价方式

宏观动力学是研究流体的流动特性、传质和传热的特点等对过程速率的影响。反应速率与传质速率有关,同时还受传热以及反应器的形状、尺寸等因素的影响。金属氢化物一般装填在金属氢化物反应器中,其具有安全性高、体积储氢量高、吸放氢温度温和、工作压力低等优点。反应器吸放氢过程可以分为合金的吸放氢过程和反应器的传热传质过程。反应器的传热传质过程即反应器内的温度传递和氢气流动过程,是宏观反应动力学主要关注的对象。评价反应器的性能指标有储氢量、吸放氢温度、吸放氢速率、工作压力、速率容量比等。

镁合金吸氢反应属于放热反应,产生大量的热量($\Delta H_r = -74.4$ kJ/mol H_2),同时消耗氢。放氢反应则相反,吸收热量,并释放氢。对于微型反应器,粉末床尺度小,床内不同位置上的温度和压力差可以被忽略。但是,在中大型反应器中,由于粉末床的有效热导率较低[小于 2 W/(m·K)],导致吸氢反应产生的热量无法及时排出,粉末床内部区域的温度急剧上升,进而导致粉末床内产生明显的温度梯度。而随着温度的增高,合金的吸氢平衡压上升,导致吸氢速率显著下降。实验分析多种结构反应器的吸氢过程特性表明,传热是实际反应过程的控制环节,初始阶段的床层温度变化最为剧烈[1]。

反应器的设计需要考虑操作条件和传热传质特性强化这两个方面。操作条件指的是初始温度、初始压力、初始氢含量、冷却气体/液体流速等,这些因素直接影响了反应器的吸放氢速率。而反应器传热传质特性强化主要是通过提高传热传质性能的方式,改善温度起伏和压力起伏,进而提升反应器的吸放氢速率。以合金的吸氢过程为例,合金填充于反应器内部,与流入反应器的氢气发生反应,产生热量、消耗氢气。若粉末床没有氢气的补充,则粉末会将床内的氢气吸收,直到压力降低至平衡压,吸氢反应停止。因此,持续的氢气流入是反应器吸氢反应持续进行的必要条件。当粉末床有持续的氢气供给时,氢气会由于合金的吸氢反应而产生压力梯度,此时伴随着氢气的流动,如图2.1所示。在合金开始反应时,吸氢放出的热量会引起温度快速上升,导致吸氢平衡压快速上升,吸氢速率下降。若此时没有对外散热作用,床内的温度会持续上升,直至吸氢平衡压接近氢气的压力,吸氢反应停止。而当壁处存在散热作用时,壁处的温度会比粉末床内部低,在粉末床内产生温度梯度,吸氢反应也能持续进行。散热作用也是反应器吸氢反应持续进行的必要条件。因此,由于合金的吸放氢反应,粉末床内会发生热量传递和氢气流动现象。

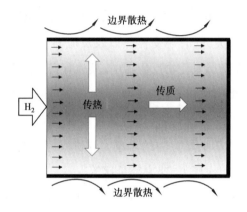

图 2.1　反应器中传热传质过程

影响粉末床热量传递和氢气流动的关键参数是粉末床的有效热导率和渗透率。已知粉末床的有效热导率和渗透率会随着压力、粒径和孔隙率的不同而发生变化。同时,合金的吸放氢体积膨胀和收缩现象会引起粒径和孔隙率变化,进而导致粉末床的有效热导率和渗透率发生变化。这些变化均会对反应器的吸放氢速率产生明显影响。

储氢合金的吸放氢动力学可分为等温、变温和恒流量3种方式。等温吸放氢是指在恒定温度下进行的储氢合金吸放氢过程,其反应速率受温度、初始氢压、冷却气体/液体流速等影响;变温指在特定升降温速率下进行的吸放氢过程,其关注放氢起始温度和反应速率等参数,变温动力学的反应速率受升降温速率、初始氢压和冷却气体/液体流速等影响;恒流量吸放氢是指在恒定氢气流量下的吸放氢过程,其反应速率受氢气流量、温度、氢压、冷却气体/液体流速等影响。

金属氢化物反应器中宏观吸放氢动力学的研究方法可以简单分为实验研究和

理论模拟研究两种方法。实验研究一般基于定性或半定量的经验性认知,无法准确预知反应器的综合性能,更多依赖经验设计反应器。在搭建未知性能的反应器后进行吸放氢实验后,才能知道反应器具体的吸放氢性能,且无法获得粉末床内部的温度和压力分布情况,成本高,时间长。但是实验研究可以获得反应器的吸放氢数据,且数据真实可靠,可用于理论模拟研究的检验。模拟研究主要有物理模拟和数值模拟。物理模拟是通过实验模拟真实物理过程的方法。物理模拟将实际设计的反应器等比例缩小尺寸,在满足基本相似条件(包括几何和操作条件)的基础上,研究等比例缩小后的反应器在不同参数下的影响规律。但由于反应器的吸放氢性能差异是由于传热和传质引起的,等比例缩小反应器后,热交换面积以及传热传质距离均发生了变化,因此反应器的物理模拟只能得到定性的规律,在反应器设计领域应用极少。而数值模拟是研究并预报反应器吸放氢性能的有效方法。数值模拟方法将反应器吸放氢过程中发生的物理化学过程,在一定简化假设的基础上,构建出包括偏微分方程或函数的数学模型。在一定初始和边界条件下,对数学模型中的控制方程采用有限元方法进行耦合求解,获得反应器内温度、压力和氢含量等参数的变化规律及其在反应器内的分布情况,得到反应器吸放氢性能的定量预报结果。数值模拟具有以下优点:

①快速且较为准确地预报反应器的吸放氢性能。

②成本低廉。

③可获得实验无法获得的数据,如反应器内部的温度、压力和氢含量分布等。

因此数值模拟在反应器的动力学研究中得到了广泛的应用。

2.1.2　镁基储氢合金吸放氢反应的微观过程和评价方式

微观动力学是化学反应动力学的基础,其研究反应速率与影响反应速率的各因素间的关系,如反应速率与浓度、温度的关系等。微观动力学假设研究对象内部温度均匀,排除传质、传热、传动等因素影响,关注材料本身的反应速率和机理。

镁基储氢合金的吸放氢反应式可以表示为

$$Mg+H_2 \longleftrightarrow MgH_2 \qquad (2.1)$$

随着吸氢反应的进行,MgH_2 的含量逐渐增加至 Mg 全部转变。通常用氢的质量含量($wt\%$)、氢与金属的原子比(H/M)或者吸放氢量与理论吸放氢量的比值——反应分数(ξ)来表示反应的进程。实际测量时,对于定容反应通过氢压变化计算反应吸放氢量,对于恒压反应则通过质量变化量换算反应吸放氢量随时间或温度的变化关系。

储氢合金的吸氢过程一般由6个步骤组成,如图2.2所示。放氢反应是吸氢反应的逆反应,其过程与吸氢过程相反。吸氢反应的主要过程如下[2]:

①H_2在颗粒表面物理吸附:H_2分子在范德瓦尔斯力作用下物理吸附于颗粒表面。

②H_2在颗粒表面解离并化学吸附:H_2分子解离成H原子并化学吸附于颗粒表面。

③氢原子表面渗透:H原子通过表面向合金晶格渗透。

④α固溶体:氢原子逐渐向晶格内部扩散,形成α固溶体。

⑤α+β两相区:当H原子浓度达到一定程度后,合金发生相变,生成氢化物β相,后续反应氢原子需通过β相向内扩散,β相不断生成和长大。

⑥β相固溶:α相全部转变成β相后,氢原子在更高压力下固溶进β相。

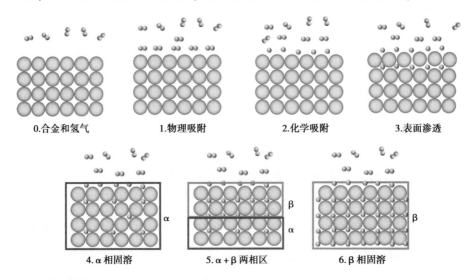

图2.2 合金吸氢过程的示意图

由以上的吸氢过程可以看出,储氢合金的吸氢动力学将受环境因素和合金因素的影响。环境因素包括氢压、温度等。首先反应物氢气是气体,气固反应受气态氢压的影响大,当氢气压力增大时,样品表面的氢气浓度增大,而反应物中平衡氢压与温度相关,因此反应物中氢的浓度差增大,将提升氢气的扩散速率。环境温度升高一方面提升氢化反应速率,但因为吸氢是放热反应,将使氢气平衡压升高,反应驱动力减少。合金因素包括合金的成分、粉末形状和尺寸等。镁合金中添加一些活性合金元素如稀土、过渡金属元素(镍、铁、钴、钛)等将显著提升反应速率。减小镁合金的粉末尺寸和增大颗粒与氢气的接触面积,也可明显提升反应速率。

微观吸放氢动力学的研究方法分为实验研究和理论模型分析两种。实验研究需测定不同反应条件下吸放氢量与时间的关系,耗时长且成本高。实践上通常采用理论与实验相结合的方法对吸放氢反应动力学过程进行研究。理论研究主要根据实验观察到的反应现象,结合现有描述反应过程的理论动力学模型,推导反应速率和各个变量间的数学关系。当动力学模型符合客观实际,则它揭示的动力学规律可适用于不同金属氢化物的吸放氢反应。但是,当吸放氢反应动力学模型缺少某些动力学参数,或模型方程过于复杂难以求解时,则不得不对反应提出一些经验性的假设,部分模型参数也需要通过实验进行确定。

2.1.3 吸放氢反应宏观与微观动力学过程的联系

吸放氢反应的宏观动力学过程与微观动力学过程既存在着明显的差别,也有着密切的联系。从研究尺度上看,宏观动力学研究的尺度大,从整体角度研究整个金属氢化物反应器中宏观传热、传质条件对表观反应速率的影响;而微观动力学研究尺度小,研究微观反应速率与氢气浓度、反应温度等因素之间的关系。从研究对象上看,宏观动力学需要考虑合金本身的吸放氢反应和反应器的传热传质过程,并且更注重传热传质对反应器性能的影响;而微观动力学则主要考虑材料的反应速率和反应机理问题。从研究因素上看,宏观动力学研究的因素包括反应器的形状、气体管道结构、传热介质种类和排布、反应物堆积方式等;而微观动力学则关注影响材料本征动力学的因素,包括氢气分压、温度、升温速率、合金成分,及其形状和尺寸等。从研究手段上看,宏观动力学和微观动力学的研究方法都包括实验研究和理论模拟计算。实验研究方法上的差异由两者的研究对象差别引起,宏观反应动力学需测定反应器中的温度分布、反应器进/出口氢气流速、氢压等;微观动力学则主要测定反应过程中氢压变化、吸放氢量等。宏观动力学的模拟计算比较复杂,在计算耦合合金的吸放氢动力学和反应器吸放氢过程的传热传质方程时,选择数值模拟计算更为简便。微观动力学通常采用动力学模型进行分析,通过不同的模型拟合判断反应的控速环节。表2.1总结了宏观动力学和微观动力学的异同点。目前的动力学研究主要集中在微观反应动力学分析上,本章主要介绍常用的几种经典动力学模型及其在镁基储氢合金上的应用。

表2.1 宏观反应动力学和微观反应动力学的异同点

比较项目	宏观反应动力学	微观反应动力学
尺度	大、宏观	小、微观
研究对象	反应器中的传热和传质	材料的反应速率和反应机理
研究因素	反应器的形状、结构、材质、反应物堆积方式等	氢气分压、温度、升温速率、合金形状和尺寸等
研究手段	实验测定、数值模拟	实验测定、动力学模型计算

2.2 镁基储氢合金吸放氢反应的微观动力学

2.2.1 镁基储氢合金吸放氢反应的微观动力学机理

合金的吸放氢反应是气-固相反应动力学的一种,建模过程需要首先弄清楚反应过程,从中抽象出物理模型。合金的吸放氢反应一般可由下述过程组成:

①物理吸附过程,氢气首先在颗粒表面发生物理吸附。

②化学吸附过程,表面物理吸附的氢分子解离成氢原子,在合金颗粒表面的化学空位上占位。

③表面渗透过程,氢原子通过颗粒表面渗透进入合金的晶格中。

④氢扩散过程,当表面形成一定厚度的 β 氢化物时,氢原子需要扩散穿过 β 相至 α 相和 β 相的界面处。

⑤形核长大过程，β 相在过饱和的 α 相中形核和长大，此步骤对应 α 相具有较大氢的固溶度，且 α 相和 β 相没有明确界面的情况。

⑥界面化学反应，β 相在 α 相和 β 相的界面处形成。放氢反应一般是吸氢反应的逆过程。将合金的粉末抽象为一个球形颗粒，以上各个反应步骤如图 2.3 所示。

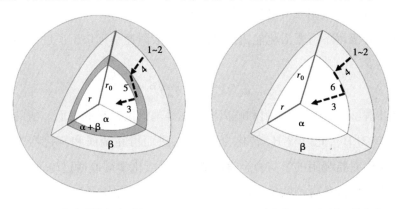

（a）存在形核长大过程　　　（b）反应在 α/β 相界面处发生

图 2.3　吸氢过程示意图

反应步骤包括：①物理吸附；②化学吸附；③表面渗透；

④氢扩散；⑤β 相形核长大；⑥界面化学反应

微观尺度的储氢动力学是分析宏观过程的基础，微观结构和显微偏析演化的原位实验和数值模型可以阐明镁基合金氢化物形成的动力学机制。对于步骤①，也可称为氢的吸附动力学。氢气向镁基金属表面的输送主要是由压力差驱动的。微观尺度上，氢与储氢材料表面的相互作用发生在流体的边界层，氢向表面的传输和氢在表面的吸附通常达到局部平衡，该吸附过程是氢通过分子间作用力或氢键吸附在镁基金属表面的过程。当氢气物理吸附在固体表面时，会在表面形成单分子层，单层吸附后，被吸附的分子通过分子间作用力重新吸附第二层和第三层的分子，形成多分子吸附层。考虑到吸附及其逆过程的动力学，这个过程的速率一般可以如下公式来描述：

$$v_{pa} = k_{ab}^{pa}(1-\theta_{pa})P - k_{de}^{pa}\theta_{pa} \tag{2.2}$$

式中　k_{ab}^{pa}，k_{de}^{pa}——物理吸附及其逆过程的动力学系数，可以用与温度和活化能相关的阿伦尼乌斯公式表示；

θ_{pa}——表面的覆盖率；

P——氢气压力。

根据阿伦尼乌斯公式,式(2.2)也可以表达为:

$$v_{pa} = k_{ab,0}^{pa} \exp\left(-\frac{E_{ab}^{pa}}{RT}\right)(1-\theta_{pa})P - k_{de,0}^{pa}\exp\left(-\frac{E_{de}^{pa}}{RT}\right)\theta_{pa} \tag{2.3}$$

式中 E_{ab}^{pa},E_{de}^{pa}——吸附及其逆过程的活化能。

如果物理吸附不需要活化能,且该过程中的吸附速率远快于逆过程,则式(2.3)可以表示为:

$$v_{pa} = k_{ab,0}^{pa}(1-\theta_{pa})P \tag{2.4}$$

对于步骤②,氢的化学吸附和解离发生在镁基储氢材料的表面。氢的解离可表示为 $H_2 \rightleftharpoons 2[H]$,此过程 H_2 转化为氢原子,进而可在金属和氢化物中渗透和扩散。化学吸附是指吸附的氢与合金表面的原子形成化学键或通过电子转移、交换或共享产生表面配位化合物的动力学过程。化学吸附的原因是已经实现物理吸附的氢与固体表面原子之间的化学相互作用。在化学吸附过程中,发生了电子转移、原子重排、化学键断裂和形成,包括吸附在固体表面和第一层分子上的氢和金属,并形成化合物。由于固体表面凹凸不平,只有部分区域(如晶格缺陷、晶边等位置)具有化学吸附的活性,成为化学吸附的活性位点。固体表面吸收氢后,一个氢分子会解离成两个氢原子,每个氢原子占据一个活性位点。这些活性位点被完全覆盖后,表面的化学吸附就饱和了。通常,化学吸附的动力学速率可以通过 Elovich 方程计算,即表示为:

$$v_{ca} = k_{ab,0}^{ca}\exp\left(-\frac{E_{ab}^{ca}+a\theta_{ca}}{RT}\right)(1-\theta_{ca})^2 P + k_{de,0}^{ca}\exp\left(-\frac{E_{de}^{ca}+b\theta_{ca}}{RT}\right)\theta_{ca}^2 \tag{2.5}$$

式中 a,b——与粒子表面状态有关的系数;

θ_{ca}——固体表面活性位点占比值一般为 $0\sim1$。

当 θ_{ca} 的值较小时,化学吸附的逆过程可忽略,因此式(2.5)可简化为:

$$v_{ca} = k_{ab,0}^{ca}\exp\left(-\frac{E_{ab}^{ca}+a\theta_{ca}}{RT}\right)P \tag{2.6}$$

当 θ_{ca} 取值适中时,式(2.5)中 $(1-\theta_{ca})^2$ 和 θ_{ca}^2 的影响很小,可以近似合并到动力学系数 $k_{ab,0}^{ca}$ 和 $k_{de,0}^{ca}$,式(2.5)表示为

$$v_{ca} = k_{ab,0}^{ca}\exp\left(-\frac{E_{ab}^{ca}+a\theta_{ca}}{RT}\right)P + k_{de,0}^{ca}\exp\left(-\frac{E_{de}^{ca}+b\theta_{ca}}{RT}\right) \tag{2.7}$$

对于步骤③,氢的渗透溶解和扩散到镁基材料内部是氢在固体中的输运过程。在储氢过程的初始阶段,镁基储氢材料的表面覆盖有一层由金属氧化物组成的钝化层。氢的输运首先需要通过这个钝化层,同时还原其中的氧化物。一般情况下,钝化层的氢扩散系数较小,成为氢传输的阻碍因素,因而该氧化物的还原是氢化物生长孕育期的关键。在钝化层脱落或有缺陷的某些位置,氢向金属的传输速度更快。因此,在靠近表面的局部区域产生了一个氢浓度较高的区域,该区域成为氢化物优先形核和生长的位置。此外,钝化层下方氢化物生长引起的局部体积膨胀可能会导致脆性的钝化层出现微观裂纹或脱落,从而为氢的输运提供更快的通道。

当钝化层被还原时,吸附在表面的氢原子与 β 相直接接触,发生渗透。表面渗透过程是指化学吸附在表面的氢原子越过表面几个原子层的晶格进入合金内部的过程。氢原子需要离开化学吸附的活性位点然后从表面转移到晶格中。因此,该过程需要较大的活化能。只有能量较高的氢原子才能渗透到合金中,参与表面渗透的氢原子浓度为 $C_{sur} = k_{ca}\theta_{ca}$,那么表面渗透的动力学速率可以表示为

$$v_{sp} = k_{ab}^{sp} C_{sur} - k_{de}^{sp} C_\beta \tag{2.8}$$

式中　k_{ab}^{sp},k_{de}^{sp}——动力学系数;

　　　C_β——β 相中氢的浓度。

对于步骤④,一旦氢原子进入 β 相内部,其传输过程便遵循经典扩散定律。扩散过程包括氢原子从气体/β 相表面扩散到 α/β 相界面,或者氢原子从 α/β 相界面扩散到分布在 α 相中的 β 相晶粒内部,扩散方程可以表示为

$$\frac{\partial C}{\partial t} = \nabla(D_H \nabla \mu) \tag{2.9}$$

式中　C——氢的浓度;

　　　D_H——扩散系数;

　　　μ——氢的化学势。

氢在固相中的扩散可以视作多相扩散,包括氢在 α 相和 β 相中的扩散、α/β 相界面两侧的氢再分配以及氢沿着晶界的扩散。因此,式(2.9)中的扩散系数 D_H 由各处的温度、相和晶界决定,并且扩散势在不同相中的表达可能不同。在初始阶段,由于氢在材料表面附近的浓度较高,β 相通常在钝化层附近形核并长大。然而氢在 β 相中的扩散系数相对较小,早期形成的 β 相氢化物往往成为氢输运的障碍,进而限制着氢化物向内部的生长。

对于步骤⑤,β 相的形核和生长往往是储氢的关键步骤。此步骤一般是通过 α/β 相界面的生成和移动来实现的。随着 β 相的长大,氢通过扩散到达 α/β 界面并参与化学反应,从而导致该界面的运动,而这个过程也可以看作氢化物在过饱和区的析出。一般来说,α/β 界面的产生和运动受界面区域化学驱动力、体积膨胀引起的微弹性应力和拉普拉斯压力 3 个因素的影响。根据经典的 Stefan 模型,界面动力学方程可表示为:

$$v_{\perp} = \beta(T)(-\Delta G_{\alpha \to \beta}^{ca} - f^{ela} - \sigma \kappa) \tag{2.10}$$

式中 $v_{\perp}$——界面的法向运动速度;

$\beta(T)$——温度相关的动力学系数;

$\Delta G_{\alpha \to \beta}^{ca}$——由 α 相到 β 相的相变驱动力;

f^{ela}——界面上的微弹性应力;

σ——界面能;

κ——界面曲率。

化学驱动力 $\Delta G_{\alpha \to \beta}^{ca}$ 由界面区域的温度、氢浓度以及镁基材料的成分决定。由于氢可在金属中沿晶界快速扩散,晶界及其附近位置的氢浓度往往高于晶粒内部,从而导致晶界周围有更高的化学驱动力,此外晶界的相变动力学因子 $\beta(T)$ 一般大于晶域的相变动力学因子,这些因素都使得氢化物在晶界周围的生长更加有利,β 相氢化物倾向于在 α 相的晶界附近成核并生长到晶粒内部。其次,α 相向 β 相的转变伴随着一定的体积膨胀,因此在 β 相周围产生局部应力。与 α 相相比,β 相的体积一般有 20% 左右的膨胀。并且这种膨胀应变产生的应力通常会压制膨胀相的发展,即在储氢过程中抑制 β 相的生长,而在氢释放过程中促进 α 相的生长。此外 β 相氢化物析出引起的膨胀可能导致微裂纹的产生,从而形成氢气渗入的气相通道。在等温平衡的情况下,吸放氢的氢含量-压力关系平台区与微弹性应力的影响有关。拉普拉斯压力取决于 α/β 界面能和界面曲率,这也是吉布斯-汤姆逊效应(Gibbs-Thomson effect)产生的根源,尤其在 β 相形核和生长初期阶段,界面的曲率很大,拉普拉斯压力的影响会很明显。

2.2.2 储氢合金吸放氢反应的动力学理论模型

通常情况下,步骤①~③是十分迅速的,而氢的扩散、形核长大和化学反应就成为反应的控速环节。目前有很多模型来描述这些步骤控速情况的反应速率,如经典的扩散控速 Jander 模型[3]、Ginstling-Brounshtein(G-B)模型[4]、Valensi-Carter(V-C)模型[5] 和 Chou 模型[6] 等,形核长大控速的 Jonhson-Mehl-Avrami-Kolomogorov(JMAK)模型[7-9]、形核自催化动力学模型[10-12]。下文将介绍这些过程分别作为控速步骤时的吸放氢反应动力学模型。

1)扩散控速的动力学模型

模型假设颗粒内部温度均匀,且外部氢压恒定,其中氢在氢化物层中的扩散速率最慢,为反应的控速环节。

(1)Jander 模型

对于氢扩散控速的过程,吸放氢反应速率与 β 相层的厚度成反比。考虑到球状、柱状和板状颗粒的维度 d 分别为 3、2 和 1,反应分数 ξ 与半径 r(长度)的关系为:

$$\xi = 1 - \left(\frac{r}{r_0}\right)^d \tag{2.11}$$

根据扩散的菲克第一定律,假设扩散界面的面积不变(即将三维和二维扩散简化成一维扩散)[3,13],吸放氢前后的颗粒体积是恒定的,将吸放氢反应前的速率表达成:

$$\frac{\rho dr}{dt} = -\frac{D_H \Delta C}{r_0 - r} \tag{2.12}$$

式中　ρ——合金密度;

　　　D_H——扩散系数;

　　　ΔC——表面和扩散界面的氢浓度差;

　　　r_0——颗粒的原始半径。则

$$\frac{1}{2}r^2 - r_0 r - \frac{1}{2}r_0^2 = \frac{D_H \Delta C}{\rho}t \tag{2.13}$$

联立式(2.11)和式(2.13),得到 Jander 模型的方程积分式:

$$\left[1 - (1-\xi)^{\frac{1}{d}}\right]^2 = \frac{2D_H \Delta C}{r_0^2}t = k_d t \tag{2.14}$$

其中将 $\frac{2D_H \Delta C}{r_0^2}$ 用 k_d 表示,称为反应速率常数,其大小表示反应速率的快慢。k_d 越大,反应速率越快。Jander 模型形式简单,在实际扩散控速的反应动力学中应用广泛,通过拟合反应速率与时间的关系,获得反应速率常数,即可比较反应速率的大小。但影响扩散的因素众多,Jander 模型中只给出了扩散系数和颗粒尺寸与反应速率的关系。

(2)G-B 模型

G-B 模型是在 Jander 模型的基础上,去除了扩散界面的面积不变的假设[4,14]。根据菲克第一扩散定律,对于二维柱状颗粒:

$$\frac{\rho \partial r}{\partial t} = -\frac{D_H \Delta C}{r \ln \left(\frac{r_0}{r} \right)} \qquad (2.15)$$

对于三维球状颗粒:

$$\frac{\rho \partial r}{\partial t} = -\frac{D_H \Delta C r_0}{(r_0 - r) r} \qquad (2.16)$$

将式(2.16)积分,并代入二维柱状颗粒和三维球状颗粒的反应分数与颗粒尺寸的关系式,G-B 模型方程表达式分别为:

$$(1-\xi) \ln(1-\xi) + \xi = \frac{4 D_H \Delta C}{r_0^2 \rho} t = k_d t \qquad (2.17)$$

$$1 - \frac{2}{3} \xi - (1-\xi)^{\frac{2}{3}} = \frac{2 D_H \Delta C}{r_0^2 \rho} t = k_d t \qquad (2.18)$$

G-B 模型形式较 Jander 模型更为复杂,但是由于它考虑了扩散界面面积变化,G-B 模型比 Jander 模型更加准确。

(3)V-C 模型

V-C 模型是对 G-B 模型的进一步扩展[5,15]。该模型考虑了三维球状颗粒吸放氢前后的体积变化。方程可以修正为:

$$\frac{\rho \partial r}{\partial t} = -\frac{D_H \Delta C}{r - \frac{r^2}{[z r_0^3 + r^3 (1-z)]^{\frac{1}{3}}}} \qquad (2.19)$$

其中 z 为合金吸放氢前后的体积膨胀比。V-C 模型的积分式为:

$$\frac{z - [1 + (z-1)\xi]^{\frac{2}{3}} - (z-1)(1-\xi)^{\frac{2}{3}}}{z-1} = \frac{2 D_H \Delta C}{r_0^2 \rho} t = k_d t \qquad (2.20)$$

V-C 模型没有进行额外的假设或近似,是三维球体最准确的几何收缩模型,但是它的形式也更为复杂。目前,未见 V-C 模型应用与金属氢化物吸放氢过程的报道,但在与吸放氢过程类似的氧化动力学方面得到了应用。

（4）Chou 模型

当氢原子从气态/氢化物界面（g/β）扩散至氢化物/金属界面（β/α）为控速环节时,根据菲克第一定律,扩散速率表达为[6]：

$$V_d = \frac{D_H}{r_0 - r}\left[C_H\left(\frac{g}{\beta}\right) - C_H\left(\frac{\beta}{\alpha}\right) \right] \tag{2.21}$$

其中,$C_H(g/\beta)$ 和 $C_H(\beta/\alpha)$ 是气态/氢化物界面和氢化物/金属界面处的氢原子浓度。将式（2.21）进行求导,给出球形颗粒反应速率方程

$$\frac{d\xi}{dt} = -\frac{3r^2}{r_0^3}\frac{dr}{dt} \tag{2.22}$$

其中,反应速率与反应物金属半径的关系为

$$\frac{dr}{dt} = \frac{V}{\nu_m} \tag{2.23}$$

式中的 ν_m 是取决于物质摩尔质量的相关系数,式（2.11）和式（2.21）—式（2.23）,则获得反应速率的微分形式

$$\frac{d\xi}{dt} = -\frac{3D_H\left[C_H\left(\frac{g}{\beta}\right) - C_H\left(\frac{\beta}{\alpha}\right) \right]}{\nu_m r_0^2}\frac{(1-\xi)^{\frac{2}{3}}}{1-(1-\xi)^{\frac{1}{3}}} \tag{2.24}$$

两边积分后得到

$$\xi = 1 - \left\{ 1 - \sqrt{\frac{2D_H\left[C_H\left(\frac{g}{\beta}\right) - C_H\left(\frac{\beta}{\alpha}\right) \right]}{r_0^2 \nu_m}t} \right\}^3 \tag{2.25}$$

当扩散为控速环节时,其他过程步骤速率较快并接近平衡,将氢原子浓度与反应平衡常数和氢压的关系代入式（2.25）,以及将扩散系数与扩散活化能和温度之间关系代入式（2.25）,则最终的反应分数与时间的关系为

$$\xi = 1 - \left[1 - \sqrt{\frac{2D_H^0\exp\left(\frac{E}{RT}\right)K_{pa}^{\frac{1}{2}}K_{ca}^{\frac{1}{2}}K_{sp}\left(P_{H_2}^{\frac{1}{2}} - P_{H_2}^{eq\frac{1}{2}} \right)}{r_0^2 \nu_m}t} \right]^3 \tag{2.26}$$

式中　K_{pa}——物理吸附过程的平衡常数；

　　　K_{ca}——化学过程的平衡常数；

　　　K_{sp}——表面渗透过程的平衡常数；

　　　D_H^0——扩散系数常数。

前面推导考虑的是产物和反应物体积不发生变化的情况,当产物体积与反应物体积相差较大时,考虑产物和反应物的体积比 z,则反应分数与时间的关系变为[16]

$$\int_0^\xi \frac{[z-(z-1)(1-\xi)]^{\frac{1}{3}} - (1-\xi)^{\frac{1}{3}}}{3(1-\xi)^{\frac{2}{3}}} d\xi = \frac{D_H^0 \exp\left(\dfrac{E}{RT}\right) K_{pa}^{\frac{1}{2}} K_{ca}^{\frac{1}{2}} K_{sp} \left(P_{H_2}^{\frac{1}{2}} - P_{H_2}^{eq\frac{1}{2}}\right)}{r_0^2 \nu_m} t$$

(2.27)

除了球形模型外,对于其他形状的反应物,Chou 模型也给出了具体形式[17],如对于圆柱形样品

$$\xi = 1 - \left[1 - \frac{1}{r_0}\sqrt{\frac{2D_H\left(C_H\left(\dfrac{g}{\beta}\right) - C_H\left(\dfrac{\beta}{\alpha}\right)\right)}{\nu_m}t}\right]^2 \left[1 - \frac{2}{h_0}\sqrt{\frac{2D_H\left(C_H\left(\dfrac{g}{\beta}\right) - C_H\left(\dfrac{\beta}{\alpha}\right)\right)}{\nu_m}t}\right]$$

(2.28)

对于四方样品

$$\xi = 1 - \left[1 - \frac{1}{L_0}\sqrt{\frac{2D_H\left(C_H\left(\dfrac{g}{\beta}\right) - C_H\left(\dfrac{\beta}{\alpha}\right)\right)}{\nu_m}t}\right]^2 \left[1 - \frac{2}{H_0}\sqrt{\frac{2D_H\left(C_H\left(\dfrac{g}{\beta}\right) - C_H\left(\dfrac{\beta}{\alpha}\right)\right)}{\nu_m}t}\right]$$

(2.29)

式中 h_0——圆柱的长度;

L_0, H_0——分别为样品的长宽和高。

虽然对于球形粉末样品,Chou 模型的形式与 Jander 模型近似,但 Chou 模型定量地描述了温度、气态氢压、粉末颗粒尺寸对反应速率的影响。在考虑不同反应物形状和产物/反应物体积比之后,模型应用范围更广,计算精度更高。特别提出了"反应特征时间"的概念,其数值等于 $1/k_d$,具体表达为

$$t_c = \frac{r_0^2 \nu_m}{D_H^0 \exp\left(\dfrac{E}{RT}\right) K_{pa}^{\frac{1}{2}} K_{ca}^{\frac{1}{2}} K_{sp} \left(P_{H_2}^{\frac{1}{2}} - P_{H_2}^{eq\frac{1}{2}}\right)}$$

(2.30)

当 $t = t_c$ 时,$\xi = 1$,即 t_c 为反应达到完全时所需的时间。所以,也可以用 t_c 来比较反应进行的快慢,t_c 越大,说明反应完全需要的时间越长,反应速率越慢。

2)形核长大过程控速的动力学模型

(1)经典 JMAK 模型

新相形核速率 $I(\tau)$ 可以通过恒定形核数目或恒定的形核速率描述[8,18]:

$$I(\tau) = N_0 \delta(\tau - 0)$$

(2.31)

$$I(\tau) = I_0 \exp\left(-\frac{E_n}{RT}\right)$$

(2.32)

式中　τ——时间;

　　　N_0——形核数目;

　　　$\delta(\tau-0)$——单位脉冲函数;

　　　I_0——本征形核速率常数;

　　　E_n——形核激活能。新相生长过程可以通过式(2.33)描述[8,9,18]:

$$V(\tau) = \left[G_0 \int_\tau^t \exp\left(-\frac{E_g}{RT} \right) \mathrm{d}\eta \right]^{\frac{d}{m}} \tag{2.33}$$

式中　G_0——本征生长速率;

　　　E_g——生长激活能;

　　　m——生长模式参数;

　　　d/m——生长因子。

假设随机形核和各向同性生长,则新相的界面移动可以写成:

$$f(x) = 1 - \exp(x) \tag{2.34}$$

因此,从恒定形核数目或恒定的形核速率推导出的反应分数分别可以写成:

$$\xi = 1 - \exp\left\{ -N_0 \left[G_0 \int_0^t \exp\left(-\frac{E_g}{RT} \right) \mathrm{d}\eta \right]^{\frac{d}{m}} \right\} \tag{2.35}$$

$$\xi = 1 - \exp\left\{ -\int_0^t I_0 \exp\left(-\frac{E_n}{RT} \right) \left[G_0 \int_\tau^t \exp\left(-\frac{E_g}{RT} \right) \mathrm{d}\eta \right]^{\frac{d}{m}} \mathrm{d}\tau \right\} \tag{2.36}$$

在等温条件下,式(2.35)和式(2.36)可以写为:

$$\xi = 1 - \exp\left\{ -N_0 G_0^{\frac{d}{m}} \exp\left(-\frac{E_g \frac{d}{m}}{RT} \right) t^{\frac{d}{m}} \right\} \tag{2.37}$$

$$\xi = 1 - \exp\left\{ -I_0 G_0^{\frac{d}{m}} \frac{1}{1+\frac{d}{m}} \exp\left(\frac{-E_n - E_g \frac{d}{m}}{RT} \right) t^{1+\frac{d}{m}} \right\} \tag{2.38}$$

式(2.37)和式(2.38)均可以简化成:

$$\xi = 1 - \exp(-k_{ng} t^n) \tag{2.39}$$

式中　n——Avrami 指数,一般情况下 $n \geq 0.5$。式(2.39)即为经典 JMAK 模型的方程形式,在金属氢化物吸放氢过程中得到了广泛的应用,形核生长过程中的控速环节一般通过 n 值的大小进行确定,不同 n 值表示的控速环节见表2.2。

表 2.2 Avrami 指数对应的控速环节

控速环节	生长维度	n 值	
		恒定形核数目	恒定形核速率
扩散	1	1/2	3/2
	2	1	2
	3	3/2	5/2
界面移动	1	1	2
	2	2	3
	3	3	4

(2)形核自催化 JMAK 模型(形核指数结合的 NI-JMAK)

NI-JMAK 模型是在经典 JMAK 模型的基础上,考虑了形核自催化作用[10-12],新相形核速率采用连续形核假设:

$$I(\tau) = \frac{\partial}{\partial \tau} \left[\int_0^\tau I_0 \exp\left(-\frac{E_n}{RT} \right) \mathrm{d}\eta \right]^c \tag{2.40}$$

式中 c——形核指数,代表形核的自催化作用。

NI-JMAK 模型原始的展开式为:

$$\xi = 1 - \exp\left\{ -\int_0^t \frac{\partial}{\partial \tau} \left[\int_0^\tau I_0 \exp\left(-\frac{E_n}{RT} \right) \mathrm{d}\eta \right]^c \left[G_0 \int_\tau^t \exp\left(-\frac{E_g}{RT} \right) \mathrm{d}\eta \right]^{\frac{d}{m}} \mathrm{d}\tau \right\} \tag{2.41}$$

通过引入第一类欧拉积分函数(Beta 函数)和温度积分的一阶近似,NI-JMAK 模型在等温条件下的展开式为:

$$\xi = 1 - \exp\left[-k_{ng,0}^{c+\frac{d}{m}} \mathrm{Beta}\left(c, \frac{d}{m} + 1 \right) \exp\left(\frac{-cE_n - \frac{d}{m}E_g}{RT} \right) t^{c+\frac{d}{m}} \right] \tag{2.42}$$

NI-JMAK 模型在 $\Delta E_n / RT \gg 0$ 和非等温条件下:

$$\xi = 1 - \exp\left[-k_{ng,0}^{c+\frac{d}{m}} \frac{\mathrm{Beta}\left(\frac{cE_n}{E_g}, \frac{d}{m} + 1 \right)}{E_g^{d/m+1} E_n^{c-1}} \exp\left(-\frac{E_g \frac{d}{m} + cE_n}{RT} \right) \left(\frac{RT^2}{\beta} \right)^{c+\frac{d}{m}} \right] \tag{2.43}$$

NI-JMAK 模型在 $\Delta E_n/RT \approx 0$ 和非等温条件下：

$$\xi = 1 - \exp\left[-k_0^{c+\frac{d}{m}} \frac{R^{\frac{d}{m}}}{cE_g^{\frac{d}{m}}\beta^{c+\frac{d}{m}}} \exp\left(-\frac{E_g\frac{d}{m}}{RT} \right) T^{2\frac{d}{m}}(T-T)_0^c \right] \qquad (2.44)$$

NI-JMAK 模型给出了 5 个独立的自变量来描述等温条件下的形核长大过程。由于该模型相对较新且过于复杂,在金属氢化物吸放氢反应中的应用相对较少。

3)化学反应控速的动力学模型

如果在整个吸放氢过程中,化学反应速率最慢,则其成为控速环节。化学反应发生在界面前沿,通常采用下式描述该过程：

$$[H]\left(\frac{\alpha}{\beta}\right) + M(\alpha) \underset{de}{\overset{ab}{\rightleftharpoons}} MH\left(\frac{\alpha}{\beta}\right) \qquad (2.45)$$

式中　$[H]\left(\dfrac{\alpha}{\beta}\right)$——$\alpha$ 和 β 界面处氢原子;

$\qquad MH\left(\dfrac{\alpha}{\beta}\right)$——在 α 和 β 界面处形成的氢化物。

界面随着反应的进行不断地向反应物内部移动,描述该界面化学反应过程的模型主要有 Contracting Volume(CV)模型和 Chou 模型等。

(1)CV 模型

CV 模型假设氢吸收/脱附速率受界面过程控制,则界面运动的速度可以描述为[19]：

$$\frac{\partial r}{\partial t} = -k_{\text{int}} \qquad (2.46)$$

式中　k_{int}——界面控制的反应速率常数。

联立式(2.46)和式(2.11)并积分,得到 CV 模型的积分式：

$$1 - (1-\xi)^{\frac{1}{d}} = \frac{k_{\text{int}}}{r_0}t = k_r t \qquad (2.47)$$

式中　d——几何维度值;

$\qquad k_r$——界面化学反应的速率常数。

(2)Chou 模型

Chou 模型中化学反应速率可表示为

$$V_r = k_r^{ab}\left[C_H(\beta) - C_H^{eq}\left(\frac{\alpha}{\beta}\right) \right] \qquad (2.48)$$

或

$$V_r = k_r^{ab} K_{pa}^{\frac{1}{2}} K_{ca}^{\frac{1}{2}} K_{sp} K_d \left[P_{H_2}^{\frac{1}{2}} - P_{H_2}^{eq\frac{1}{2}} \right] \tag{2.49}$$

界面的移动速率与反应速率的关系如式(2.23),结合式(2.11)、式(2.22)、式(2.23)和式(2.49),有

$$1 - (1-\xi)^{\frac{1}{d}} = \frac{k_r^0}{r_0} \exp\left(-\frac{E}{RT}\right)\left(P^{\frac{1}{2}} - P_{eq}^{\frac{1}{2}}\right) t \tag{2.50}$$

式中 k_r^0——化学反应的平衡常数。

对比 CV 模型和 Chou 模型,它们的动力学方程的形式基本一致。相对于 CV 模型,Chou 模型将速率常数 k_r 展开成温度、粒径、压力和平衡压的函数关系,赋予了模型更多的物理意义。

将以上的动力学模型整理在表2.3 中,分别列出了对应的积分形式和参数。图2.4 给出了以上典型模型的反应分数—时间关系曲线,其中模型后跟的数字表示对应模型中的参数值,如对于 VC 模型 z 分别取0.8 和1.25,对于 C-JMAK 模型 n 分别取1、2 和3。从图中可以看出不同模型特征曲线的明显差别,因此在实际应用时需要从中选取最合理的模型来进行恒温动力学数据分析。值得注意的是,VC 模型的曲线与 G-B3 非常接近,说明体积变化不是最本质的反应环节,因此只有少量工作关注 VC 模型,大部分研究工作主要集中在扩散和形核长大为控速环节的动力学模型上。

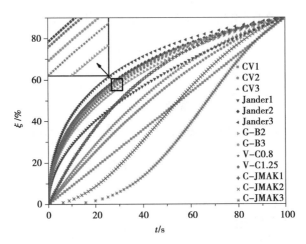

图2.4 不同动力学模型的反应分数—时间曲线

(模型后的数值表示对应模型中的参数取值,CV、Jander、G-B 模型后的数值为 d 值,V-C 模型后的为 z 值,C-JMAK 模型后的为 n 值)

表 2.3　储氢合金吸放氢反应的动力学理论模型总结表

控速环节	模型名称	方程形式	适用条件	参数
扩散	Jander	$[1-(1-\xi)^{1/d}]^2 = k_d t$	等温	d—维度，取 3、2 和 1 k_d—反应速率常数
	G-B 模型	$(1-\xi)\ln(1-\xi)+\xi = k_d t$	等温 二维纤维状	k_d—反应速率常数
		$1-\dfrac{2}{3}\xi-(1-\xi)^{2/3}=k_d t$	等温 三维球状颗粒	k_d—反应速率常数
	V-C 模型	$\dfrac{z-[1+(z-1)\xi]^{2/3}-(z-1)(1-\xi)^{\frac{2}{3}}}{z-1}=k_d t$	等温 三维球状	z—合金吸放氢前后的体积膨胀比； k_d—反应速率常数
	Chou 模型	$\xi=1-\left(1-\sqrt{\dfrac{2K_0 D_H^0\exp\left(\dfrac{E}{RT}\right)\left(P_{H_2}^{\frac{1}{2}}-P_{H_2}^{eq\frac{1}{2}}\right)}{r_0^2 v_m}}\,t\right)^{3}$	等温 三维球状	P_{H_2}—氢气分压 r_0—颗粒半径 E—活化能
		$\xi=1-\left[1-\dfrac{1}{r_0}\sqrt{\dfrac{2K_0 D_H^0\exp\left(\dfrac{E}{RT}\right)\left(P_{H_2}^{\frac{1}{2}}-P_{H_2}^{eq\frac{1}{2}}\right)}{v_m}}\,t\right]^{2}$	等温 三维球状	r_0—柱状样品的半径
		$\left[1-\dfrac{2}{h_0}\sqrt{\dfrac{2K_0 D_H^0\exp\left(\dfrac{E}{RT}\right)\left(P_{H_2}^{\frac{1}{2}}-P_{H_2}^{eq\frac{1}{2}}\right)}{v_m}}\,t\right]$	等温 柱状样品	r_0—柱状样品的半径 h_0—柱状样品的长度

续表

控速环节	模型名称	方程形式	适用条件	参数
扩散	Chou 模型	$$\xi = 1 - \left[1 - \frac{1}{L_0}\sqrt{\frac{2D_H\left(C_H\left(\frac{g}{\beta}\right) - C_H\left(\frac{\beta}{\alpha}\right)\right)}{v_m}}\,t\right]^2 \cdot$$ $$\left[1 - \frac{2}{H_0}\sqrt{\frac{2D_H\left(C_H\left(\frac{g}{\beta}\right) - C_H\left(\frac{\beta}{\alpha}\right)\right)}{v_m}}\,t\right]$$	等温 方块样品	L_0——方块样品的长宽 h_0——柱状样品的高度
形核长大	C-JMAK 模型	$$\xi = 1 - \exp\left\{-N_0 G_0^{\frac{d}{m}} \exp\left(\frac{E_g}{-\frac{d}{m}}\frac{}{RT}\right) t^{\frac{d}{m}}\right\}$$	等温 恒定形核数目	E_g——生长激活能 m——生长模式参数 d/m——生长因子
		$$\xi = 1 - \exp\left\{-I_0 G_0^{\frac{d}{m}} \frac{1}{1+\frac{d}{m}} \exp\left(\frac{-E_n - E_g\frac{d}{m}}{RT}\right) t^{1+\frac{d}{m}}\right\}$$	等温 恒定的形核速率	E_n——形核激活能 E_g——生长激活能 m——生长模式参数 d/m——生长因子
	NI-JMAK 模型	$$\xi = 1 - \exp\left[-k_{ng,0}^{c+\frac{d}{m}}\text{Beta}\left(c, \frac{d}{m}+1\right)\exp\left(\frac{-cE_n - \frac{d}{m}E_g}{RT}\right) t^{c+\frac{d}{m}}\right]$$	等温	E_n——形核激活能 E_g——生长激活能 m——生长模式参数 d/m——生长因子

	模型	公式	条件	参数
形核长大	NI-JMAK 模型	$\xi=1-\exp\left[-k_{ng,0}^{c+\frac{d}{m}}\dfrac{\mathrm{Beta}\left(\frac{cE_n}{E_g},\frac{d}{m}+1\right)}{E_g^{\frac{d}{m}+1}E_n^{c-1}}\exp\left(-\dfrac{E_g\frac{d}{m}+cE_n}{RT}\right)\left(\dfrac{RT^2}{\beta}\right)^{c+\frac{d}{m}}\right]$	非等温 $E_n/RT\gg0$	E_n——形核激活能 E_g——生长激活能 m——生长模式参数 d/m——生长因子
		$\xi=1-\exp\left[-k_0^{c+\frac{d}{m}}\dfrac{R^{\frac{d}{m}}}{cE_g^{\frac{d}{m}}\beta^{c+\frac{d}{m}}}\exp\left(-\dfrac{E_g\frac{d}{m}}{RT}\right)T^{2\frac{d}{m}}(T-T)_0^c\right]$	非等温 $\Delta E_n/RT\approx0$	E_n——形核激活能 E_g——生长激活能 m——生长模式参数 d/m——生长因子
化学反应	CV 模型	$1-(1-\xi)^{\frac{1}{d}}=\dfrac{k_{int}}{r_0}t=k_r t$	等温	d——几何维度值 k_r——界面化学反应的速率常数
	Chou 模型	$1-(1-\xi)^{\frac{1}{d}}=\dfrac{k_r^0}{r_0}\exp\left(-\dfrac{E}{RT}\right)\left(P^{\frac{1}{2}}-P_{eq}^{\frac{1}{2}}\right)t$	等温	d——几何维度值 k_r——界面化学反应速率常数

2.3 影响镁基储氢合金吸放氢反应动力学的因素

2.3.1 温度的影响

温度对反应速率的影响主要是影响反应速率常数。温度升高,吸放氢反应的各步骤(物理吸附、化学吸附、表面渗透、氢扩散、β 相长大和界面化学反应)的速率一般都是增大的。不同温度下的速率常数基本符合 van't Hoff 规则:当温度升高 10 K时,反应速率增大 2 ~ 4 倍,即

$$\frac{k_{T+10}}{k_T} = 2 \sim 4 \tag{2.51}$$

式中 k_T——T 温度下的速率常数;

k_{T+10}——T+10 温度下的速率常数,单位为 K。

根据这个规律,人们可以大致估算温度对吸放氢反应速率的影响。但对于精确分析温度的影响,则需要利用前面的动力学模型计算具体温度下的反应速率常数或特征时间。

计算反应速率常数首先要选择合理的动力学模型,选择的依据是通过不同的动力学模型分别拟合反应分数 ξ-时间 t 关系,比较拟合数据的相关系数和计算误差,选择相关系数最大、误差项最小的模型,认为是最能描述该吸放氢反应机理的模型形式。通常动力学模型可以表示为 $f(\xi) = kt$ 的形式,其中 $f(\xi)$ 依据不同的理论模型具有不同的形式,从而可以判断反应的不同控速步骤。以图解法解析时,用 $f(\xi)$-t作图,斜率即为反应速率常数 k。而不同温度下的速率常数遵循 Arrhenius 方程,即

$$k = A\exp\left(\frac{-E_a}{RT}\right) \tag{2.52}$$

或

$$\ln k = -\frac{E_a}{RT} + \ln A \tag{2.53}$$

式中　E_a——吸放氢反应的表观活化能,J/mol;

$\quad\quad$ R——气体常数,等于 8.314 J/(mol·K);

$\quad\quad$ T——反应温度,K;

$\quad\quad$ A——指前因子。

通过 $\ln k$ 对 $1/T$ 作图,即可求出反应的表观活化能。

下面分别以纯 Mg、Mg-Er 和 Mg-LaNi$_5$ 合金举例说明如何计算反应速率常数 k 或者特征时间 t_c。图 2.5(a)和(b)分别为纯 Mg 和 Mg-Er 合金粉末的吸氢动力学曲线[20]。纯 Mg 粉末在 573 K 时 5 min 内可以吸氢 4.2 $wt\%$,而在 473 K 时,2 h 内只吸收了 3.1 $wt\%$ 的氢气,说明吸氢速率在 473 K 时很缓慢。而 Mg-Er 合金粉末在 573 K 时 5 min 内可以吸氢 6.0 $wt\%$,远高于纯 Mg;473 K 时,2 h 内吸氢 3.67 $wt\%$,比纯 Mg 也要高一些。纯 Mg 粉末特定时间内的吸氢量随温度的升高而增大,Mg-Er 合金也是如此,但纯 Mg 在 473 ~ 573 K 温度范围内单位时间内的吸氢量都低于 Mg-Er 合金粉末。为了定量地比较纯 Mg 在不同温度下的吸氢速率,以及添加 Er 后不同温度下的吸氢速率变化,就需要通过动力学模型来计算各温度下的具体反应速率常数。

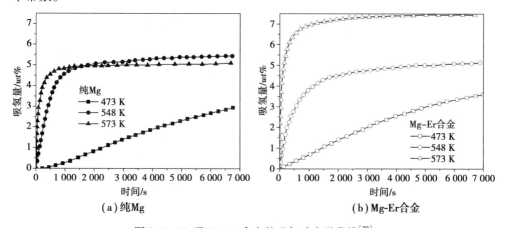

(a)纯Mg　　　　　　　　　　(b)Mg-Er合金

图 2.5　Mg 及 Mg-Er 合金的吸氢动力学曲线[20]

通过 2.2.2 节各动力学模型的计算比较,纯 Mg 和 Mg-Er 合金粉末可以被 JMAK 模型较好地描述。JMAK 模型的函数形式可以转变为

$$\ln[-\ln(1-\xi)] = \ln k + n\ln t \quad\quad\quad (2.54)$$

利用 $\ln[-\ln(1-\xi)]$ 对 $\ln t$ 作图,如图 2.6(a)和(b)所示,拟合获得的斜率即为 Avrami 指数,截距为 $\ln k$。随着温度层从 473 K 升高至 573 K,纯 Mg 的 Avrami 指数

从 1.74 降低至 0.6,对应于不同维度的扩散控速,$\ln k$ 则从 -14.38 增加至 -2.99,说明反应速率随温度增加;Mg-Er 合金的 Avrami 指数略小于纯 Mg,其 $\ln k$ 随温度从 -9.44 增加至 -2.51,皆高于纯 Mg 的反应速率常数。通过 $\ln k$ 分别对 $1\,000/RT$ 作图,如图 2.6(c)所示,拟合的直线斜率即为 $-E_a$。纯 Mg 吸氢的表观活化能为 243.92 kJ/mol H_2,而 Mg-Er 合金的表观活化能仅为 143.48 kJ/mol H_2,远低于纯 Mg,说明合金元素有效降低了反应能垒。

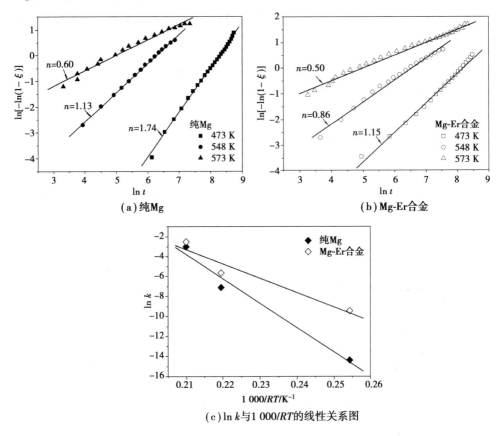

(a)纯Mg   (b)Mg-Er合金

(c)$\ln k$ 与 $1\,000/RT$ 的线性关系图

图 2.6 $\ln[-\ln(1-\xi)]$ 与 $\ln t$ 的线性关系图

以 Mg-LaNi$_5$ 合金在不同温度下的吸氢动力学为例说明温度对多相镁合金吸氢的影响。图 2.7 所示为 Mg-30$wt\%$ LaNi$_5$ 合金复合物在 473 ~ 573 K 范围内的吸氢反应分数 ξ 与时间关系[21]。Mg-30$wt\%$ LaNi$_5$ 合金包含多种物相,分别为 Mg、Mg$_2$Ni 和 Mg$_{12}$La。随着温度的升高,混合物单位时间内能达到的表观反应分数逐渐增加,说明反应速率逐渐加快。为了定量比较各温度下的反应速率,利用各个模型拟合反应

动力学数据。除了前面介绍的通过 $f(\xi)$-t 线性关系来计算外,还可以利用计算软件直接拟合 ξ-$f(t)$ 关系。对比各模型的计算结果显示,Chou 模型的扩散控速方程可以较好地表述该实验结果,不同温度下的反应分数和时间符合以下方程:

$$\xi = 1 - \left[1 - \sqrt{\frac{t}{t_c}} \right]^3 \tag{2.55}$$

对应的拟合相关系数 r^2 分别为 0.985 3(473 K)、0.998 5(498 K)、0.991 7(523 K)、0.994 5(548 K)和 0.990 5(573 K),而且计算误差均小于 4.0%。随着温度的升高,特征时间 t_c 从 473 K 时的 4 914 s 降低至 573 K 的 1 564 s。因为特征时间表示反应完全所需的时间,所以计算结果说明了范围速率随着温度的升高而升高。

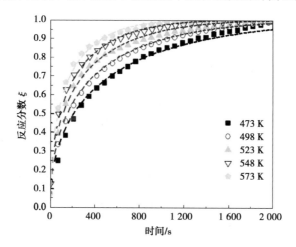

图 2.7　Mg-30wt% LaNi₅ 合金复合物在 473 ~ 573 K 范围内

的吸氢反应分数 ξ 与时间关系[21]

值得一提的是,当采用 Chou 模型直接拟合不同温度下的实验数据时,由于 Chou 模型解析了扩散系数或化学反应速率常数与温度之间的关系,将 Arrhenius 方程已经内化在 Chou 模型中,所以可以根据式(2.56)

$$\xi = 1 - \left[1 - \exp\left(\frac{-E_a}{2RT} \right) \sqrt{\frac{t}{B_T}} \right]^3 \tag{2.56}$$

进一步计算出反应的活化能。式(2.56)由式(2.26)变换而来,其中假设

$$B_T = \frac{r_0^2 \nu_m}{2 D_H^0 K_{pa}^{\frac{1}{2}} K_{ca}^{\frac{1}{2}} K_{sp} \left(P_{H_2}^{\frac{1}{2}} - P_{H_2}^{eq \frac{1}{2}} \right)} \tag{2.57}$$

对于特定材料和既定反应条件下为一常数值。此外,通过任意两个温度下计算的活

化能和方程系数 B_T，就可以预测其他温度下的反应动力学曲线。例如，通过计算 473 K 和 573 K 下的反应表观活化能为 (25.2 ± 0.1) kJ/mol H_2，以及 B_T 为 8.25，则其他温度下的反应分数-时间关系

$$\xi = 1-\left[1-\exp\left(\frac{-25\ 200}{2\cdot 8.314\cdot T}\right)\sqrt{\frac{t}{8.25}}\right]^3 \tag{2.58}$$

图 2.7 中给出了通过 Chou 模型预测的反应分数曲线与实验数据的对比，预测结果合理地反映了实验结果，预测误差仅为 1.5%（498 K）、2.4%（523 K）和 1.2%（548 K），表明预测模型的准确性。

2.3.2 氢压的影响

从吸放氢反应的 Gibbs 自由能表达式可以看出，给定氢压与平衡氢压的压差是吸氢和放氢反应的驱动力，而对于动力学过程，氢压差的增加意味着氢气浓度差的增加，也将提高吸放氢反应速率。从表 2.3 可以看到，Chou 模型中给出了反应分数与氢压的关系，而其他模型还没有显化压力因素的影响。当固定温度等其他因素，只改变氢压时，扩散为控速环节的粉末颗粒样品反应分数表达式

$$\xi = 1-\left(1-\sqrt{\frac{(P_{H_2}^{\frac{1}{2}}-P_{H_2}^{eq\frac{1}{2}})}{B_P}t}\right)^3 \tag{2.59}$$

化学反应为控速环节的反应分数表达式

$$1-(1-\xi)^{1/d} = \frac{(P^{1/2}-P_{eq}^{1/2})}{B_P}t \tag{2.60}$$

其中 B_P 为与温度相关，而与压力无关的常数。图 2.8 所示为 Mg_2Ni 合金在 0.275 ~ 1.133 MPa 氢压下的吸氢动力学曲线，随着氢压的增大，单位时间内反应分数越大，说明氢压升高增大了反应速率。通过扩散控速的 Chou 模型可以计算不同氢压下的反应特征时间，分别对应于 3 650 s（0.275 MPa）、2 452 s（0.512 MPa）、1 762 s（0.745 MPa）和 895 s（1.133 MPa）。特征时间随着氢压增大而显著减小，说明反应速率随氢压增大。值得注意的是，利用式（2.59）或式（2.60）来拟合任意两个氢压下的动力学曲线，就可以获得平衡氢压 $P_{H_2}^{eq}$ 和 B_P 参数。那么，其他氢压条件下的动力学曲线就利用已知的方程进行预测。图 2.8 中 Mg_2Ni 的吸氢曲线可以通过式

(2.59)进行拟合,获得的 $P_{H_2}^{eq} = 0.095\ 11$ MPa,$B_P = 852.07$,则其他氢压下的反应分数

$$\xi = 1 - \left(1 - \sqrt{\frac{\sqrt{P_{H_2}} - \sqrt{0.095\ 11}}{852.07}}t\right)^3 \tag{2.61}$$

预测曲线与实验点吻合比较好。

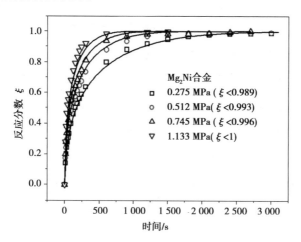

图 2.8　Mg_2Ni 合金在不同氢压下的吸氢动力学曲线

2.3.3 颗粒尺寸的影响

在温度、压力等条件不变的情况下,随着粒径的减小,比表面积增加,扩散距离减小,反应截面增加,吸放氢反应速率一般会加快。2.2.2 节的动力学模型中都给出了反应分数与粒径的关系。对于物理吸附、化学吸附、表面渗透、界面化学反应等过程控速的模型,反应分数与 $1/r_0$ 成正比;对于氢扩散过程,反应分数与 $1/r_0^2$ 成正比,而对于形核长大过程,粒径的影响没有明确关系,需要结合实验结果详细判断。实际的粉末粒径通常是呈一定分布规律的,通过模型计算给出的粒径应为样品的平均粒径或有效粒径尺寸。

纳米化是提高镁基储氢合金吸放氢速率的有效手段。纳米结构提高了各种缺陷的密度,包括晶界/相界、位错和堆垛层错等,增加了 Mg 与氢气的接触面积,降低了氢原子在颗粒中和晶界中的扩散距离,有利于储氢合金的吸放氢动力学[22]。此外,随着纳米颗粒中含氢量的增加,氢化物的形式能垒降低,从而降低了镁基储氢材

料中氢化/脱氢反应的表观活化能。球磨是最常用制备纳米储氢材料的方式,通过球磨制备的 $Mg_{50}Co_{50}$ 合金颗粒尺寸为 $1 \sim 2\ \mu m$,而晶粒尺寸仅有几个纳米[23-25]。这种 $Mg_{50}Co_{50}$ 合金具有 Bcc 结构,并且展现出较常规 Mg-Co 合金更高的容量和更快的吸放氢速率。

Ti 复合的 MgH_2 纳米晶完全放氢后制备出 Ti 复合的 Mg 纳米晶,即使在低温下也展现比常规 Mg 颗粒具有更快的吸氢速率[25]。如图 2.9 所示,Ti 催化的 MgH_2 纳米晶完全放氢后,在 530 K 时 1 h 内就可以吸 6 $wt\%$ 氢气,而常规 MgH_2 颗粒吸入同样多的氢气量则需要 3 h,并且在 623 K 高温。对于纳米化的 Mg 样品,吸氢更加柔性化,吸氢温度降低至 426 K 时,18 h 后仍可以存储 5.2 $wt\%$ 氢气。Jander 模型可以很好地拟合 Ti 催化的 MgH_2 纳米晶和常规 MgH_2 颗粒样品的吸氢动力学曲线,说明三维氢原子的扩散是该反应的控速环节。计算得到 Ti 催化的 MgH_2 纳米晶在 573 K 时的速率常数 k 为 $3.06\ s^{-1}$,相当于同温度下常规 MgH_2 颗粒样品速率的 40 倍。图 2.9 中的小图给出了 Jander 模型拟合的反应分数函数与时间的线性关系。

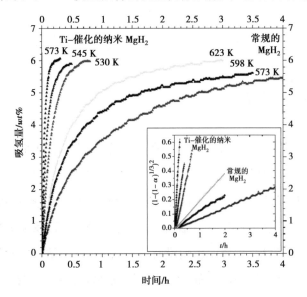

图 2.9　Ti 催化的 MgH_2 纳米晶样品和常规 MgH_2 样品

在 1 MPa 氢压下的吸氢动力学曲线

2.3.4　催化剂的影响

除了减小颗粒尺寸外,镁基材料与催化剂复合也会强化镁合金的吸放氢动力学性能。目前已有大量关于镁基储氢合金添加催化剂的研究,包括的催化剂种类有金属氧化物、过渡金属元素、稀土元素、氟化物、卤化物等。催化剂改善动力学性能的机理通常有 4 种,氢泵效应、溢流效应、通道效应和电子转移。氢泵效应是指掺杂的过渡金属在吸放氢过程中会与氢原子形成氢化物,氢优先通过掺杂相形成的氢化物放出,从而削弱氢化物的稳定性,改善放氢动力学性能。溢流效应是指氢气优先在催化剂表面化学吸附并解离,然后氢原子从催化剂表面转移到反应物表面,促进反应进行。通道效应是指催化剂在吸放氢过程中充当氢原子快速扩散的通道,可以促进氢原子的迁移。电子转移是指具有变价的催化剂通过得失电子来促进氢气的化学吸附和脱附过程,从而改善氢化物的形成和分解。催化剂的添加不改变镁合金吸放氢反应的热力学性质,如储氢容量和吸放氢焓变,但是却可以显著降低反应的表观活化能。

金属氧化物是常用的镁基储氢合金催化剂。Nb_2O_5 掺杂的 MgH_2 样品完全放氢后,在 60 s 内可以吸 6.9 $wt\%$ 氢,并且在 140 s 内可以将这些氢完全释放,放氢速率达到 0.011 $wt\%/s$[26],这是其他氧化物掺杂无法达到的效果。多价态金属和氢分子发生电子交换,加速了气—固相反应过程是其催化作用的主要原因。5 $wt\%$ CeO_2 掺杂的 MgH_2 也展现了比新鲜 MgH_2 更快的氢化速率。刚制备的 MgH_2 在 593 K 下 5 min 内可以吸氢 3.46 $wt\%$,而 MgH_2+5 $wt\%$ CeO_2 在相同条件下吸氢量可以达到 3.95 $wt\%$[27]。并且,593 K 下 30 min 可释放 3.6 $wt\%$ 氢气,远高于纯 MgH_2 的 1.0 $wt\%$。近些年,过渡金属硫化物如 MoS、FeS 等对 MgH_2 的催化效果也有报道。MgH_2-5MoS_2 复合物在 532 K 就可以开始放氢,并且在 553 K 下 20 min 内可以释放 4.0 $wt\%$ 的氢气[28]。

对于过渡金属如 Ni、Nb、Ti、Fe 和稀土元素 La、Ce、Pr、Nd、Sm 等的添加研究工作很多。过渡金属 Ti 和 Ni 对提高 MgH_2 的动力学性能、降低放氢温度和活化能有显著效果。Mg-TM(Ti,Fe,Ni)-La 三元细颗粒粉末具有优异的吸氢动力学行为,且放氢温度要低于二元的 Mg-TM 和 Mg-RE 复合物[20,28-31]。NbH_x 无序结构纳米颗粒

可以显著提升 MgH_2 的吸放氢动力学,其在 573 K 下 9 min 内可以放出 7.0 *wt%* 的氢,并且在 373 K 下以可接受的速率吸氢 4.0 *wt%*。多元 Mg-TM-RE 合金通常包含多种物相,如铸态的 $Mg_{80}Ce_{18}Ni_2$ 合金含有 57 *wt%* $CeMg_3$、29 *wt%* Ce_2Mg_{17}、7 *wt%* $CeMg$ 和 5 *wt%* $CeMgNi_4$[32,33]。由于 Ni 元素、REH_x 通常被认为是活性质点,对吸放氢可以起到催化作用,所以活性组元在储氢合金中的均匀分布将有更有效的催化效果。通过原位氢化 Mg-Ni-RE 金属间化合物获得纳米级复合的 REH_2-Mg-Mg_2Ni 材料展现了优异的吸放氢动力学性能和循环稳定性[34,35]。$Nd_4Mg_{80}Ni_8$ 合金为单相的金属间化合物,由于 Nd 原子与氢原子的亲和力强,首先生成大量的纳米级 NdH_2 颗粒弥散分布于镁合金基体中,使得 $Nd_4Mg_{80}Ni_8$ 分解为 NdH_2、α-Mg 和 Mg_2Ni。均质的 NdH_2-Mg-Mg_2Ni 纳米复合物不仅热力学上具有较高的储氢容量,细小的组织也使其获得了优异的吸放氢动力学,如图 2.10 所示。利用扩散控速的 Chou 模型计算吸氢反应的特征时间,t_c 从 373 K 时的 153.5 min 降至 573 K 时的 1.6 min,说明反应速率急剧增加。计算的吸氢反应活化能为 82.3 kJ/mol H_2 也远低于纯 Mg 的活化能 160 ~ 240 kJ/mol H_2 范围,说明稀土和 Ni 的添加显著降低了镁合金的反应能垒。对于该合金的放氢反应,则可以通过化学反应控速的 Chou 模型更好地拟合,计算的特征时间分别为 8.8 min(564 K)、3.0 min(588 K)和 1.5 min(620 K),说明放氢速率也随温度升高而增大。放氢活化能是 97.5 kJ/mol H_2,也远比纯 MgH_2 和其他镁合金要低。

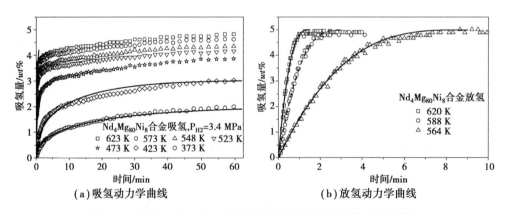

(a)吸氢动力学曲线　　　　(b)放氢动力学曲线

图 2.10　$Nd_4Mg_{80}Ni_8$ 合金在不同温度下的吸氢和放氢动力学曲线

参考文献

［1］ SUPPER W, GROLL M, MAYER U. Reaction kinetics in metal hydride reaction beds with improved heat and mass transfer［J］. Journal of the Less Common Metals, 1984, 104(2): 279-286.

［2］ 大角泰章. 金属氢化物的性质与应用［M］, 北京:化学工业出版社, 1990.

［3］JANDER W. Reactions in the solid state at high temperatures［J］. Zeitschrift für anorganische und allgemeineChemie, 1927, 163: 1-30.

［4］ GINSTLING A, BROUNSHTEIN B. Concerning the diffusion kinetics of reactions in spherical particles［J］. Journal of Applied Chemistry USSR, 1950, 23(12): 1327-1338.

［5］ CARTER R E. Kinetic model for solid-state reactions［J］. The Journal of Chemical Physics, 1961, 34(6): 2010-2015.

［6］ CHOU K-C, XU K. A new model for hydriding and dehydriding reactions in inter-metallics［J］. Intermetallics, 2007, 15(5-6): 767-777.

［7］ AVRAMI M. Kinetics of phase change. I General theory［J］. The Journal of Chemical Physics, 1939, 7(12): 1103-1112.

［8］ AVRAMI M. Kinetics of phase change. II transformation-time relations for random distribution of nuclei［J］. The Journal of Chemical Physics, 1940, 8(2): 212-224.

［9］ AVRAMI M. Granulation, phase change, and microstructure kinetics of phase change. III［J］. The Journal of Chemical Physics, 1941, 9(2): 177-184.

［10］ PANG Y, SUN D, GU Q, et al. Comprehensive determination of kinetic parameters in solid-state phase transitions: An extended Jonhson-Mehl-Avrami-Kolomogorov model with analytical solutions［J］. Crystal Growth & Design, 2016, 16(4): 2404-2415.

［11］ PANG Y, LI Q. Insight into the kinetic mechanism of the first-step dehydrogenation of Mg (AlH$_4$)$_2$［J］. ScriptaMaterialia, 2017, 130: 223-228.

[12] PANG Y, LI Q. A review on kinetic models and corresponding analysis methods for hydrogen storage materials[J]. International Journal of Hydrogen Energy, 2016, 41(40): 18072-18087.

[13] BOOTH F. A note on the theory of surface diffusion reactions[J]. Transactions of the Faraday Society, 1948, 44: 796-801.

[14] CRANK J. The mathematics of diffusion[M]. London: Oxford university press, 1979.

[15] VALENSI G. Kinetics of the oxidation of metallic spherules and powders[J]. Comptes Rendus, 1936, 202(4): 309-12.

[16] CHOU K C, LUO Q, LI Q, et al. Influence of the density of oxide on oxidation kinetics[J]. Intermetallics, 2014, 47: 17-22.

[17] CHOU K C, HOU X M. Kinetics of high-temperature oxidation of inorganic non-metallic materials[J]. Journal of the American Ceramic Society, 2009, 92(3): 585-594.

[18] KEMPEN A T W, SOMMER F, MITTEMEIJER E J. Determination and interpretation of isothermal and non-isothermal transformation kinetics: the effective activation energies in terms of nucleation and growth[J]. Journal of Materials Science, 2002, 37(7): 1321-1332.

[19] CARSTENSEN J T. Stability of solids and solid dosage forms[J]. Journal of Pharmaceutical Sciences, 1974, 63(1): 1-14.

[20] ZOU J, ZENG X, YING Y, et al. Study on the hydrogen storage properties of core-shell structured Mg-RE (RE = Nd, Gd, Er) nano-composites synthesized through arc plasma method[J]. International Journal of Hydrogen Energy, 2013, 38(5): 2337-2346.

[21] PAN Y B, WU Y F, LI Q. Modeling and analyzing the hydriding kinetics of Mg-LaNi$_5$ composites by Chou model[J]. International Journal of Hydrogen Energy, 2011, 36(20): 12892-12901.

[22] LI Q, LU Y, LUO Q, et al. Thermodynamics and kinetics of hydriding and dehydriding reactions in Mg-based hydrogen storage materials[J], Journal of Magnesium and Alloys, 2021, 9: 1922-1941.

[23] SHAO H, MATSUDA J, LI H W, et al. Phase and morphology evolution study of ball milled Mg-Co hydrogen storage alloys[J]. International Journal of Hydrogen Energy, 2013, 38(17): 7070-7076.

[24] SHAO H, ASANO K, ENOKI H, et al. Fabrication, hydrogen storage properties and mechanistic study of nanostructured $Mg_{50}Co_{50}$ body-centered cubic alloy[J]. Scripta Materialia, 2009, 60(9): 818-821.

[25] SHAO H, XIN G, ZHENG J, et al. Nanotechnology in Mg-based materials for hydrogen storage[J]. Nano Energy, 2012, 1(4): 590-601.

[26] BARKHORDARIAN G, KLASSEN T, BORMANN R. Fast hydrogen sorption kinetics of nanocrystalline Mg using Nb_2O_5 as catalyst[J]. Scripta Materialia, 2003, 49(3): 213-217.

[27] MUSTAFA N S, ISMAIL M. Hydrogen sorption improvement of MgH_2 catalyzed by CeO_2 nanopowder[J]. Journal of Alloys and Compounds, 2017, 695: 2532-2538.

[28] WANG L, HU Y, LIN J, et al. The hydrogen storage performance and catalytic mechanism of the MgH_2-MoS_2 composite [J], Journal of Magnesium and Alloys, 2022, In press. https://doi.org/10.1016/j.jma.2022.06.001

[29] LI Q, CHOU K C, LIN Q, et al. Hydriding kinetics of the $LaNiMg_{17}$-H system prepared by hydriding combustion synthesis[J]. Journal of Alloys and Compounds, 2004, 373(1-2): 122-126.

[30] LI Q, LIN Q, JIANG L, et al. On the characterization of $La_{1.5}Mg_{17}Ni_{0.5}$ composite materials prepared by hydriding combustion synthesis[J]. Journal of Alloys and Compounds, 2004, 368(1-2): 101-105.

[31] PANG X, RAN L, CHEN Y, et al. Enhancing hydrogen storage performance via optimizing Y and Ni element in magnesium alloy [J]. Journal of Magnesium and Alloys, 2022, 10: 821-835.

[32] OUYANG L Z, YANG X S, ZHU M, et al. Enhanced hydrogen storage kinetics and stability by synergistic effects of in situ formed $CeH_{2.73}$ and Ni in $CeH_{2.73}$-MgH_2-Ni nanocomposites[J]. The Journal of Physical Chemistry C, 2014, 118(15): 7808-7820.

[33] LIU J W, ZOU C C, WANG H, et al. Facilitating de/hydrogenation by long-

period stacking ordered structure in Mg based alloys[J]. International Journal of Hydrogen Energy, 2013, 38(25): 10438-10445.

[34] LI Q, LUO Q, GU Q F. Insights into the composition exploration of novel hydrogen storage alloys: evaluation of the Mg-Ni-Nd-H phase diagram[J]. Journal of Materials Chemistry A, 2017, 5(8): 3848-3864.

[35] LI Q, LI Y, LIU B, et al. The cycling stability of the in situ formed Mg-based nanocomposite catalyzed by YH_2[J]. Journal of Materials Chemistry A, 2017, 5(33): 17532-17543.

第 3 章
镁基储氢材料的制备

近年来,随着镁基储氢材料研究范围的不断扩展,其制备方法也与日俱进。不同制备方法对镁基储氢材料的微观组织、相结构及表面状态等都有重要影响,而组织结构因素与储氢性能又存在着密切联系。镁基储氢合金一般采用熔炼法制备,可实现块体储氢材料的大规模生产,为了进一步提高镁基储氢合金的动力学性能,可利用纳米晶及非晶等材料的一系列独特的性质,如高扩散系数、高活性等,实现高性能镁基储氢材料的制备。为了进一步改善和提高储氢材料的综合性能,也可通过特殊工艺或者工艺复合方式将不同的储氢材料复合形成镁基复合储氢材料,如催化剂与镁基储氢合金的复合及 MgH_2 与多孔支架材料的复合等。镁基复合储氢材料的丰富性和多样性及其复合后结构变化的复杂性为改善储氢材料的性能提供了极大空间。镁基储氢材料未来的发展方向主要有微合金化的镁基材料的组织细节调控和镁基纳米复合材料。微合金化的镁基材料可充分发挥有限合金化元素引入生成第二相的催化吸放氢作用,结合组织结构调控,同时提升镁基储氢材料的储氢性能。催化效应和纳米效应结合起来制备镁基复合材料,复合体系表现出的"协同效应",如纳米界面效应、氢泵效应及应力效应等使体系表现出更优的储氢性能。

镁基储氢材料的制备方式各有特点,适用于不同目标的需求。本章根据储氢材料的形态和种类将其制备方法分为镁基储氢合金的制备方法、镁基纳米储氢材料的制备方法和镁基复合储氢材料的制备方法 3 种。随后总结出储氢材料的制粉和氢化方法。镁基储氢合金的制备方法中主要介绍镁基储氢合金的熔炼和粉末冶金方法,包括常见的镁-过渡金属、镁稀土合金等的制备;镁基纳米储氢材料制备主要包括球磨、沉积法和液相还原法等;镁基复合材料的制备则主要介绍镁基材料与修饰性非储氢材料复合的方法。本章重点对镁基储氢材料及镁基氢化物的制备方法进行详细介绍,对其中有特色的制备方法从定义、原理、优缺点、适用的体系及工艺参数等方面展开详细论述。

镁基储氢材料未来的发展趋势在于:

①采用新型制备方法对典型微合金化的镁基材料进行组织调控,该思路可充分发挥有限合金化元素引入生成第二相的催化吸放氢作用,同时提升镁基储氢材料的储氢性能。

②通过某种特殊工艺制备镁基复合材料,复合体系中所表现出的"协同效应",如纳米界面效应、氢泵效应及应力效应等使其复合体系叠加更优良的储氢性能。

3.1 镁基储氢合金的制备方法

3.1.1 熔炼法

熔炼法是指将一定成分配比的块体金属原料加热熔化,冷却成型而得到合金块体的方法,是制备镁基储氢合金的常用传统方法之一。目前,制备镁基储氢合金常用的熔炼法为真空感应熔炼法、电弧熔炼法和电阻熔炼法等,均具有批量生产、成本低等优点。

1)真空感应熔炼法

感应加热技术通常是指真空条件下,通过电磁感应原理来传递能量,利用工件中产生的涡流对工件加热。真空感应熔炼是将固态的金属原材料放入由线圈缠绕的坩埚中,当电流流经感应线圈时,产生感应电动势并使金属炉料内部产生涡流,热量越积越多,达到一定程度时,金属由固态熔化为液态,达到冶炼金属的目的。感应加热作为一种非接触式加热,可以将能量精确地集中到工件的被加热部位,具有加热均匀、速度快、可控性好、易于实现自动化、产品质量稳定、现场劳动环境好、作业占地少等优点。图 3.1 为感应加热原理示意图[1,2]。

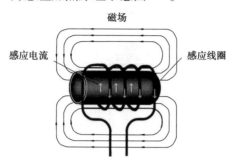

图 3.1　感应加热原理示意图

真空感应熔炼技术是目前加热效率最高、速度最快、低耗节能环保型的感应加热技术,也是制备镁基储氢合金最为广泛的熔炼方式之一。与其他传统熔炼方法相比,感应熔炼既可以熔化高熔点金属,也可以用于熔化低熔点金属;液态金属材料由于受电磁力作用,可以实现自动搅拌使成分更加均匀;在真空条件下熔炼合金,有利于去除金属内部气体杂质,得到更加纯净的金属材料[3]。真空感应熔炼法因其批量生产简单、成本低等优点,在工业上得到了广泛应用。但缺点是耗电量大、合金组织难控制;为了减少杂质对储氢性能的影响,对原材料的纯度要求较高(99.9% 以上);常在熔炼过程中通入惰性气体以防止镁的燃烧。液态合金可通过锭模铸造法或急冷凝固法成型,获得块状或粉末合金,最后经活化获得金属氢化物产品。

真空感应炉使用的工作电压比中频感应炉低,通常在 750 V 以下,以防止电压过高引起真空下气体放电而破坏绝缘;等到真空室压力达到 0.67 Pa 时,可送电加热炉料。镁基储氢合金中由于镁易挥发,镁增加 5% 以弥补熔融过程中的蒸发损失。升温可确保所有元素都均匀混合并充分熔化,熔化的合金保持在约 1 173 K 用电磁搅拌 5 min,然后倒入锭模中冷却至室温,冷却时间 2 h 以上,得到熔炼铸锭。

Reilly 等[4,5]首先用镁和镍熔炼成 Mg_2Ni 合金,具体流程如图 3.2 所示。该合金在 3 MPa 氢压、598 K 温度下能与氢反应生成 Mg_2NiH_4,分解氢压为 0.1 MPa 时温度为 547 K,氢化物分解温度比 MgH_2 明显降低。但熔炼法制备的 Mg_2Ni 合金活化性能较差,需经几次反复吸放氢循环才能活化,活化合金在 473 K、2 MPa 的氢压下才易吸氢。其他研究者[6]也采用感应熔炼法制备了 Mg_2Ni 合金,经 3 次反复吸放氢循环后活化,在 573 K 吸氢量可达到 2.67 wt ,为其理论值的 74%。

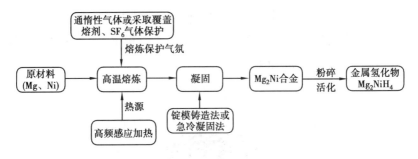

图 3.2 真空感应熔炼法制备 Mg_2Ni 合金流程图

2)电弧熔炼法

电弧熔炼法是利用电能在电极与电极或电极与被熔炼物料之间产生电弧来熔炼金属的电热冶金方法,可以用来熔炼钛(Ti)、锆(Zr)、钼(Mo)、铌(Nb)、钽(Ta)、钨(W)等难熔金属和合金,电弧熔炼法是制备镁与难熔金属储氢合金的一个非常重要的方法。真空电弧熔炼是电弧熔炼常用方法之一,其基本原理是将待熔金属制成自耗电极,在真空条件下($10^{-2} \sim 10^{-1}$ Pa)利用直流电弧作热源,将自耗电极逐渐熔化金属滴入水冷铜结晶器内,再凝固成锭。熔滴通过 5 000 K 的电弧区时在高真空下得到精炼;熔滴金属在结晶器内汇聚成熔池,继续真空精炼,同时受水冷铜结晶器强制冷却作用,铸锭顺序凝固。传统的真空电弧炉结构包括炉体、主电源、真空系统、水冷系统、自动控制系统等,如图 3.3 所示。真空电弧重熔可以生产大尺寸、大吨位的金属锭,目前最大锭重达 50~70 t,锭子直径超过 2 m;而且在水冷结晶器中边熔炼、边凝固成锭,快速定向凝固消除了常见的缩孔、偏析和中心疏松等缺陷,同时使夹杂物上浮到锭子顶部。真空电弧熔炼的缺点是:必须制造自耗电极,多了一道工序;锭子内组织为柱状晶,从底部到上部柱状晶是变化的,与径向之间的夹角逐渐减小,而且上部晶粒较大,这种晶体组织对压力加工不利[7]。

由于真空电弧熔炼温度高,而 Mg 的熔点低、易挥发,针对镁基储氢材料中真空电弧熔炼制备方法的应用,主要集中于难熔合金添加剂和催化剂的制备。其中,作为催化剂掺杂 MgH_2 的合金有 Ti 基[8,9]、Zr 基[10,11]等。先利用等离子体电弧熔炼方法合成 $Ti_{50}Zr_{50}$ 合金,再将 $Ti_{50}Zr_{50}$ 合金与镁锭通过真空电弧熔炼方法制备了 Mg-Ti-Zr 储氢材料[8];该纳米复合材料 Mg-Ti-Zr 具有较高的吸放氢循环性能;Ti 和 Zr 氢化物纳米粒子在吸附过程中抑制了 Mg 纳米粒子的生长;该镁基复合材料在中等温度下能快速吸附氢气,在 473 K 下 5 min 内可吸 4.3 $wt\%$ H_2,在 523 K 下 5 min 内可释放 2.8 $wt\%$ H_2。为改善 MgH_2 放氢热力学,采用真空电弧熔炼法制备了 $TiCr_{1.2}Fe_{0.6}$ 合金,后作为催化剂与 MgH_2 共同球磨制备了纳米结构的 MgH_2-5% $TiCr_{1.2}Fe_{0.6}$ 储氢材料[11]。由于晶粒细化和 $TiCr_{1.2}Fe_{0.6}$ 过渡金属合金的催化作用,MgH_2 的脱氢温度由 699 K 降至 508 K。

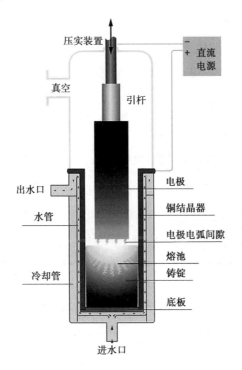

图 3.3　真空电弧炉结构示意图

电弧熔炼利用电能在电极与被熔炼物料之间产生电弧对其进行熔炼,因此熔炼的温度较难控制,通常通过改变电弧电压等参数来调节合金的熔炼。对于镁基储氢合金的熔炼,要获得优质组织形貌需要控制电压和电流。目前,一般采用大断面电极,短弧操作,电弧长度一般为 30 mm,小直径锭 10 mm,电弧电压 $U = 15 \sim 40$ V。

3)电阻熔炼法

电阻熔炼法是利用电阻炉中电阻丝加热坩埚,将坩埚中的原材料熔化,再通过后续重力铸造等方式获得合金材料的方法。由于这种熔炼方式热能密度输入较小,适合熔炼熔点较低的合金,如镁合金和铝合金。因此,电阻熔炼法在镁基储氢材料制备中也得到了广泛的应用[12,13]。相比感应加热及电弧加热熔炼方式,电阻加热方式热流密度较小,控制准确的镁基储氢合金成分较为容易。但是由于镁熔点低,蒸气压高,和其他熔点较高合金进行熔炼时,仍然存在挥发现象而造成成分不准确问题,为此研究者开发出了气体(SF_6+CO_2)保护电阻炉熔炼方式和熔剂(RJ-2)覆盖保护电阻熔炼方式制备镁合金材料。通过熔剂覆盖保护电阻熔炼法制备 Mg-Ni-La 三元合金[14],其熔剂覆盖保护电阻熔炼示意图和所制备的 Mg-Ni-La 合金的微观组织如图 3.4 所示。

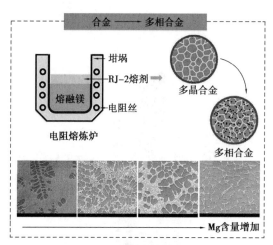

图 3.4 溶剂覆盖保护电阻熔炼法制备 Mg-Ni-La 合金[14]

镁与其他易挥发元素利用电阻炉熔炼时,也需要添加一些富余量。在烘干的高纯石墨坩埚底部加入少量的覆盖剂,炉子升温至 873 K 左右放入 Mg 和 Mg 的中间合金,并加入覆盖剂保护,继续升温至 1 073 ~ 1 153 K 保温 0.5 ~ 1 h,在加热和保温过程中,采用高纯石墨棒对坩埚内样品进行间歇性搅拌以使熔体温度和成分更加均匀;保温后样品随炉冷却。

4)快速冷却

熔体纺丝(Melt Spinning, MS)也称急冷甩带法,是一种金属快速冷却技术,通常用于形成具有特定结构的金属或合金薄带。典型的熔体纺丝过程是将熔化的金属或合金在氩气气氛保护下,喷射到高速旋转的辊轮表面(水冷或者液氮冷却)。熔化的材料在与冷却辊轮表面接触后迅速凝固,一般情况下,冷却辊轮表面的速度必须为 10 ~ 60 m/s,以避免形成液滴或破带。冷却辊的旋转不断去除凝固的合金带,同时暴露新的表面接受炽热熔融的金属流体,允许连续生产[15],工艺原理示意图如图

3.5 所示。由于合金熔体在冷却辊轮表面快速展开,使熔体前端与导热良好的冷却体接触并获得极高的冷却速度,可形成非晶/纳米晶薄带。

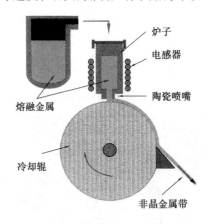

图 3.5　熔体纺丝加工原理示意图

熔体纺丝过程受诸多因素影响,合金带的质量和尺寸是由机器的操作和配置决定的。其主要影响因素有:

①喷嘴与冷却辊之间的距离。

②喷嘴形状。

③熔体在旋转辊上的流速,流速通常与辊轮的转速密切相关,主要影响甩带的宽度和厚度。

④转速越快的辊轮利于产生越薄的金属带。

⑤冷却辊温度,主要影响薄带的微观组织结构,不同的合金在不同的温度下形成不同微观组织的薄带[16]。

熔体纺丝技术相比较其他镁基储氢材料制备方法具有生产工艺简单、生产效率高(10～60 m/s)、无环境污染等优点,但对其熔融材料有低黏度的要求,且有输入热量高及设备需进行定期且适当维护的缺点。目前,熔体纺丝技术已被证明是制备不同成分镁基非晶和纳米晶合金的有效方法,非常适合于批量生产,其镁基合金主要集中于 Mg-TM（TM＝Ni,Cu,Co,Fe 等）以及 Mg-Ni-RE（RE＝La,Y,Nd 等）。其中,关于镁基合金的制备通常以冷却辊的旋转线速度作为熔体纺丝速率,其速度通常为 10～40 m/s。

铸态 Mg-10Ni 合金与熔体纺丝法制备的 Mg-10Ni 合金微观形貌对比如图 3.6 所示[17]。铸态 Mg-10Ni 的共晶组织中含有细小 Mg_2Ni（白色）相和树枝状 α-Mg 相（深灰色)。共晶组织所提供的大量界面是控制 Mg-Ni 合金吸放氢动力学过程中的 H 原子扩散的最有效途径,而初生镁相的晶粒尺寸为几十微米,因此 H 原子向铸态合金内外扩散的通道(晶界、相界)数量有限,不能期望能快速饱和吸氢。图 3.6(c)—(e)为 35 m/s 线速度下的熔体纺丝制备 Mg-10Ni 的 TEM 图像。观察到纳米尺度的黑色弥散分布相 Mg_2Ni 等轴晶粒均匀地嵌在细化的白色 α-Mg 基体中。由于 α-Mg 晶界的增加和纳米晶 Mg_2Ni 金属间化合物相的分散分布,有望改善 Mg-10Ni 的吸放氢性能。

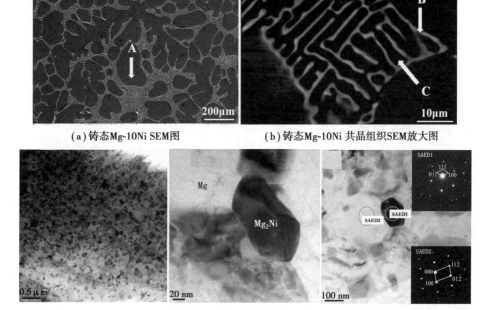

(a)铸态Mg-10Ni SEM图　　　　(b)铸态Mg-10Ni 共晶组织SEM放大图

(c)熔体纺丝Mg-10Ni低倍TEM图　(d)熔体纺丝Mg-10Ni高倍TEM图　(e)熔体纺丝Mg-10Ni选区电子衍射图

图 3.6　Mg-10Ni 合金的微观组织图[17]

此外,采用熔体纺丝法能够制备具有良好储氢性能的纳米晶和非晶共存的 Mg-Ni-RE 合金(RE=稀土元素)。在不同冷却辊旋转速度下,熔体纺丝可以得到不同微观组织和物相的合金,即非晶、部分和完全纳米晶合金。在 $Mg_{22}Y_3Ni_9Cu$ 中,随着旋转速度的增加,其非晶相的数量明显增加。更重要的是,不同速度下的熔体纺丝技术能够改变镁基储氢合金的吸放氢热力学与动力学性能[18]。图 3.7 所示为不同速度下熔体纺丝制备 $Mg_{24}YNi_9Cu$ 合金吸放氢热力学与动力学性能。熔体纺丝速度增加时,能够显著降低合金的热稳定性,ΔH_{ab} 和 ΔH_{de} 均有不同程度的降低,氢脱附的起始温度从 518.6 K 降低到 501.1 K。同时,从吸氢动力学角度看,15 m/s 与 20 m/s 熔体纺丝合金较铸态合金吸氢容量与动力学都有一定提升,而放氢活化能 E_k 也随着纺丝速度的增加而不断降低。

表 3.1 列出了几种熔体纺丝法制备镁基储氢合金的工艺参数以及储氢性能。该方法在制备非晶/纳米晶的镁基储氢合金效果十分显著,并且储氢容量相对较高。在吸放氢中,非晶态易发生晶化过程,合金元素或其化合物的纳米级相均匀地沉淀在纳米晶 Mg 基体中,形成稳定的多相纳米结构。熔体纺丝制备的薄带材料也表现出与氢的良好反应性;纳米尺寸的沉淀相促进了 H_2 分子在带状合金表面的化学吸附,并增强了 H 原子向内部流动,形成合金氢化物。为此,熔体纺丝作为一种制备非晶/纳米晶、优化镁基储氢材料热力学与动力学性能的制备技术,具有非常好的应用前景。

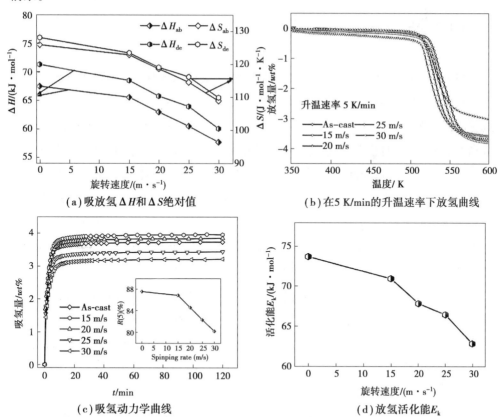

(a)吸放氢 ΔH 和 ΔS 绝对值

(b)在 5 K/min 的升温速率下放氢曲线

(c)吸氢动力学曲线

(d)放氢活化能 E_k

图 3.7 不同速度下熔体纺丝制备的 $Mg_{24}YNi_9Cu$ 合金吸放氢热力学与动力学性能

表 3.1　熔体纺丝法制备的镁基储氢合金的工艺参数及储氢性能

镁基储氢材料	制丝速度/(m·s⁻¹)	制丝尺寸	储氢容量/wt%	最终颗粒(P)/晶粒(G)尺寸	吸氢动力学	放氢动力学	Ref.
Mg-10Ni	35	宽: 10 mm; 厚:150 μm	5.75	P:31.6 μm	5 min/3.91 wt%/ 523 K/2.5 MPa	—	[17]
Mg-10Ni-2Mm	20.9	宽: 3 mm	4.2	G:纳米级	7 min/3 wt%/ 573 K/2.8 MPa	493 K 起	[19]
Mg₁₂YNi	20	宽: 3 mm; 厚:30 ~ 50 μm	4.74	G:10 μm	20 min/4.74 wt%/ 573 K/3 MPa	10 min/4 wt% /573 K	[20]
Mg₈₀Ni₁₀Y₁₀	40	宽:10 mm; 厚:35 μm	5.3	G:5-20 nm	10 min/4.8 wt%/ 523 K/2 MPa	30 min/5 wt% /523 K	[21]

3.1.2　粉末冶金

粉末冶金(Powder metallurgy)是指金属粉末或粉末压坯,再加热到低于主要成分熔点温度,由于颗粒之间发生粘结等物理化学作用,得到所要求强度和特性材料或制品的工艺过程。在粉末冶金过程中,超细粉末粒度变细后表面曲率变大,具有极高的表面能,同时粉末表面张力向内部的压力增大,使超细粉末物理性质发生了改变,如熔点下降,从而降低烧结温度。粉末烧结法制备块体镁基储氢合金主要的工艺过程:先将所需金属粉末按比例混合,压制成型后在氢气、氩气或真空环境中加热至熔点温度进行烧结,得到合金产物。粉末冶金法相比熔炼法,具有反应温度低的优势,同时可克服高温熔炼法中镁蒸汽压高、易挥发和合金成分不易控制等缺点,是制备块体镁基储氢合金的较为理想的方法。

随着科学技术的发展,粉末冶金技术也不断地优化革新,在传统粉末冶金技术基础上又创新出了更具优势的技术,例如放电等离子体烧结[22-24]、激光烧结[25-27]、微波烧结[28-30]及强磁场辅助烧结法[31-33]等,这些烧结法近年来都被用于制备镁基储氢材料。

1)激光烧结法

烧结工艺中的加热技术对制备的合金具有重要影响,激光、微波等加热技术被用于烧结工艺。激光烧结技术分为多类,作为制备镁基储氢复合材料的激光烧结工艺主要为选择性激光烧结(Selective Laser Sintering,SLS),其原理为:成形过程中高能激光束对材料瞬时作用将粉末材料部分熔化,产生一相或几相的液相或半固相,部分粉末颗粒保留其固相形态,并通过后续的液相凝固、固相颗粒重排粘接实现粉末致密化成型。对常规烧结炉不易完成的烧结材料,此技术有独特的优点。由于激光光束集中和穿透能力小,适于对小面积、薄片制品的烧结,易于将不同于基体成分的粉末或薄片压坯烧结在一起[34]。激光烧结制备镁基储氢合金及其复合材料的方法及参数如下[35]:按镁基储氢合金材料或其多组分的复合材料设计组分配比,称取金属粉末或合金粉末混合均匀,于粉末压力机中压制成素坯,将素坯放置在 CO_2 激光器中进行烧结,激光烧结功率为 500 ~ 1 600 W,扫描速度为 100 ~ 120 mm/min,光斑直径为 3 ~ 5 mm,三道扫描成型,烧结时间为 3 ~ 10 s。图 3.8(a)所示为镁基储氢合金及其复合材料试样激光烧结室结构示意图,镁基合金激光烧结过程类似于铜氮分散层在飞秒激光脉冲的照射下烧结[36][图 3.8(b)]。

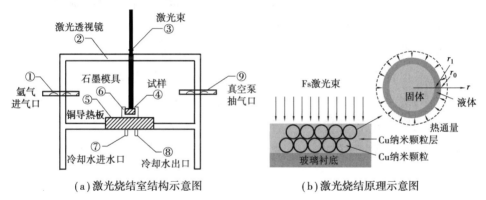

图 3.8　镁基储氢合金及其复合材料激光烧结室和激光烧结原理图

激光烧结是快速加热和冷却的过程,烧结体的快速冷却和相变易导致晶粒、显微组织细化以及大量晶体缺陷和微裂纹,有助于提高合金的储氢性能。使用激光烧结技术制备的 Mg-Ni 储氢合金含有 Mg_2Ni、$MgNi_2$、纯 Mg、纯 Ni 以及 MgO 多种物相,随着激光烧结功率的增大,Mg 元素的失重率增大[26,27,37]。特别是在 1 200 W 时,质量损失显著增加;经激光烧结制备的 Mg_2Ni 最大储氢容量可达到 3.44 $wt\%$。图 3.9 为激光烧结制备 Mg-20$wt\%$ $LaNi_5$ 复合材料呈网状分布的 Mg_2Ni+Mg 共晶(箭头 A 所指)、存在网格中的白色小块 $LaMg_{12}$(箭头 C 所指)以及黑色区域为未反应的 Mg(箭头 B 所指);尽管组织形貌与传统烧结相似,但激光烧结制备 Mg-20 $wt\%$ $LaNi_5$ 中 Mg 晶粒尺寸更小,这有利于氢化性能的提高;同时共晶 Mg + Mg_2Ni 混合物和 $LaMg_{12}$ 相对吸放氢具有良好的催化作用,经 5 次活化后吸氢量可达到 5 $wt\%$[25]。

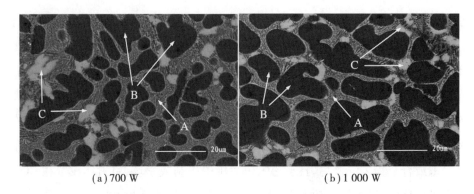

(a) 700 W   (b) 1 000 W

图 3.9 不同功率激光烧结 Mg-20 *wt%* LaNi$_5$ 复合材料的背散射扫描电镜图像

由于高能激光束对材料瞬时作用产生一相或几相的液相或半固相烧结,从而快速制备冶金结合良好且性能优异的镁基储氢合金及其复合材料,通常可在几到十几秒时间内完成烧结。制备的镁基储氢合金及其复合材料体系广,包括 Mg-Ni 二元合金、Mg-Ni-RE 三元合金等以及它们所形成的复合材料。通过激光烧结,Mg 的烧损低并能够有效控制,可以优化调控微观组织,具有晶粒细小、缺陷多(空位和裂纹等)等缺点,具有可有效控制制备具有储氢容量高的主相和催化性能好的第二相的"心/壳"组织,从而提高镁基储氢复合材料的储氢性能及电化学性能。激光烧结室装置设计简单,价格低廉,同时其具有气体保护、激光束穿入和快速冷却等功能,使激光烧结制备镁基复合储氢材料具有产量大、能耗少、工艺简单、产品质量优异和节约保护气体等特点[35]。

2)微波烧结法

微波加热是材料与微波耦合,以体积形式吸收电磁能量并转化为热量的过程,这与通过传导、辐射和对流的传统热量传递机制不同。常规加热中,材料表面首先被加热,然后热量向内移动,从表面到内部将产生一个温度梯度,如图 3.10 所示[38]。微波加热首先在材料内部产生热量,然后加热整个体积。这种加热机制能够有效地增强扩散过程,减少能源消耗,快速升温并显著减少加工时间,降低烧结温度,改善物理和机械性能等[39]。图 3.11 所示为微波管式炉装置示意图[40]。

微波烧结技术原理是利用材料在电磁场中的介电损耗发热现象,因为电磁波能够穿透材料,使其整体发热,最终达到材料的烧结温度从而实现烧结和致密化的技术。利用微波烧结技术制备材料时,材料处在微波电磁场中会产生介质的极化现象,由于法拉利定律,产生与电场同向的感应电流引起材料内部的能量耗散。这种

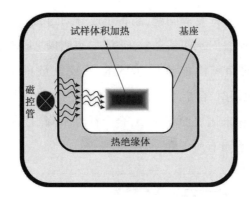

图 3.10　微波烧结炉示意图[38]

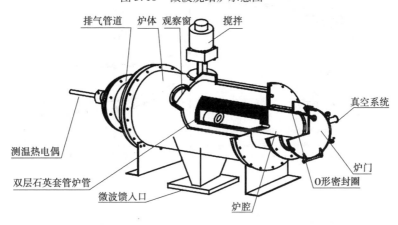

图 3.11　微波管式炉示意图[40]

能量损耗主要是偶极子极化和界面极化产生的,通过吸收电流形成材料的介电耗散。绝热条件下,材料加热过程中的潜热变化忽略不计时,单位体积材料在微波电磁场作用下的升温速率为

$$\frac{\mathrm{d}T}{\mathrm{d}t} = \frac{2\pi f \varepsilon_0 \varepsilon' E^2}{c_p \rho} \tag{3.1}$$

式中　ρ——密度;

c_p——热容;

ε_0——介电常数;

ε'——介电损耗;

f——工作频率;

E——电场强度。

微波加热具有快速、整体、高效、促进化学反应等优点,用于制备镁基储氢合金

时能够克服镁的熔点低易挥发等问题,制备出成分均匀、组织细化的合金。使用小型工业用微波烧结炉制备 Mg-Al 系合金,研究[28]表明以 4 kW 功率烧结 30 min 时制得的 $Mg_{17}Al_{12}$ 合金的储氢性能最佳,623 K 下吸氢量可达 3.83 $wt\%$,放氢率 76.50%。烧结时间过短时,合金不能得到充分活化,吸放氢性能不佳;烧结时间延长时,晶粒开始长大,粉末比表面积减小,合金活性下降,且合金吸氢后 MgH_2 相减少,Mg_2Al_3 增加,放氢容量有所下降。

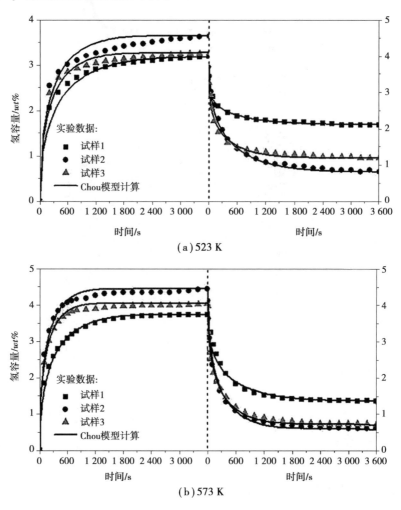

图 3.12 Mg-La-Ni 三元合金吸放氢动力学曲线

(试样 1 为 80Mg-6.48La-13.52Ni;试样 2 为 70Mg-9.72La-20.28Ni;

试样 3 为 60Mg-12.96La-27.04Ni)

上海大学李谦等[29]在 Mg-La-Ni 相图指导下,成功应用微波烧结从 Mg、La 和 Ni 的粉末混合物中分别制备了 80Mg-6.48La-13.52Ni,70Mg-9.72La-20.28Ni 和 60Mg-12.96La-27.04Ni 三元储氢合金,其中 70Mg-9.72La-20.28Ni 具有良好的吸放氢性能,在 573 K 下,600 s 吸附 4.1 $wt\%$ H_2,1 500 s 放氢 3.9 $wt\%$,放氢活化能为 113.5 kJ/mol H_2,良好的微观组织和适当的 Mg、Mg_2Ni 和 LaH_x 相比例使得其储氢性能最好,甚至可在 523 K 实现吸放氢(图 3.12)。利用机械球磨与微波烧结结合的新工艺制备石墨掺杂 Mg-Ni-Ce 的镁基储氢复合材料[30],石墨的引入不仅是机械球磨过程中的润滑剂,还是微波烧结过程中的辅助加热材料。此外,石墨作为吸放氢反应的催化剂,也改善了镁基复合材料的储氢性能,5 $wt\%$ 石墨-$Mg_{17}Ni_{1.5}Ce_{0.5}$ 复合材料在 573 K 下吸放氢容量分别为 5.34 $wt\%$ 和 5.30 $wt\%$ H_2,其放氢反应的起始温度低至 511 K,反应活化能为 54.5 kJ/mol H_2。利用微波烧结法制备镁基储氢合金时,通常需将粉末混合压实,后置于真空微波烧结炉,其烧结参数为:频率 2.45 GHz,功率 3 ~ 4 kW,升温速度为 13 ~ 25 K/min,并在目标温度烧结 20 ~ 30 min。

3)放电等离子体烧结

放电等离子体烧结(Spark Plasma Sintering,SPS)作为一种粉末快速固结技术受到越来越多的关注。在 SPS 系统中主要由 3 部分组成(图 3.13)[41]:

①产生单轴向压力的装置和烧结模具。
②脉冲电流发生器,用来产生等离子体对材料进行活化处理。
③电阻加热设备。

图 3.13　放电等离子烧结系统示意图[41]

　　而关于 SPS 的机理一般认为：首先由特殊电源产生的直流脉冲电压,在粉体的空隙产生放电等离子,等离子体的产生可以净化金属颗粒表面,提高烧结活性;当脉冲电压达到一定值时,粉体间的绝缘层被击穿而放电,使粉体颗粒产生自发热高速升温,在颗粒表面引起蒸发和熔化;晶粒受脉冲电流加热和垂直单向压力的作用,体扩散、晶界扩散都得到加强,加速了烧结致密化过程。SPS 的工作温度一般比常规烧结低 473 ~ 773 K,烧结时间为 5 ~ 10 min,具有升温速度快、时间短、烧结效率高的优点,且其独特的等离子体活化和快速烧结作用抑制了晶粒长大,较好地保持了原始颗粒的微观结构。SPS 的这些优点使其能够制备镁基储氢复合材料[42,43]。

　　众所周知,由于镁与其他金属的熔化温度差异较大,采用传统的熔炼工艺制备镁基复合材料较为困难。采用机械球磨和烧结等方法制备镁基复合材料取得了较好的效果。但这些方法在实际应用中仍存在一些缺点,如球磨耗时长,常规烧结温度要求高。此外,球磨过程中粉末氧化或污染难以避免。为了避免传统工艺制备镁基储氢复合材料弊端,SPS 的方法应运而生。采用 SPS 技术合成的 Mg-50 $vol\%$ $V_{7.4}Zr_{7.4}Ti_{7.4}Ni$ 镁基储氢合金,可实现 303 K 吸氢 3.05 $wt\%$,573 K 放氢 2.55 $wt\%$[22],较纯 Mg 有较大提高。MgH_2 在复合材料中的分解温度为 591 K,比纯 Mg 低 117 K。另外,将 SPS 制得的 Mg-50 $vol\%$ $V_{7.4}Zr_{7.4}Ti_{7.4}Ni$ 与机械球 40 h 制备 Mg-40 $wt\%$ $Ti_{0.28}Cr_{0.50}V_{0.22}$ 镁基复合储氢材料相比,材料在室温下的吸氢容量基本相同,而 SPS 烧结只需 10 min,其氢化物放氢温度更低。同样,利用 SPS 制备的 Mg-50% $V_{77.8}Zr_{7.4}Ti_{7.4}Ni_{7.4}$、Mg-30% $V_{38}Zr_{25}Ti_{15}Ni_{22}$ 和 Mg-30% $ZrMn_2$ 3 种镁基储氢复合材料[23],在 573 K 条件下就能吸放氢,最大储氢量分别为 4.4 $wt\%$、5.88 $wt\%$ 和 6.34 $wt\%$。在 SPS 制备的材料中发现了纳米晶 Mg 的薄过渡区,这一过渡区对提高镁基复合材料的储氢性能起着非常重要的作用[24]。

　　SPS 技术制备镁基储氢材料主要适用于传统熔炼工艺难以制备,且镁与添加元素熔化温度差异较大的合金或复合材料。通常 SPS 制备先将粉末等比例混合,混合粉末在温度 823 K、压力 30 MPa 真空放电等离子烧结 10 min,即可得到烧结的镁基合金。烧结合金形状通常为 $\phi20×5$ mm 圆柱体,后续需制粉才能用于储氢材料使用。

　　4) 强磁场辅助烧结法

　　除了激光和微波烧结技术,磁场等外场也能够提供能量促进相变,因此对合金的烧结制备起到一定的辅助作用。采用强磁场辅助烧结法可制备一系列镁基储氢合金,如 Mg-Fe-H[31] 和 Mg-La-Ni[32] 等三元储氢合金体系。强磁场辅助燃烧合成法(Magnetic Assisted Combustion Synthesis,MACS)也称"强磁场辅助烧结法"是在氢化燃烧合成制备技术的基础上提出的储氢材料制备新方法,其原理是,强磁场及热源提供的能量可使粉末颗粒之间产生交互作用从而发生气固自蔓延燃烧反应,磁场加速了反应进程,也降低了反应温度,不仅避免了粉末颗粒在高温下的长大,也在一定程度上降低了镁因熔点较低造成的烧损。强磁场辅助燃烧合成法的装置如图 3.14所示[33]。强磁场辅助烧结工艺为:首先需将烧结的合金粉末混合压制成 ϕ15×(2 ~3) mm 的圆饼,将圆饼置于一密闭的高压反应釜中,真空处理后充入 0.5 MPa 氩气;将高压反应釜置于 0 ~ 8 T 的稳恒强磁场中,通过管式电阻炉对材料进行加热,升温速率为 20 K/min,烧结合成温度为 1 073 K,并保温 4 h。

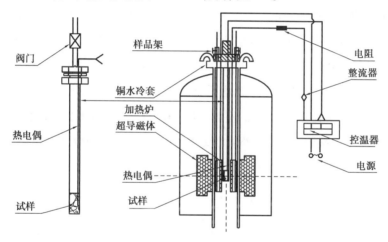

图 3.14　强磁场辅助烧结装置示意图[33]

强磁场辅助烧结法制备 Mg-Fe-H[31] 储氢材料相关研究表明[31]:强磁场对 Mg-Fe复合材料的结构形态特征、相组成、晶体大小和元素分布等诸多性能都有影响。在外加磁场作用下,用镁和铁粉末成功合成了纳米结构的三元氢化物 Mg_2FeH_6;由于强磁场作用导致相组成的变化和晶粒尺寸的减小,使其储氢性能大幅度提升;在 5 T强磁场下 2Mg-Fe 复合材料氢化物 593 K、0.1 MPa 氢压下可在 1 000 s 内放氢 6.73 $wt\%$,如图 3.15 所示。

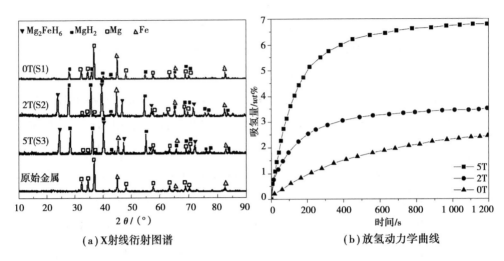

(a)X射线衍射图谱   (b)放氢动力学曲线

图 3.15 不同磁场强度下制备的 Mg-Fe-H 相组成及放氢性能[31]

该方法制备 La_2MgNi_9 储氢合金,其合金均由同一种 $PuNi_3$ 型结构的 $(La,Mg)Ni_3$ 主相所组成,仅有极少量杂相 $LaNi_5$ 出现,合金中的杂相随磁场的增大先减少后增加,在 4 T 下含量最少[32]。在 1T 磁场下制备的合金经破碎后得到的粉末具有多孔形态,颗粒细小,表面粗糙。合金氢化后分解为以 La_2Ni_7、$MgNi_2$ 和 $LaNi_3$ 结构为主相的产物。图 3.16 为 La_2MgNi_9 的室温下的 PCT 曲线,LMN-1 合金即在 1 T 磁场下制备的合金的滞后系数最小(0.480),放氢量最大 (1.307 $wt\%$),且具有较高的放氢率(0.905)和最快的放氢速率,综合性能较优良。

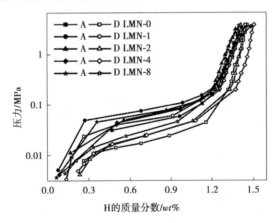

图 3.16 强磁场辅助烧结法制备 La_2MgNi_9 合金

在 300 K 下的吸放氢 P-C-T 曲线[32]

5) 自蔓延高温燃烧合成法

燃烧合成法(Combustion Synthesis, CS)又称自蔓延高温燃烧合成法,即利用物质反应热的自传导作用,使不同的物质之间发生化学反应,在瞬间形成化合物的高温合成法。用燃烧合成法制造储氢合金,可显著提高合金的吸氢能力,具有不需要活化处理和高纯化,合成时间短、能耗少等优点。

氢化燃烧合成法(Hydriding Combustion Synthesis)简称 HCS 法。1995 年日本东北大学的八木小组在制备镁镍合金(Mg_2Ni)时使用了燃烧合成方法[44]。此后,1997年他们在合成氢化镁镍合金(Mg_2NiH_4)时首次提出并使用了氢化燃烧结成法制备新工艺,将镁粉和镍粉混合后压坯置于高温高氢压下,直接一步氢化合成氢化镁镍合金。该方法充分利用了金属粉末和氢气反应过程中的自身放热,来推进整体反应的进一步完成,是自放热固相反应。反应过程主要分为以下 3 步:

$$Mg+H_2 \Longrightarrow MgH_2, \Delta H^\circ = -74.5 \text{ kJ/mol} \tag{3.2}$$

$$Mg+2Ni \Longrightarrow Mg_2Ni, \Delta H^\circ = -372 \text{ kJ/mol} \tag{3.3}$$

$$Mg_2Ni+2H_2 \Longrightarrow Mg_2NiH_4, \Delta H^\circ = -64.4 \text{ kJ/mol} \tag{3.4}$$

其中,第二步反应(3.3)为 Mg_2Ni 合金的合成,该反应在一定温度以热爆的方式瞬时完成并且生成大量的反应热,在降温过程中发生第三步氢化反应(3.4),从而生成最终的氢化镁镍合金(Mg_2NiH_4)。

使用氢化燃烧合成法制备 Mg_2NiH_4 时使用的设备如图 3.17 所示[44]。反应器为内长 520 mm、内径 70 mm 的镍铬铁合金管,通过样品架将 3 对 CA 热电偶连接到不锈钢样品室下的 3 个孔上。热电偶不仅起到测温作用,同时还可以固定样品室保证其在合金管中央处。采用中间热电偶 B 来控制反应温度,精度可以控制在 ±1 K以内。选择市面上最小颗粒尺寸的镁粉(纯度 99.9%,粒径<180 μm)和镍粉(纯度99.9%,粒径 2~3 μm),使用超声波均质器对在丙酮中按 2:1 的摩尔比配比的粉末进行充分混合,并在空气中完全干燥。将混合粉末置于反应器的中央均温区后并用氩气洗气,开始以 0.12 K/s 的速率进行升温至 873 K,并在一定氢压(4 MPa)下保温一段时间后再自然冷却至室温。目前,使用 HCS 法成功制备了 MgH_2、Mg_2NiH_4 及Mg-Ni-Cu 系、Mg-Ti-V-Mn 系、Mg-Ni-La 系等多种储氢合金体系,并可实现商业化生产[1,2]。

HCS 法利用合成过程中反应物之间的放热反应,合成时间较短,通常只需几个小时;合成反应温度远低于镁的熔点,能大大降低镁的挥发,直接制备出符合化学计

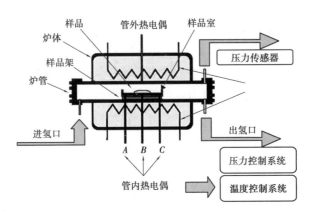

图 3.17　HCS 反应器示意图[44]

量比的相应储氢合金,产物纯度很高;产物活性高,不需要活化处理首次吸氢就能达到饱和,接近理论吸氢量。总的来说就是省能、省时、高纯度、高活性。所以 HCS 法表现出了十分优越的特性,是很新颖、很有发展前景的一种镁基储氢合金制备方法。通过 HCS 制备 Mg_2NiH_4 并与 IM 样品作对比,HCS 样品的储氢能力达到了理论值 3.6 $wt\%$,加氢速率也远远大于 IM 样品,且 HCS 样品在首次未经过任何活化过程的吸氢速率和容量是 IM 样品循环 4 次后仍达不到的。除此之外,图 3.18(b)显示了不同温度下的氢化曲线,可以看出,HCS 样品的氢化性能总是优于 IM 样品,尤其在 423 K 以下的低温区,储氢容量甚至达到了 IM 样品的 2 倍。并且,通过 P-C-T 测试结果还发现,HCS 样品的吸放氢平衡压始终低于 IM 样品,说明了 HCS 样品在较低氢压下,有更优的储氢能力[45]。

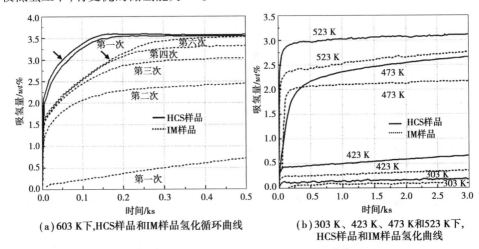

(a)603 K下,HCS样品和IM样品氢化循环曲线　(b)303 K、423 K、473 K和523 K下,HCS样品和IM样品氢化曲线

图 3.18　HCS 和 IM 样品氢化曲线对比[45]

南京工业大学的李李泉等人[46]改进传统氢化燃烧合成法,提出实验室规模的 HCS 法来制备 Mg_2NiH_4。最高压力为 6.0 MPa,最高温度为 1073 K,均温区约 20 cm 长。制备合金前无须压块,只需粉末简单混合即可,简化了材料准备过程。整个制备过程为:首先将样品加热至 873 K(约 50 min)并保持 30 min,然后冷却至 680 K(约 50 min)再次保温 30 min;接下来停止加热,使样品冷却至室温即可。

氢化燃烧合成法也常与球磨法结合起来制备具有更优性能的储氢材料。如图 3.19 所示制备的 HCS 产品命名为 $Mg_{90}Al_{10}$。然后,用行星式球磨机在氩气气氛下研磨约 0.6 g $Mg_{90}Al_{10}$、5% 摩尔分数的微镍或纳米镍和 0.012 g 石墨,粉体与球重比为 1:30,研磨时间为 10 h,转速为 400 r/min,球磨产物为 $Mg_{90}Al_{10}$-5nanoNi-MM[47]。为了研究机械研磨对 HCS 样品吸放氢性能的影响,在使用氢化燃烧合成法制备得到 Mg_2NiH_4 后,在 0.1 MPa 氩气下,以 200 r/min 速率和 30:1 球料比对 HCS 产物进行 40 h 的机械研磨,并对比了球磨前后样品的吸放氢性能。图 3.20(a)表明,球磨合金的吸氢速率和吸氢量都有大幅度提高,球磨后在 313 K 下仅 100 s 内就可吸收 2.76 $wt\%$ 的氢气(373 K 下为 2.78 $wt\%$)。球磨合金在 370 K 左右就开始放氢,而 HCS 样品的放氢温度在 570 K 左右,如图 3.20(b)所示,表明机械研磨对储氢合金热力学性能的改善效果十分显著[48]。

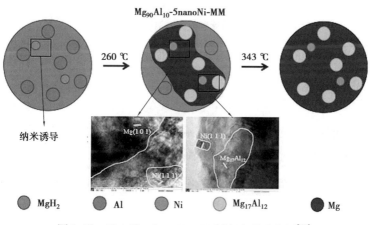

图 3.19　$Mg_{90}Al_{10}$-5nanoNi-MM 制备流程示意图[47]

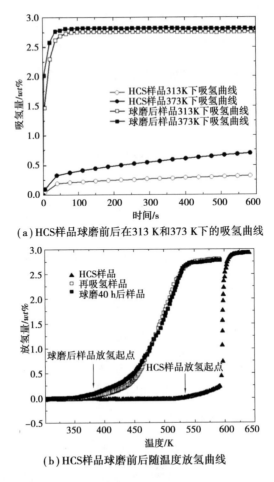

(a) HCS样品球磨前后在313 K和373 K下的吸氢曲线

(b) HCS样品球磨前后随温度放氢曲线

图3.20 HCS样品球磨前后的吸放氢动力学对比

6) 置换-扩散法

利用元素间的扩散反应来制备合金的方法称为扩散法,包括还原扩散法、共沉淀还原法、置换扩散法与球磨扩散法。但由于镁是活泼金属,不能用还原扩散法和共沉淀还原法制备镁基储氢合金。而采用置换-扩散法制取镁基合金则获得了较理想的结果。

置换-扩散法(Replacement-Diffusion Method,RDM)[49]是利用金属镁的化学活泼性设计的一种制备镁基储氢合金的有效方法。该方法是将镁锉屑溶解在无水 NiCl₂ 或 CuBr 及干燥过的二甲基甲酰胺或乙腈中,搅拌 2~3 h,通过置换反应,镍或铜平稳地沉积在镁上。然后将真空干燥后的产物放入高温炉中,在氩气氛 773~853 K

保温 2~3 h,通过热扩散使合金均匀化,即得灰黑色粉末状 Mg_2Ni 或 Mg_2Cu[49,50],其制备流程如图 3.21 所示。其中制备 Mg_2Ni 的具体反应式如下:

$$NiCl_2 + 3Mg \longrightarrow 2MgNi + MgCl_2 \tag{3.5}$$

$$2Mg + 2MgNi \xrightarrow{\triangle} 2Mg_2Ni \tag{3.6}$$

$$Mg_2Ni + 3H_2 \Longleftrightarrow MgH_2 + MgNiH_4 \tag{3.7}$$

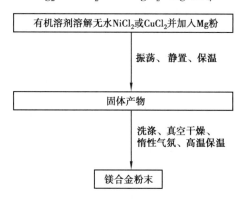

图 3.21　置换扩散法工艺流程图[50]

通过置换-扩散法制取的 $Mg_2Ni_{0.75}Cu_{0.25}$,首次吸放氢实验比冶炼法制备镁合金样品有更好的吸放氢活性,且样品不必粉碎,不存在孕育期,一次吸放氢就基本活化。样品在 623 K、598 K 和 573 K 的压力-组成等温线平台压平稳,滞后效应小(<0.1 MPa),吸氢量能达到 3.2 $wt\%$[51]。同样利用置换-扩散法制备 $Mg_2Ni_{0.75}Fe_{0.25}$(摩尔比 2:1)储氢材料,其氢化物放氢焓变能为 65.2 kJ/mol H_2,比 Mg 要低;且 Ni 和 Fe 取代 Mg 对镁和氢的反应起到了催化作用,最佳储氢量约为 3.3 $wt\%$[52]。

置换-扩散法方法简单易操作,避免了镁的挥发,制得的合金成分均匀,所得产物是粉末状固体,氢化时不必粉碎;合金表面布满裂纹,比表面积和活性高,较易吸氢活化,使吸放氢速度加快,同时氢化物的热分解温度明显降低,Mg_2NiH_4 的分解温度在 518 K 左右,具有优异的吸放氢性能。用该种方法还可合成一系列多元镁基合金,如 $Mg_2Ni_{1-x}Cu_x$ 和 $Mg_2Ni_{1-x}Pt_x$[53]等。采用置换-扩散法可以显著提高镁基合金的吸放氢速率和其他性能,然而其仅适用于镁与高活性金属合金的制备。

3.2 镁基纳米储氢材料的制备方法

3.2.1 球磨法

机械球磨法是用来制备镁基纳米储氢材料的一种常见方法,超细粉末在球磨过程中,由于有较大的比表面积和比表面能,颗粒有相互聚集、自动降低表面能的趋势,加入一定的表面活性剂能够有效改变粉体表面性质,降低表面能并防止球磨过程中粉体与空气接触氧化。该法是制备纳米镁基储氢材料最常用的方法之一,同时也是实现机械合金化常用手段。

1)高能球磨法

高能球磨是利用球磨的转动或振动,使硬球对原材料进行强烈的撞击、研磨和搅拌,把粉末粉碎为纳米级微粒的方法。高能球磨机由给料部、出料部、回转部、传动部(减速机、小传动齿轮、电机、电控)等主要部分组成。高能球磨机的中空轴采用铸钢体,内衬可拆换,回转大齿轮采用铸件滚齿加工,筒体内镶有耐磨衬板,具有良好的耐磨性。高能球磨机运转平稳,工作可靠。

高能球磨工作温度:278~323 K,电压:(220±10)V,50 Hz,筒体转速32 r/min。高能球磨机集强力冲击、研磨及振动等高能动作于一体,研磨罐在周期性运动过程中,研磨球高速旋转运动与样品相互撞击,达到研细样品的目的。高效率的球磨机应该能够在较短的时间内向被球磨粉末输送较高的机械能量,使被磨的材料在较短时间内实现机械合金化(机械活化),甚至形成纳米晶或非晶材料,并减少材料的氧化和污染。同时可以增加比表面积,引入大量的缺陷和晶格畸变。目前,高能球磨法已被广泛应用于镁基纳米储氢材料及镁基复合储氢材料的合成。

在高能球磨工艺中,由于材料自身性质、制备目的的不同,对工艺参数的选择也有较大的差别。影响球磨的主要工艺参数包括球磨转速和球磨时间、磨球和球料比、填充系数、球磨气氛等。球磨时间与球磨气氛对材料制备最为关键。球磨时间对 Ni 催化 MgH_2 放氢性能、催化剂形貌及分散性有显著影响,球磨 1 h 后 Ni 催化剂颗粒高度局域化,但随着球磨时间的延长,颗粒尺寸呈非线性减小且 Ni 颗粒的分布更加均匀,更多的 Ni 转变为金属氢化物 Mg_2NiH_4[54]。在 H_2 气氛下球磨制备的 $Mg_{87}Ni_{10}Al_3$ 合金,氢催化下的球磨诱导 Mg 转化为纳米晶 MgH_2,氢化物的含量随研磨时间的增加而增加。当 Mg 向氢化物的转化程度较高时,MgH_2 与 Ni 反应生成 Mg_2NiH_4。热分析表明,较短时间球磨氢化物在 473 K 开始分解,H_2 气氛下球磨制备的纳米晶 MgH_2 分解温度远低于纯纳米晶 MgH_2 的分解温度。随着球磨时间的延长,氢化物的稳定性略有提高,在 573 K 下获得了快的吸放氢动力学[55]。

高能球磨中,球磨金属及金属间化合物会改变其长程有序结构,该过程也被称为机械无序化。由于合金相结构中原子发生重排,通常需要经过较长时间的球磨,在合金成分和球磨时间适当时,会发生机械非晶化过程。因此,通过高能球磨制备的镁基储氢材料容易获得非晶、纳米晶等微观结构,能够有效优化储氢合金吸放氢性能。图 3.22(a) 为机械合金化不同时间 Mg-50Ni 合金的相组成衍射图谱,可以看出球磨 30 h 和 50 h 时,材料分别呈现非晶纳米晶复合态和完全非晶态。非晶纳米晶复合材料的结构示意图如图 3.22(b) 所示,纳米晶颗粒嵌入非晶基体,可充分发挥纳米晶材料的优异传质特性及非晶相的高催化活性。Mg-50Ni 非晶纳米晶复合材料呈现出更快的吸放氢动力学和更高的吸放氢容量。

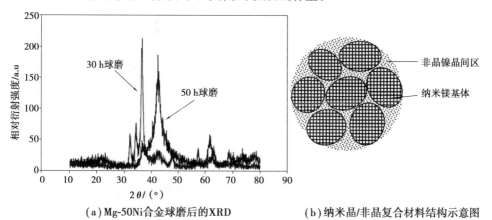

(a) Mg-50Ni 合金球磨后的 XRD　　　(b) 纳米晶/非晶复合材料结构示意图

图 3.22　高能球磨不同时间 Mg-50Ni 合金微结构[56]

以 200 r/min 的转速在 0.5 ~ 400 h 的不同时间内球磨镁粉和钴粉的混合物,制备出纳米结构的 $Mg_{50}Co_{50}$ 合金[57],为 BCC 结构,晶粒直径大约为几纳米,在 258、303 和 373 K 时分别吸氢 2.67,2.42 和 2.07 $wt\%$,如图 3.23 所示。258 K 的吸氢温度是报道的镁钴复合材料的最低吸氢温度。利用球磨法制备了非晶和纳米晶混合的 $CeMg_{11}Ni + xwt\% Ni$($x = 100,200$)合金,Ni 含量和球磨时间的增加促进了合金的非晶化,同时显著改善了合金吸放氢动力学性能[58]。随着球磨时间的延长,$x=100$ 和 200 合金的储氢量最大分别为 5.949 *wt%* 和 6.157 *wt%*,而放氢速率逐渐提高,且样品合金的放氢活化能随 Ni 含量的增加和球磨时间的延长而明显下降(图 3.24)。

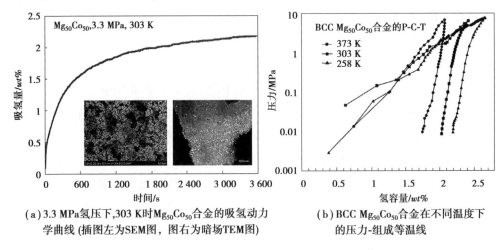

(a) 3.3 MPa氢压下,303 K时Mg₅₀Co₅₀合金的吸氢动力学曲线 (插图左为SEM图,图右为暗场TEM图)

(b) BCC Mg₅₀Co₅₀合金在不同温度下的压力-组成等温线

图 3.23　Mg₅₀Co₅₀ 合金的吸氢动力学和 P-C-T 曲线[57]

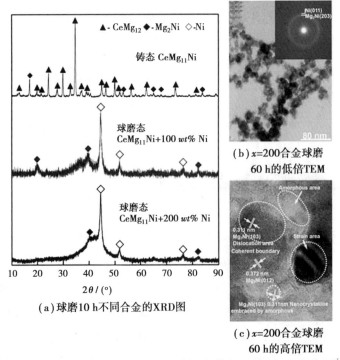

(a) 球磨10 h不同合金的XRD图

(b) x=200合金球磨 60 h的低倍TEM

(c) x=200合金球磨 60 h的高倍TEM

图 3.24　球磨后 CeMg₁₁Ni + *xwt%* Ni 合金的物相组成和 TEM 组织图[58]

通过熔体快淬方式优化 Mg-10Ni 合金内部组织,借助短时高能球磨方式引入
MWCNTs 和 TiF₃ 对其进行复合催化改性[59]。短时高能球磨后 TiF₃ 颗粒及粒类洋
葱状 MWCNTs 弥散分布于 Mg-10Ni 纳米晶材料表面,制备了纳米催化改性镁基复合
材料(图 3.25),在保留熔体快淬后富镁合金内部微结构不变的情况下,成功将颗粒
状 TiF₃ 和管状 MWCNTs 引入合金表面,提升了表面活性,增加了异质形核界面和辅
助传质通道,为优异吸放氢热动力学性能的实现奠定了结构基础。

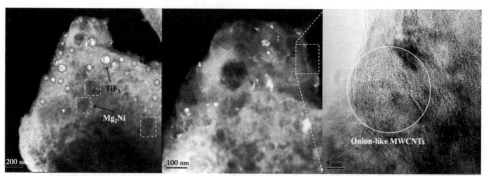

(a) 低倍的暗场TEM图　　　(b) 放大的暗场TEM图　　(c)(b) 图中局部放大的明场TEM图

图 3.25　Mg-10Ni 合金高能球磨添加 MWCNTs 和 TiFi₃ 表面催化改性后的 TEM 微观形貌[59]

由于球磨法的可控参数较多,影响球磨主要工艺的参数有球磨转速、球磨时间、
磨球和球料比等。通常球磨的磨瓶与磨球由 Cr-Ni 不锈钢制成,球粉质量比
为10:1 ~ 40:1,转速为 100 ~ 850 r/min,球磨时间通常为 0.5 ~ 400 h,根据需制备的
材料具体设定。Mg 含量高的合金长时间球磨易团聚,制备具有非晶/纳米晶混合组
织的镁基材料,球磨时间通常较长,高于 30 h。通过高能球磨引入非储氢催化剂制
备复合材料时,球磨时间通常选择 1 h 间歇式短时球磨,可有效避免长时间高能球
磨造成催化剂性质改变。

为了进一步优化镁基储氢材料的性能,在球磨法的基础上又发展出了新的制备
方法,例如氢化燃烧法+球磨法及球磨+退火法等。氢化燃烧(HCS)和机械球磨
(MM)都是生产镁基储氢合金的常用方法。前者可通过简单的工艺制备高活性氢
化物,后者可合成具有优异吸氢性能的纳米晶、非晶等多种亚稳态储氢材料。李李
泉等[48]将氢化燃烧法与机械球磨法相结合制备了 Mg₂Ni 合金,他们先利用氢化燃烧
合成法制备了 Mg₂NiH₄,然后将制得的产物机械球磨 40 h (200 r/min,0.1 MPa Ar),
极大地改善了 Mg₂Ni 的吸放氢性能。球磨后的 Mg₂Ni 在 313 K 温度下 100 s 内吸收

了 2.76 $wt\%$ 的 H_2,吸氢速率显著快于未球磨的样品;球磨后的样品在 370 K 开始放氢,起始放氢温度比经 HCS 直接制得的样品低 190 K。

为了提高球磨效率,往往使用物理场辅助高能球磨装置,如超声波及介质阻挡放电等离子体辅助等。超声波的声空化作用,使液相汽化,产生瞬时高温高压,对欲加工的材料产生强大的冲击波和射流作用,使材料粉碎或活化从而激发化学反应合成新相。超声波辅助球磨 60 h 可直接制得粒径 30 nm 左右的纳米 $Mn_xMg_{1-x}Fe_2O_4$,具有一定的团簇结构[60]。

2005 年,广东省先进储能材料重点实验室创造性地提出将冷场等离子体引入机械球磨过程中,发明了一种介质阻挡放电等离子体(Dielectric Barrier Discharge Plasma,DBDP)辅助球磨技术及其装备[61][图 3.26]。将介质阻挡放电结构引入具有气体控制的球磨罐,实现等离子体场和机械球磨的有机结合,实现了机械能和等离子体能在球磨过程中的协同作用,不仅显著提高材料机械合金化的效率,也能加速原位固相反应和气固相反应,而且能获得独特的组织结构,从而显著提高所制备材料的性能。等离子球磨原理是对具有介质阻挡结构的放电球磨罐的两端电极施加高频高压交流电,根据放电负载调节等离子体电源的放电参数,在球磨罐内激发气体(氩气、氮气、氧气、氨气等)产生低温放电等离子体;随着球磨机的振动频率或转速的变化,从而改变粉末、磨球和电极棒的相对位置,进行电晕放电或辉光放电的等离子体辅助球磨,其原理如图 3.26(a)所示。其中 DBDP 电源 (25 kV,15.5 kHz) 与电极棒和球磨罐相连,高频高压与电流使电极棒在球磨罐间隙内可产生均匀的电晕放电[61,62]。

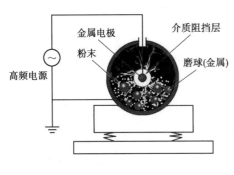

(a) DBDP球磨原理   (b) 装置结构示意图

图 3.26　介质阻挡放电等离子体辅助球磨技术原理及装置示意图[61]

值得注意的是,介质阻挡放电等离子体是一种低温等离子体,常压下即可产生,具有电子浓度高、平均能量大等非平衡特性。同时 DBDP 对气压的限制较为宽泛,可以在 $0.1 \times 10^5 \sim 10 \times 10^5$ Pa 的气压范围内稳定地产生等离子体,含有足够数量的导电离子和电子,而在宏观上又是中性的气体介质。等离子体是一种具有高能量高活性的气氛,可以作为一种热源。尽管介质阻挡放电产生的冷场等离子体中的电子温度极高,但其整体宏观温度却不高(可以控制在室温到 573 K 左右),其介质阻挡层又能抑制微放电的无限增加,使得介质阻挡放电不会转化为火花放电或电弧放电,避免热等离子体对球磨体系的烧损。因为其具有大量处于激发态的微观粒子,使得等离子体在与中性粒子或纳米粉末碰撞时,不仅可以提供热运动的能量,更主要的是可以转变为激发能、电离能、光能,从而对材料表面造成轰击,或者激活气相、纳米粉末的化学活性,诱发常规下难以发生的化学过程。并且当反应粉末离开等离子体时,冷却速率可达约 10^5 K/s,这种骤冷的过程,可以使处理粉末"冻结"在一种特殊状态,这对纳米粒子的获得极为有利。

采用 DBDP 辅助高能球磨方法可以使球磨粉体均匀地接受介质层表面铺开的 DBDP 的作用。DBDP 的热效应与电子冲击效应和机械球磨相结合,可以激活粉末的活性,加速粉末的组织细化与合金化进程。介质阻挡放电等离子体可由高电压(24 ~ 25 kV)交流电在 12 ~ 15.5 kHz 频率下产生,在介质阻挡放电等离子体作用下,将粉末混合料与钢球一起装入有高纯氩气(0.1 MPa)的圆柱形不锈钢瓶中,球粉质量比选择为 30:1。瓶子以振幅 20 mm 和频率 25 Hz 振动 2 h 可制备得到所需储氢材料。Ouyang 等[63]以金属 Mg、In 粉末以及聚四氟乙烯作为原料,DBDP 辅助球磨的方法制得了 Mg(In)-MgF_2 复合物,制备流程仅需 2 h。聚四氟乙烯在 Mg(In)固溶体上原位生成超细 MgF_2 颗粒(~ 300 nm)作为催化剂,体系的放氢活化能降低至 127.7 kJ/mol H_2,在 609 K 下吸氢量达到 5.16 wt%。

2)机械合金化

金属粉体或金属与非金属的粉体混合物经过足够长时间球磨,会导致粉体发生固态相变,形成合金,这一过程被称为机械合金化(Mechanical alloying,MA)。机械合金化作为一种固体粉末处理技术,是在高能球磨的基础上发展起来的,在高能球磨机中对粉末颗粒进行反复冷焊、断裂和重焊,同样能够有效地减小颗粒尺寸、增加比表面积,引入大量的缺陷和晶格畸变等。机械合金化最初是在 20 世纪 70 年代初,由 Benjamin 开发的一种制备合金粉末的技术,生产用于航空航天和高温应用的氧化物分散强化镍基和铁基高温合金,现在被认为是一项合成具有广泛应用潜力的稳定和亚稳态先进材料的重要技术[64]。机械合金化大致可分为以下 4 个阶段:

①在磨球的撞击下,不同组分的粉末获得能量,局部温度升高,发生冷焊使局部成分均匀。

②不断发生冷焊与断裂促进了粉粒的扩散,形成了固溶体。

③粉末粒度不断减小,使得局部的均匀化扩散到整体。

④粉粒发生畸变形成亚稳结构[2],具体过程如图 3.27 所示。

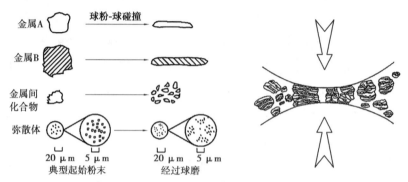

(a)机械合金化过程中材料变化示意图　(b)机械合金化过程中粉末受挤压发生塑性变形

(c)机械合金化阶段示意图[64]

图 3.27　机械合金化过程中材料微观组织和原子间键合变化

目前,关于机械合金化的反应原理主要有两种方式:一是通过原子扩散逐渐实现合金化;在球磨过程中粉末颗粒在球磨罐中受到高能球的碰撞、挤压,颗粒发生严重的塑性变形、断裂和冷焊,粉末被不断细化,新鲜未反应的表面不断地暴露出来,晶体逐渐被细化形成层状结构,粉末通过新鲜表面结合在一起。这显著增加了原子反应的接触面积,缩短了原子的扩散距离,增大了扩散系数,直至耗尽组元粉末,形成合金。如 Al-Zn、Al-Cu 及 Mg 合金等体系的机械合金化过程就是按照这种方式进行的。二是爆炸反应;粉末球磨一段时间后,接着在很短的时间内发生合金化反应放出大量的热形成合金,这种机制可称为爆炸反应(或称为高温自蔓延反应 SHS、燃烧合成反应或自驱动反应)。$Ni_{50}Al_{50}$ 粉末的机械合金化、Mo-Si、Ti-C 和 NiAl/ TiC 等合金系中都观察到同样的反应现象[65]。

常用的球磨机有搅拌式、行星式和振动式 3 种,如图 3.28 所示。搅拌式高能球磨机通过搅拌器搅动研磨介质,使得研磨介质在冲击、摩擦和剪切作用下被粉碎成合金粉末。行星式球磨机在旋转盘的圆周上对称地装有几个既随圆盘公转又自转的球磨罐,球磨罐在惯性力的作用下对研磨介质形成高频冲击和摩擦作用,使其迅速被研磨成细合金粉。振动式球磨机是利用高频振动的球磨罐内磨球对研磨介质的高频冲击、摩擦和剪切等作用被迅速粉碎成合金粉。这 3 种球磨机中能量最高的是振动式的,能量最低的是搅拌式的,行星式球磨机则具有高效和高能的特点,因此成为镁基储氢材料制备中常用的球磨装置。

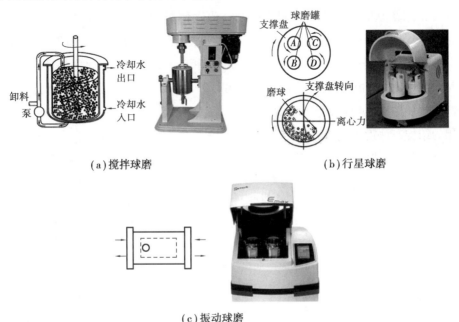

(a)搅拌球磨　　　　　　　　　　　(b)行星球磨

(c)振动球磨

图 3.28　常见球磨机及球磨罐内球的运动形式

机械合金化制备镁基储氢合金或复合材料与烧结法和熔炼法不同,具有如下特点:

①可制取熔点或密度相差较大金属的合金,如 Mg-Ni、Mg-Ti、Mg-Co、Mg-Nb 等系列合金。机械合金化在常温下进行,不受熔点和相对密度的限制。

②球磨可以破坏镁基合金表面的氧化层,使其具有高化学活性的新鲜表面,有助于改善其活化性能。

③球磨过程会减小颗粒尺寸和晶粒尺寸,增大比表面积,同时引入大量的缺陷和晶格应变。

④工艺简单,球磨制得的储氢合金超细粉末在使用时无须粉碎。

1987 年,Ivanov 等应用机械合金化合成了 Mg_2Ni 合金,在镁基储氢材料制备方法上取得了重要进展[66]。但由于 Mg 和 Mg_2Ni 的动力学和热力学性能均较差,不能满足实际应用要求,因而其研究的热点转向用其他元素部分替代 Mg 或 Ni 来制备 Mg_2Ni 系多元储氢合金或非晶态储氢合金。为此,机械合金化被广泛应用于制备镁基储氢合金或复合材料,已成功制取了 Mg-TM、Mg-RE、Mg-Tm-RE 及催化剂掺杂的 Mg 基储氢复合材料[67]。

机械合金化中的高能球磨工艺通过调整球磨时间可以有效地制备出纳米晶/非晶的亚稳态镁基储氢材料。采用机械合金化优化 Mg_2Ni 合金的微结构[68],通过纳米晶 Mg_2Ni/非晶 Mg_2Ni 的制备,改善合金的吸放氢热动力学性能。图 3.29(a)所示结果表明,名义成分为 Mg_2Ni 的铸态合金的主相为 Mg_2Ni 相,除此之外含有少量金属 Mg 相及 $MgNi_2$ 相,其对应的铸态组织如图 3.29(c)—(d)所示,整体组织粗大,缺乏快速传质通道,很难快速实现饱和吸氢。随着高能球磨的进行,晶态 Mg_2Ni 合金中相的结构有序度不断降低,组织不断得到细化;高能球磨 24 h 时合金呈现非晶纳米晶复合状态;球磨 38 h 时,完全呈现非晶状态,如图 3.29(b)、(e)和(f)所示。

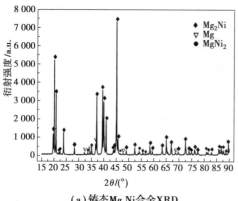

(a)铸态Mg_2Ni合金XRD

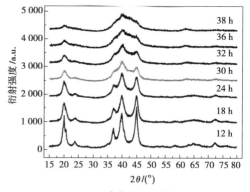

(b)球磨后Mg_2Ni的XRD

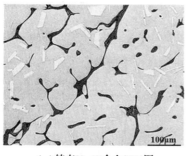

(c)铸态Mg_2Ni合金SEM图

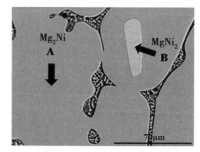

(d)铸态Mg_2Ni合金微观组织放大图

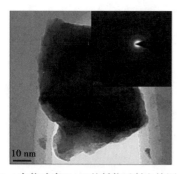

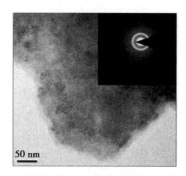

（e）高能球磨Mg₂Ni的低倍透射电镜图　　　　（f）高能球磨Mg₂Ni的高倍透射电镜图

图 3.29　铸态和球磨后 Mg₂Ni 合金的物相组成和组织形貌[68]

表 3.2 为球磨法制备镁基储氢材料的储氢性能。尽管球磨法是目前制备镁基纳米储氢合金或复合材料最普遍的方法,但也存在一些缺点,比如长时间球磨过程中容易引入杂质,球磨粉末的表面容易氧化,增加了生产成本,需采取广泛的预防措施以保证材料的纯度;制备材料的颗粒度和微观组织存在不均匀问题;高消耗、耗时,在工业化大规模生产应用中存在一定的困难。

表 3.2　球磨法制备不同镁基储氢材料储氢性能

镁基储氢材料	最大储氢量 /wt.%	吸放氢 (T/K,P/MPa)		动力学/ min(wt.% H₂)	Ref.
Mg_2Ni	3.5	$T_{abs}=573$	$P_{abs}=3$	$t_{abs}=30$	[69]
Mg_2Cu	2.7	$T_{abs}=573$	$P_{abs}=3$	—	[67]
$Mg_{90}Al_{10}$	6	$T_{abs}=617$	$P_{abs}=2$	$t_{abs}=30$	[70]
Mg-10Ni-5Fe-5Ti	5.4	$T_{abs}=573$	$P_{abs}=1.2$	$t_{abs}=5\,(5.31)$	[71]
		$T_{des}=573$	$P_{des}=0.1$	$t_{des}=60\,(5.18)$	
$Mg_{90}Y_{1.5}Ce_{1.5}Ni_7$	5.6	$T_{abs}=473$	$P_{abs}=3$	$t_{abs}=2\,(5)$	[72]
		$T_{des}=633$	$P_{des}=0.05$	$t_{des}=3\,(5.4)$	
MgH_2-5% VTi	4.7	$T_{abs}=573$	$P_{abs}=2$	$t_{abs}=1.2\,(4)$	[73]
		$T_{des}=573$		$t_{des}=10\,(4.4)$	
MgH_2-5% FeTi- 5% CNTs	5.4	$T_{abs}=573$	$P_{abs}=2$	$t_{abs}=1\,(5)$	[73]
		$T_{des}=573$		$t_{des}=6\,(4.9)$	
$La_7Ce_3Mg_{80}Ni_{10}$ -5TiO₂	5.1	$T_{abs}=473$	$P_{abs}=3$	$t_{abs}=0.75\,(4)$	[74]
		$T_{des}=573$	$P_{des}=0.0001$	$t_{des}=2.8\,(3)$	

3.2.2 沉积法

沉积法主要分为电沉积法和气相沉积法,是在基质表面上反应合成薄膜或纳米材料的有效方法。近年来,沉积法在制备镁基储氢材料中应用广泛。

1)电沉积法

合金电沉积是指两种或两种以上金属离子在阴极上共沉积,形成均匀细致镀层的过程。首先合金原料中至少有一种金属能够单独从其对应的盐溶液中沉积出来;其次合金原料中各金属的沉积电位需要相等或接近。有 4 种常用的方法可以促进金属的沉积电位:

①降低电位较正金属离子的浓度并提高电位较负金属离子浓度。

②使用适当的络合剂,使金属离子平衡电位向负移动,还能增加阴极极化,实现金属离子析出电位接近从而共沉淀。

③选用合适的添加剂,添加剂对金属的平衡电位影响很小,对金属极化影响较大,添加剂在阴极表面可能被吸附或形成络合物,对金属电沉积具有明显的阻滞作用,且添加剂的阻滞作用具有选择性。

④利用共沉积时电位较负组分的去极化作用,由于组分金属的相互作用引起体系自由能变化,平衡电位发生变化,使电沉积时电位较负的金属发生电位正向移动,极化减少。

相对块状及粉状合金,薄膜化的镁基储氢合金具有独特的优点,是一个较新的研究领域。目前稀土合金、镁合金薄膜的制备主要有气相沉积法和电沉积法。相比之下,电沉积法具有设备简单、操作方便、易于通过改变电沉积工艺参数来调节薄膜的厚度、形貌及结晶等优点[75]。尽管 Mg 的电极电位是负,在水溶液中电沉积有较大的困难,不过目前人们通过选用合适的添加剂和络合剂可在水溶液中电沉积得到 Mg-Ni 储氢合金,其沉积参数为:温度为 323 ~ 353 K,pH 值为 1.0 ~ 4.0,电流密度为 6 ~ 10 A/dm^2[76]。在沉积电流密度为 8.0 A/dm^2,电解液 pH 值为 2.0,沉积温度为 333 K 条件下对镁-镍沉积最有利,得到合金的电化学储氢容量最高,为 75.457 mA · h/g,与机械合金化合成的合金相差甚远,距实用要求尚有较大距离,还需改进合金沉积工艺以求获得更佳放电性能。

由于镁等活泼金属以及一些高熔点金属、稀土金属等无法在水溶液中单独沉积,而制备合金时往往涉及这些金属,因此常用非水电镀来避免水溶液电镀时的困难,非水电镀主要包括有机溶剂电镀与熔融盐。在水溶液中添加次磷酸钠,通过其催化效果沉积出 Mg-Ni 合金,其最大放电容量可达到 186 mA·h/g[77]。在有机电解液中先对二烷基镁进行预电沉积得到镁,再用电沉积法制备出 Mg-Al 合金[78]。随着预电沉积时间的增加,得到的沉积物枝晶形貌粗糙程度增大,电解液中镁离子增加,枝晶形成倾向降低。此法得到的合金表面粗糙度较高,比表面积较大,合金的储氢性能有所提高。采用有机溶剂电镀时,电沉积条件为:温度 303 ~ 363 K,电流密度 5 ~ 60 A/dm^2,高于水溶液中电镀;用稀盐酸或稀氢氧化钠溶液调节镀液 pH 值。但有机溶剂电镀也存在着易燃、有毒、无法在高温下使用、对设备要求较高等问题,最关键的是因金属盐在有机溶剂中的溶解度较低而引起的溶液电导率较低,以及严重的浓度差极化,导致有机溶剂电沉积所得镀层镁含量不太高、夹杂物较多、杂质较多、粗糙多孔且不够致密。

熔盐电镀,指在熔融的无机或有机盐中利用外加电流在刚体或其他基体材料上获得结合牢固的金属镀层的一种方法。使用熔融盐电镀可以解决金属沉积困难的问题,同时,由于不会像水溶液那样出现析氢,从而避免了氢化、电流效率低、镀层裂缝、微孔等缺陷。此外,熔盐分解电压高稳定性好,气体溶解度低,副反应较少,因此电流效率高,沉积速度快;通过调整温度及沉积速度,沉积金属能以合适的扩散速率进入金属基体,形成扩散层,增加镀层与基体金属间的结合力。通过低温盐溶液电沉积法制备了 Mg-Al-Ni 合金并系统研究了电沉积温度和电沉积时间等关键参数对制备合金微观形貌的影响规律,结果如图 3.30 所示[79]。图 3.30(a)—(d)所示不同温度电沉积 Mg-Ni-Al 微观形貌表明,随着电沉积温度上升,合金晶粒尺寸减小,高温更有利于合金形核;当沉积温度升高时,材料中镁含量降低而铝含量升高,镍含量则先增加后减小。低温更有利于 Mg 含量增加。图 3.30(a)—(d)所示为不同沉积时间下 Mg-Ni-Al 的微观形貌,5 min 沉积后,形成了只含 Ni 和 Al 的微小的球形颗粒;随着沉积时间延长至 30 min,颗粒尺寸增加且少量的 Mg 被探测到。随着沉积时间的延长,Mg 和 Al 的含量先增加再减小,当沉积时间为 40 min 时,含量达到最大。

在尿素-乙酰胺-溴化钠熔盐中电沉积可制得 Mg-Ni 合金[80],研究表明合金在阴

(a) 383 K   (b) 393 K   (c) 403 K   (d) 413 K

(e) 5 min   (f) 30 min   (g) 40 min   (h) 60 min

图 3.30　电沉积 Mg-Ni-Al 合金扫描形貌[79]

极的还原沉淀过程无结晶极化,且只存在形核-长大过程。电沉积 Mg-Ni 合金时最佳工艺条件为镁镍比 2∶1,383 K 下沉积 40 min,低温利于镁的生成,而较短的时间利于镍的沉积。不同电流密度下沉积得到的镁镍合金膜放电容量不同,如图 3.31 所示,放电容量随电流密度增大,先增加后减小,电流密度为 15 mA/cm^2 时达到最大值,放电容量为 87.56 mA·h/g,这与电流密度对镁含量的影响趋势一致,可能是由于镁镍合金中镁镍原子比增大时,形成了储氢的镁镍固溶体和非晶相,使沉积合金具有较高的电化学储氢容量。

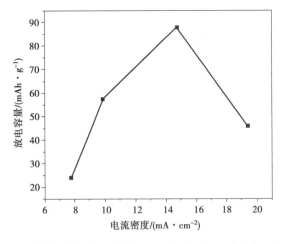

图 3.31　不同电流密度下沉积 40 min 所得 Mg-Ni 合金膜放电容量

2）气相沉积法

气相沉积法是直接利用气体或通过其他方法将固态物质变为气体,使之在气态下发生物理或化学反应,冷却长大形成储氢材料粉体的方法。根据原理不同,气相反应法又可分为物理气相沉积法(Physical Vapor Deposition,PVD)、化学气相沉积法(Chemical Vapor Deposition,CVD) 和磁控溅射法 (Magnetron Sputtering,MS),磁控溅射法原理上属于物理气相沉积(PVD)。

物理气相沉积法是通过电弧或等离子流将原料加热至气态,利用较大的温度梯度急速冷却,得到微粒产物的方法。气相沉积法能制得颗粒直径为 5 ～ 100 nm 的微粉;其纯度、粒度、晶形都很好,形核均匀,粒径分布窄,颗粒尺寸能够得到有效控制;该方法适用于单一氧化物、复合氧化物、碳化物或金属的微粉制备[62]。物理气相沉积中气相物质的产生,是通过材料加热蒸发或利用离子轰击靶材(镀料)获得;前者主要工艺有真空蒸发、电弧蒸发等,后者主要工艺有磁控溅射镀膜、离子镀等。

等离子体电弧蒸发法是制备镁基储氢材料纳米颗粒的有效手段,其基本原理是利用等离子体电弧作为热源,在 10 000 ～ 30 000 K 高温下,金属或合金熔化和精炼;金属蒸气在上升过程中逐渐冷凝,得到纳米颗粒。等离子体电弧蒸发仪用等离子体发生器 (即等离子枪) 代替石墨电极,采用直流转移弧方式,装有导电的底阳极以构成导电回路。由于镁储氢合金容易氧化,所用设备通常是密封的,以保持炉内呈惰性气氛或 H_2 等还原气氛。通常,在制备金属纳米颗粒时,通入氢气可提高金属颗粒的生成速率。等离子体电弧与普通电弧相比,其主要特点是电弧温度高,气氛可控[7,62]。等离子体电弧蒸发仪主要结构分为炉体、主电源、真空系统、水冷系统等,如图 3.32 所示。熔炼的基本过程包括:

①样品准备与腔室抽真空。

②氩气作电离气体产生等离子体。

③样品熔炼、合金化和蒸发。

④水冷铜坩埚中凝固。

等离子体电弧蒸发法作为一种通过过饱和蒸汽的形核/生长来制备纳米颗粒的方法,可以用如下方程描述制备金属纳米粉体的平均颗粒尺寸[81]:

$$D = \left(\frac{6C_0M}{\rho\pi N}\right)^{\frac{1}{3}} \tag{3.8}$$

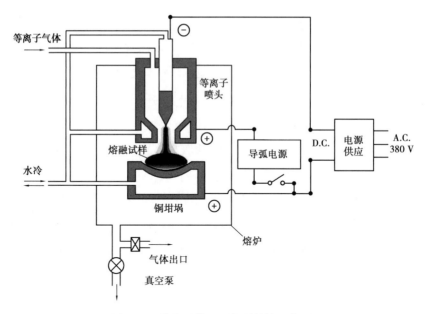

图 3.32　等离子体电弧仪器结构示意图

式中　C_0——金属蒸气密度,mol/cm³;

　　　　N——单位体积(cm³)蒸气中的颗粒数目;

　　　　ρ——颗粒密度,g/cm³;

　　　　M——摩尔质量,g/mol。

其中,C_0 与 N 决定了平均颗粒尺寸的大小,而 C_0 与 N 与熔融金属的蒸发速率以及反应器中的温度分布有关。由于温度分布难以准确控制,因此该方法难以准确控制样品的颗粒尺寸,但在可选参数条件下可以将纳米颗粒尺寸控制在一定的范围内。等离子体电弧蒸发法中电流的改变对蒸发和生成速率的影响很大,临界电流的值与气氛成分、压力、电极与样品距离、样品成分以及钨电极的直径等相关。因此,实际操作中的临界电流值需要根据实际情况调整,一般为 150 ~ 250 A。而一般钨电极放置于距离样品上方 1 ~ 2 mm 的位置,气氛条件根据不同的金属制备纳米颗粒所需的气氛参数条件来调整。

采用氢等离子体-金属反应法(Hydrogen Plasma-Metal Reaction,HPMR)制备 Mg-3.9 wt% Ni₂Al₃ 纳米复合材料,其中 HPMR 的实质就是氢等离子体电弧蒸发法[82]。纳米复合材料中 Mg 平均粒径为 90 nm,Ni₂Al₃ 纳米颗粒均匀分散在 Mg-NPs 表面。经吸氢后原位转化为 Mg₂NiH₀.₃ 和 Al。经过加氢/脱氢循环后,Mg₂NiH₀.₃ 和 Al 可逆又形成 Ni₂Al₃ 纳米颗粒。Mg-Ni₂Al₃ 纳米复合材料的吸氢率和储氢容量均有所提高。在 573 K 下,10 min 内可快速吸收氢达 6.4 $wt\%$;在 623 K 下,10 min 内可快速释放氢达 6.1 $wt\%$;加氢和脱氢反应的表观活化能分别为 55.4 和 115.7 kJ/mol H_2 (图 3.33)。

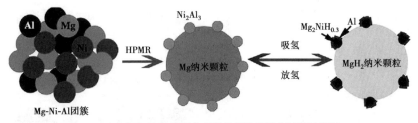

(a) Mg-Ni_2Al_3 纳米复合材料的制备和活化过程示意图

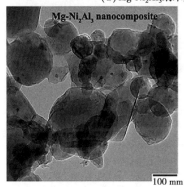

(b) Mg-Ni_2Al_3 纳米复合材料的 TEM 图

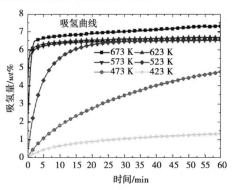

(c) Mg-Ni_2Al_3 纳米复合材 4 MPa 下吸氢动力学

图 3.33　Mg-Ni_2Al_3 纳米复合材料吸放氢组织演变及吸氢动力学[82]

采用氢等离子体金属反应法制备 Mg、Ni、Cu、Co、Fe 和 Al 的金属纳米颗粒,氢等离子体金属反应得到的 Ni、Cu、Co、Fe 和 Al 纳米颗粒与 Mg 粒子不同,均为颗粒状结构,粒径范围从几纳米到几十纳米,平均粒径为 30~50 nm(图 3.34)[57]。Mg 纳米颗粒平面形状成六边形结构和平均粒径约 300 nm,比其他金属纳米颗粒大的原因是 Mg 具有更快的蒸发和生成速度。总结分析 HPMR 法合成的几种镁基纳米颗粒的吸氢动力学[图 3.35(a)],其中纯 Mg 纳米颗粒在 573 K 时能够迅速吸氢,在 573 K 下 30 min 内达到最大值 7.54 $wt\%$[83]。其余 Mg-M 基(M=Ni,Cu,Co)纳米颗粒吸氢量均有不同程度的下降,在 573 K 下,纳米结构 Mg_2Ni 和 $Mg_{85}Ni_{15}$ 的氢容量较小,但吸附氢的速度远快于 Mg 纳米颗粒。在 573 K、3.5 MPa 的初始氢压下吸附 13 min 后,$Mg_{85}Ni_{15}$ 纳米复合材料的氢容量为 4.73 $wt\%$;且 Mg_2Ni 纳米颗粒具有优异的循环稳定性[图 3.35(b)]。同时,利用简单示意图解释了镁颗粒的尺寸效应对吸氢动力学的影响[图 3.35(c)]。

该工艺设备简单可靠、工艺容易掌握、可大规模生产,纳米颗粒或薄膜的形成机理比较简单,多数金属物质均可采用等离子体电弧蒸发制备。但也存在镀层与基片之间结合力差,高熔点物质和低蒸气压物质的纳米颗粒或薄膜难以制备,蒸发物质所用坩埚材料蒸发导致杂质混入等问题。

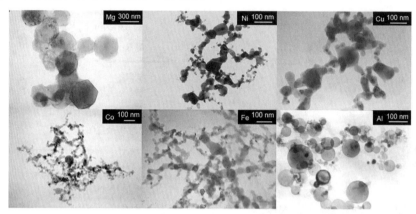

图 3.34　氢等离子体金属反应合成的 Mg、Ni、Cu、Co、Fe 和 Al 金属纳米颗粒的 TEM 图像[57]

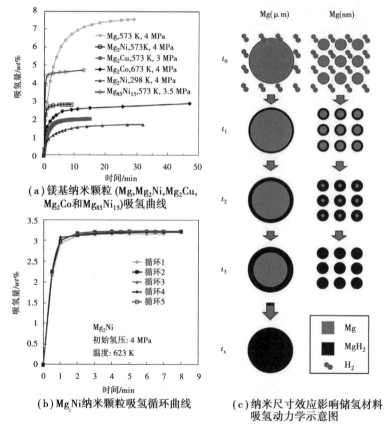

（a）镁基纳米颗粒 (Mg,Mg$_2$Ni,Mg$_2$Cu, Mg$_2$Co和Mg$_{85}$Ni$_{15}$)吸氢曲线

（b）Mg$_2$Ni纳米颗粒吸氢循环曲线

（c）纳米尺寸效应影响储氢材料吸氢动力学示意图

图 3.35　Mg 基纳米颗粒的吸氢动力学与吸氢过程示意图[83]

磁控溅射(Magnetron Sputtering)是常用的一种溅射方法,是 20 世纪 70 年代迅速发展起来的一种"高速低温溅射技术"。磁控溅射的原理是在阴极靶的表面上方形成一个正交电磁场。当溅射产生的二次电子在阴极位降区内被加速为高能电子后,并不直接飞向阳极,而是在正交电磁场作用下做来回振荡的近似摆线的运动。高能电子不断与气体分子发生碰撞并向后者转移能量,使之电离而本身变成低能电子。这些低能电子最终沿磁力线漂移到阴极附近的辅助阳极而被吸收,避免了高能电子对极板的强烈轰击,消除了二极溅射中极板被轰击加热和被电子辐照引起的损伤,体现出磁控溅射中极板"低温"的特点。由于外加磁场的存在,电子的复杂运动增加了电离率,实现了高速溅射。磁控溅射的技术特点是要在阴极靶面附件产生与电场方向垂直的磁场,一般采用永久磁铁实现[84,85]。图 3.36 所示为磁控溅射的原理示意图。

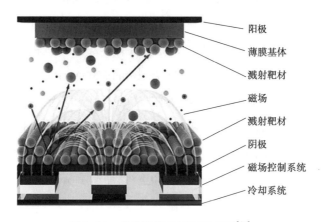

阳极
薄膜基体
溅射靶材
磁场
溅射靶材
阴极
磁场控制系统
冷却系统

图 3.36　磁控溅射的原理示意图[84]

磁控溅射的特点是可制备多种功能薄膜,还可沉积多组分混合物、化合物薄膜;磁控溅射等离子体阻抗低,导致高放电电流,在约 500 V 的电压下放电电流可从 1 A 增加到 100 A;成膜速率高,沉积速率变化范围可从 1 nm/s 增加到 10 nm/s;成膜一致性好,甚至是在数米长的阴极溅射情况下,仍能保证膜层的一致性;基板温升低,溅射出来的粒子能量约为几十电子伏特,成膜较为致密,且膜/基结合较好;磁控溅射调节参数则可调谐薄膜性能,尤其适合大面积镀膜,沉积面积大膜层比较均匀[85]。但该方法也有一些缺点,相比蒸发法,沉积速率低,基片会受到等离子体的辐照等作用而产生温升,沉积薄膜相对不均匀以及靶材利用率低等。

通过磁控溅射方法将镁基材料制备成薄膜,能够有效提高材料的储氢性能。采用双靶磁控溅射技术在(001)硅晶片上沉积出 Mg-Ni 多层薄膜,沉积过程中,腔室工作压力维持在 8×10^{-1} Pa,沉积 Mg 和 Ni 的功率分别为 120 和 90 W[86]。Mg-Ni 多层膜的微观结构由细晶 Ni 层和[001]结晶取向 Mg 层组成。对 Mg-Ni 多层薄膜氢化测试,发现不同择优取向 Mg 的氢化性能不同,在 533 K 吸氢反应中,Mg 的(002)衍射峰消失,Mg_2NiH_4 和 MgH_2 峰出现,而(101)峰仍然存在。通过磁控溅射方法沉积出不同取向的镁基薄膜,有研究表明(001)取向的 Mg 薄膜在一定温度下比(101)取向的 Mg 薄膜更容易吸收氢,这一现象可以用氢化物在不同晶面成核和生长的能量变化加以解释。因此,为了提高镁基薄膜的吸氢性能,需调整磁控溅射参数,沉积出易于氢化的(001)取向薄膜。磁控溅射技术与计算机结合成为一个研究方向,利用计算机来控制精确镀膜过程。利用计算机来模拟镀膜时的磁场、温度场,以及气流分布等对薄膜取向和性能的影响,也是工业上制备镁基材料薄膜经济有效的方法。

通常采用双靶直流磁控溅射法在 Ni 衬底上制备了 MgNi/Pd 多层薄膜,沉积过程中,腔室工作压力维持在 1.4×10^{-1} Pa,沉积功率为 200 W,沉积速率为 2 nm/s[87]。每层 MgNi 厚度为 40 nm,每层 Pd 膜厚度为 16 nm。MgNi/Pd 多层膜的总厚度约为 1.7 μm,其中 MgNi 层的微观结构为非晶纳米晶混合,Pd 层为无择优取向细晶组织。薄膜在吸放氢循环 3 次后室温下的吸氢量达到 4.6 *wt*%,放氢量达到 3.4 *wt*%。通过磁控溅射技术沉积的均匀的 Pd 层催化剂,以纳米团簇的形式存在于 MgNi 层表面,刺激了表面反应,导致 H_2 分子的离解和重组,加速了 MgNi 层的加氢/脱氢过程。因此,MgNi/Pd 多层膜经过 3 次吸放氢循环后,其氢化性能得到改善。因此,通过磁控溅射沉积复合镁基多层薄膜,其他均匀的金属层薄膜能够作为催化剂活化 Mg 基层表面,提高其氢化性能。但前提是复合金属层与 Mg 基层薄膜要有很好的结合力,在经过多次吸放氢循环后仍可以附着在 Mg 基层薄膜表面而起到催化的作用。

化学气相沉积 (CVD)法是指化学气体或蒸汽在基质表面反应合成薄膜或纳米材料的方法。CVD 技术起源于 20 世纪 60 年代,由于设备简单、容易控制,制备的薄膜或纳米颗粒材料纯度高、粒径分布窄,能连续稳定生产,而且能量消耗少,已逐渐成为一种重要的薄膜或纳米颗粒制备技术。CVD 技术是以挥发性的金属卤化物、氢化物或有机金属化合物等物质的蒸气为原料,通过化学气相反应合成所需粉末。可以是单一化合物的热分解,也可以是两种以上物质之间的气相反应[88]。

与物理气相沉积不同,化学气相沉积粒子来源于化合物的气相分解反应。在高温下,混合气体与基体表面相互作用,使混合气体中的某些成分分解,并在基体上形成一种金属或化合物固态薄膜或镀层。沉积温度下必须有足够高的蒸气压;反应生成物除所需沉积物为固态外,其余为气态;沉积物本身饱和蒸气压足够低。

通常,通过各种方法制备得到的镁基储氢合金粉末需多次活化,活化过程将耗费大量的时间和能量,且产物在吸放氢过程中由于应变应力过大而不可避免地形成多晶体。为解决上述问题,Saita 等[89] 提出了高压 H_2 下的化学气相沉积方法,即氢化化学气相沉积法（Hydriding Chemical Vapor Deposition,HCVD）,该方法将高压 H_2 与气态金属混合物沉积成金属氢化物。HCVD 方法具有以下优点:气态金属与氢分子碰撞频率大,快速合成金属氢化物;合成的金属氢化物快速沉积于较冷的基体上,完全消除了活化处理固-气反应所需要的步骤。利用 HCVD 技术制备的 MgH_2,为纤维状单晶,沿着向[101]方向生长;所有峰均与 MgH_2 吻合,表明 HCVD 制备的 MgH_2 纯度高（图 3.37）;此外,HCVD 制备的 MgH_2 不需要活化,在 578 K 下可逆地吸放氢约 7.6 $wt\%$,反应速率比常规 Mg 快得多。

(a) HCVD制备MgH_2的SEM图

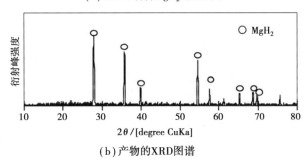

(b)产物的XRD图谱

图 3.37　HCVD 方法制备的 MgH_2 形貌及物相组成[89]

化学气相沉积法除可制备镁基储氢材料,其最广泛的应用是催化剂——碳纳米管。化学气相沉积法合成碳纳米管可作为催化剂引入镁基储氢材料。催化剂主要是惰性材料载体负载过渡金属及其混合物的超细粉末,铁、钴、镍的纳米颗粒通常用作催化剂的活性组分。

3.2.3 液相还原法

液相还原法是在液相或非常接近液相状态下,原料物质发生一定化学反应后直接被还原成单质以制备纳米金属颗粒的方法。该方法由于操作简单,易于调控,经济效率高等优势被广泛应用于实际生产中,但同时液相还原法还存在副产物多、制备过程有污染等问题。液相还原法纳米镁储氢材料制备流程如图 3.38 所示。利用不同还原剂将二茂镁(Cp2Mg)在四氢呋喃溶液或甘醇二甲醚中还原,制备得到纳米 Mg 颗粒,发现液相还原法制备得到的纳米 Mg 活性极高,具有极好的吸放氢动力学性能[90,91]。由于液相还原法的制备工艺简单,纳米 Mg 颗粒大小、形貌、成核过程可控,粒度分布窄等优点,被认为是一种非常有前途的制备纳米 Mg 的方法。Rieke 法是液相还原中最为成功的方法[92]。Rieke 法制备活性 Mg,是利用萘基锂在四氢呋喃溶液或甘醇二甲醚中还原无水氯化镁粉末,由于无水氯化镁为粉末态,液-固的化学反应速度缓慢,成核率较低,生成的 Mg 颗粒尺寸较大。然而液-液反应,如二茂镁与萘基锂在四氢呋喃溶液中的反应,速度快,成核率高,几乎是瞬间爆发式的反应进行,生成的纳米 Mg 粒子尺寸细小[90]。虽然在室温下无水氯化镁几乎不溶于四氢呋喃,但其在 333~343 K 可以较大的浓度溶解在四氢呋喃中形成均一的混合透明溶液。

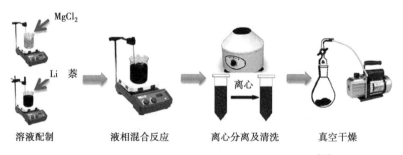

图 3.38　液相还原法纳米镁储氢材料制备流程图[93]

对 Rieke 法进行改进,尝试采用液相还原法制备纳米 Mg 颗粒,从节约成本的角度考虑,采用廉价的无水氯化镁代替二茂镁[93]。萘基锂为还原剂,起主要还原作用的是金属锂,萘是一种离子载体,将固态的金属锂溶解在溶液中,加速还原反应的进行。利用无水氯化镁四氢呋喃溶液与萘基锂之间的液液反应,制备颗粒尺寸细小的纳米 Mg 颗粒,并对其储氢性能进行表征。液相还原法制备纳米 Mg,结果如图 3.39 所示。纳米 Mg 片团聚在一起,形成"鸡爪"状结构,片长度为 50 ~ 200 nm,厚度为 10 ~ 20 nm。与碳凝胶负载的纳米 Mg 比较,纳米 Mg 片比表面积大,内部存在大量缺陷,不仅保持了 7 $wt\%$ 的储氢量,并且吸放氢动力学性能更加优异。

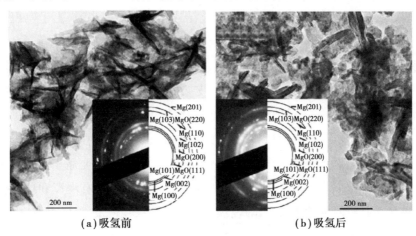

(a)吸氢前　　　　　　　　　　　(b)吸氢后

图 3.39　液相还原纳米镁吸氢前后 TEM 明场及 SAED 图谱

3.3　镁基复合储氢材料的制备方法

3.3.1　纳米限域法

尽管理论预测表明尺寸缩小到亚纳米(<1 nm)是金属氢化物相失稳的必要条件,但合成的镁基储氢材料纳米结构在几纳米到几百纳米范围内,仍然可以显著提高储氢的热力学和动力学性能。然而,在镁基储氢材料的纳米结构中还有几个问题有待解决。

①在高温下,纳米 Mg (MgH_2)倾向于快速烧结/团聚,形成更大、更稳定的颗粒;

②如何保持纳米尺寸 Mg(MgH_2)颗粒表面活性稳定性;

③如何避免纳米 Mg (MgH_2)的快速氧化。

为了解决上述问题,纳米限域法作为一种有吸引力的策略引起了广泛关注。

纳米限域策略的定义是将纳米多孔材料与纳米尺度镁基储氢材料复合(通常为 Mg/MgH_2),利用纳米多孔材料作为支架在纳米尺度上对镁基储氢材料进行几何约束。这种"自下而上"的方法将镁基储氢材料的颗粒大小限制在支架材料的孔径范围内,有效抑制高温吸放氢过程中颗粒的烧结或团聚。一般来说,为了实现储氢目的,纳米多孔支架需要具有化学惰性,并且能够较好地与被载材料接触。在某些情况下,具有催化活性的支架材料可能会促进氢分子的解离和形成,从而提高氢吸附性能。此外,在任何表面功能修饰过程中,支架的密度应足够低,以保证镁基复合材料高储氢容量的优势[94]。目前,具有二维层状结构或多孔特性的金属有机框架材料,聚合物材料以及矿物多孔材料常被用来对 MgH_2 颗粒进行纳米限域。

纳米限域法是制备镁基复合储氢材料的重要方法之一,主要用于镁基纳米颗粒或氢化物颗粒与金属有机或碳多孔材料的结合。常用的方法有浸渍和球磨。由于球磨会破坏多孔材料的纳米微孔结构,因此目前主要采用浸渍方法。浸渍的方法又可分为熔融浸渍和湿法浸渍[94],其合成示意图如图 3.40 所示。

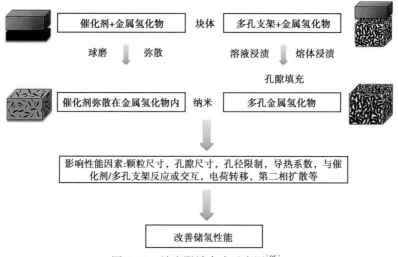

图 3.40 纳米限域合成示意图[95]

熔融浸渍法是通过将氢化物升温融化,利用孔性材料孔的毛细管作用,将储氢材料填充到纳米孔道的方法。这种方法的优点是不需要溶剂,材料的后处理也可以避免。缺点是很多金属和它们的氢化物在熔融状态很活泼,因此需要选用惰性框架材料。这种方法可以用来制备氢化物熔点比框架材料低的储氢材料,且氢化物在升温过程中会发生分解,通常会改变氢气压力,一定程度上抑制氢化物分解的发生。

常用的惰性框架材料有气凝胶,将气凝胶与纳米 Mg 颗粒混合并密封在不锈钢管中,置于管式炉中,以 5 K/min 升温速度升至 973 K,保温 24 h,并以 5 K/min 冷却至室温,即得到气凝胶与纳米镁的复合材料。将 Mg 熔融渗透到孔径尺寸分布为 2 ~ 30 nm 的碳凝胶中,Mg 的装载量仅为 3.6 *wt%*,而通过 Ni 和 Cu 在碳凝胶表面改性后,Mg 的装载量达到 9 ~ 16 *wt%*,利用上述方法合成的碳凝胶装载 MgH$_2$ 的复合材料放氢动力学性能明显改善[96]。

湿法浸渍法是指将固体多孔材料载体浸渍在金属盐溶液中,使金属离子进入多孔材料孔道内部并形成一定分布。为了使金属离子能够更容易进入孔道内部并形成均匀分布,一般选择真空浸渍法,与传统的湿法浸渍不同仅在于要先将多孔材料抽真空除去其内部多余气体和水分,使其在真空状态下再与金属盐溶液混合。通过碳凝胶孔结构调节挑选合适的负载纳米 Mg 的碳凝胶,以 MgBu$_2$(二丁基镁)作为前驱体,在碳凝胶真空干燥后将 MgBu$_2$ 溶液浸渍到碳凝胶中,在混合物离心干燥后,去除溶剂完成湿法浸渍过程。然后在一定的温度和氢压下,将 MgBu$_2$ 氢化得到碳凝胶装载纳米 MgH$_2$,最后在较高温度的真空状态下放氢,从而得到碳凝胶装载纳米 Mg(Mg-CA)的复合材料[93],整个制备过程的工艺流程如图 3.41 所示。该复合材料中纳米 Mg 的负载率为 22.5 *wt%*,其理论吸氢量仅为 1.71 *wt%*。由于碳凝胶物理吸附作用,使该复合材料的最大吸氢量略增大,在 623 K、648 K、673 K、698 K 的最大吸氢量分别为 2.15 *wt%*、2.17 *wt%*、2.24 *wt%*、2.35 *wt%*。吸放氢的焓变与纯镁相比降低了 9.6 kJ/mol H$_2$ 和 5.9 kJ/mol H$_2$,所需的活化能也显著降低为 29.4 kJ/mol H$_2$,这些性能的提升都可以归功于碳凝胶装载纳米 Mg(Mg-CA)的复合材料的"纳米尺寸效应"。

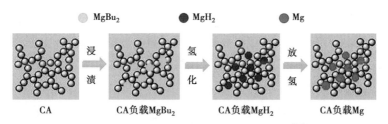

图 3.41　碳凝胶装载纳米 Mg 制备流程图[93]

在纳米限域中,模版材料主要包括金属框架材料、碳材料和高分子材料等[97]。MOFs 材料,即金属有机骨架材料,具有结构可控、多孔且表面积大等特点。由于其多孔道特征使其具有优良的气体吸附能力,未来在储氢领域可能发挥重要作用。以

Ni-MOF 和二丁基镁为原料通过真空浸渍合成了 MgH_2@ Ni-MOF 复合纳米材料[98]，制备过程示意图如图 3.42 所示。在 Ni-MOF 支架介孔结构中成功合成平均晶粒尺寸为 3 nm 的 MgH_2 晶体。Ni-MOF 支架优越的结构完整性和化学稳定性使其成为适合纳米限域的支撑材料，同时作为尺寸控制、团聚阻隔剂和催化的提供剂，有效地提高 Mg/MgH_2 的储氢性能。但 Mg-MOFs 复合材料的无效质量，即不能进行吸放氢的部分占比偏高，导致整体吸氢容量下降，该问题仍待进一步解决。

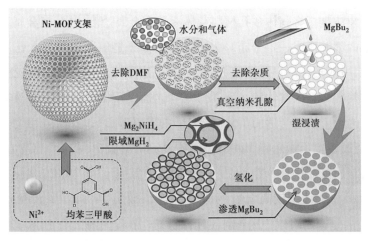

图 3.42　MgH_2@ Ni-MOF 复合纳米材料制备过程示意图[98]

由于具有耐热性和高导电性等优异的物理化学特性，如碳纳米管、石墨烯等碳材料在储氢领域的应用逐渐增多。通过一种简单的一锅还原法合成了精细分散的 rGO(还原氧化石墨烯)-Mg 纳米复合材料，该纳米复合材料被 rGO 层保护，不受氧气和水分的影响，表现出较好的储氢容量(6.5 $wt\%$)。由于 rGO 的厚度较薄，这种方法最大限度地减少了复合材料中的非活性质量，同时也增强了氢吸附动力学性能且循环 20 次后容量无明显下降。这种碳材料包覆的 Mg 复合多层材料能够提供较高的储氢容量，并为在苛刻环境中利用敏感纳米材料的属性提供材料平台[99]。

此外，高分子聚合物也可以作为纳米限域法的支撑模版材料。研究者在室温的四氢呋喃(THF)均匀溶液中制备一种 Mg/PMMA(聚甲基丙烯酸甲酯)纳米复合材料，该复合材料在没有重金属催化剂的情况下，仍能够在 473 K 下，30 min 内实现氢气的高容量快速吸收(Mg 中约 6 $wt\%$，整体约 4 $wt\%$)[90]。由于 PMMA 高分子聚合物对空气具有选择透过性，使该储氢材料具有十分优异的空气稳定性。

表 3.3 列举了几种纳米限域法制备的镁基储氢材料的相关性能，纳米限域法制备的镁基复合储氢材料具有纳米尺寸，纳米级的 Mg/MgH_2 颗粒充分发挥"纳米尺寸

效应",使得材料性能在热力学和动力学上都有显著的提升。但是,从负载率以及个别材料仍表现出的低可逆容量和高放氢温度的角度加以考虑,目前的纳米限域法制备得到的镁基复合储氢材料具有一些缺点:

①整体负载率不高,导致无效质量占比过大,使整体储氢容量降低;

②复合材料的放氢温度仍较高,不满足实际应用需求等。

综合这些,认为待解决的问题有以下几点:

①改进制备填充多孔架构的方法,提高负载率,从而提升复合材料的整体容量;

②考虑加入催化剂,与复合材料中颗粒的"纳米尺寸效应"协同促进材料的性能提升。此外,复合材料的循环稳定性,以及是否有副产物的生成,也都应该在优化的过程中加以考虑。

表 3.3　纳米限域法制备的镁基储氢材料的储氢性能

镁基储氢材料	负载率 /$wt\%$	吸放氢焓变/ (kJ/mol H_2)	吸放氢 活化能/ (kJ/mol H_2)	吸氢动力学性能	放氢动力学 性能	参考 文献
Mg-CA	22.5	−65.1 / 68.8	29.4 / 153.4	1.3 $wt\%$/4 000 s/ 573 K/3 MPa	—	[93]
MgH_2@ Ni-MOF	—	−65.7 / 69.7	41.5 / 144.7	1.25 $wt\%$/1 000 s/ 573 K/3.2 MPa	1.5 $wt\%$/ 150 s/623 K	[98]
rGO-Mg	—	—	60.8 / 92.9	5.0 $wt\%$/30 min/ 473 K/1.5 MPa	6.0 $wt\%$/ 40 min/573 K	[99]
Mg-NCs/PMMA	—	—	25 / 79	5.3 $wt\%$/20 min/ 473 K/3.5 MPa	—	[90]
MgH_2@ CMK-3	37.5	−55.4 /—	— / 125.3	4.0 $wt\%$/7 min/ 573 K/2 MPa	5.3 $wt\%$/ 8 h/573 K	[100]

3.3.2　催化合成法

吸氢反应常发生于材料表面,所以材料的表面活性、状态及微结构都会影响后续吸氢过程。而 Mg 及其合金表面易形成 MgO/Mg(OH)$_2$ 等钝化层,使其吸附和解

离 H_2 的能力变差。因此,在保证具有内部亚稳态精细化微结构的同时,引入催化剂改善材料表面特性可以进一步加快 H_2 的解离和 H 的扩散。为此,在镁基储氢材料中引入催化剂制备复合储氢材料的方法称为催化合成法。催化合成法,适用于各种体系的镁基储氢合金或材料。为了能够更好地发挥催化剂对吸放氢动力学的优化作用,在通过特定手段引入时不能破坏催化剂的结构或性质。目前方法主要为机械球磨法与化学还原反应法。

催化剂引入的方法通常是采用机械球磨法,将催化剂与镁基储氢材料按照一定的比例置于球磨机中进行短时球磨,通常为 0.5 ~ 1 h 的间隙式球磨,通过磨球撞击将催化剂分散在镁基储氢材料颗粒的表面。目前,催化剂的种类有很多,催化剂的研究主要集中在 Ni、Co、Ti、Nb、V、Mo 等各种过渡金属及其化合物上,并通过机械球磨成功制备了 MgH_2-TM(TM = Ti、V、Mn、Fe、Ni)纳米复合材料[101]。Ti 和 V 是比 Ni 更好的吸放氢催化剂,添加 Ti 或 V 的镁基复合材料在 523 K 以上表现出非常快速的放氢动力学和在低至 302 K 时较好的吸氢动力学。但 Ti 和 V 对氧有很强的亲和力,在常规制备 Mg-Ti 和 Mg-V 复合材料的过程中,钛和钒表面的氧化是不可避免的,一旦氧化,催化作用就消失。这也是 Ni 比 Ti 和 V 在常规镁基合金中催化效果更好的原因。

另外,也可将镁基储氢材料粉末在四氢呋喃溶液中与 $TMCl_x$ 还原反应引入催化剂来制备镁基复合储氢材料。通过这种方法,Mg 粉末会被纳米尺度的 Ti、Nb、V、Co、Mo 或 Ni 等过渡金属所包裹,形成核壳结构。将 Mg 粉末在四氢呋喃溶液中与 $TMCl_x$ 反应,制备了 Mg-TM(TM = Ti、Nb、V、Co、Ni 和 Mo)的复合储氢材料,包覆的 Mg-TM 吸放氢性能明显优于传统的相应的球磨的 Mg-TM,这是因为 TM 包覆 Mg/MgH_2 复合材料比球磨样品能够提供大量的氢解吸位点[102]。同时将过渡元素的电负性与放氢速率与放氢过程中的活化能联系起来,如图 3.43 所示。除 Mg-Ni 体系外,随着电负性的增加,放氢速率降低,活化能 Ea 值增大。而 Mg-Ni 体系与其他 Mg-TM 体系的不同之处在于其形成了 Mg_2Ni。

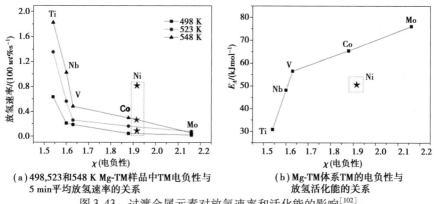

(a) 498,523和548 K Mg-TM样品中TM电负性与
5 min平均放氢速率的关系

(b) Mg-TM体系TM的电负性与
放氢活化能的关系

图 3.43 过渡金属元素对放氢速率和活化能的影响[102]

添加过渡金属元素作为催化剂形成镁基复合储氢材料,可以很大程度地提升储氢性能。高价态金属的氧化物、金属化合物及碳材料等可以产生更好的催化效果。利用湿化学球磨技术制备纳米尺度 FeCo 合金,将合成的 MgH$_2$ 与 FeCo 纳米合金球磨得到纳米 FeCo 掺杂 MgH$_2$ 复合储氢材料。对比球磨的 MgH$_2$,MgH$_2$ 复合纳米 FeCo 的储氢性能有大幅度提升[103]。MgH$_2$+纳米 FeCo 复合材料可在 373 K 下吸氢 1.8 $wt\%$,并在 573 K 下 9.5 min 可放氢 6.0 $wt\%$,而同等条件下 MgH$_2$ 基本上无法吸放氢。同时,纳米 FeCo 掺杂 MgH$_2$ 复合材料将 MgH$_2$ 放氢温度从 648.3 K 降至 523.9 K,且降低 MgH$_2$ 的吸放氢中的活化能。将纳米 FeCo 与纳米 Fe 复合纳米 Co、单独添加纳米 Fe 和单独添加纳米 Co 催化效果进行对比,如图 3.44 所示。纳米 FeCo 催化效果要优于单一的纳米 Fe 和纳米 Co 及纳米 Fe 与纳米 Co 的物理混合。经过 10 次循环后,MgH$_2$+纳米 FeCo 复合材料的氢容量仍为 6.4 $wt\%$,稳定性良好,保留率为 91.4%。

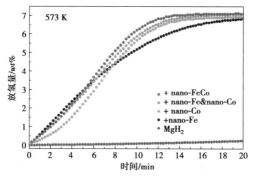

图 3.44 MgH$_2$、MgH$_2$+纳米 Fe、MgH$_2$+纳米 Co、MgH$_2$+纳米 Fe 和 Co 和
MgH$_2$+纳米 FeCo 样品在 573 K 下的等温放氢曲线[103]

利用球磨法制备 VTi 与碳纳米管(CNTs)两种催化剂共同掺杂 MgH_2 体系的 MgH_2-VTi-CNTs 复合材料[104],对其吸放氢性能进行测试,同时与 MgH_2-VTi、MgH_2-FeTi、MgH_2-CNTs、MgH_2-FeTi-CNTs 吸氢性能进行对比,如图 3.45 所示。从图中可以看出过渡金属能够显著增强吸氢动力学,而 CNTs 显著提高其吸氢容量,VTi 比 FeTi 能更有效地增强吸附动力学,但两种催化剂的结合证明比单一催化剂更有效。同时,MgH_2-VTi-CNTs 复合材料在 573 K 下同样有较快的放氢动力学,在 350 s 内可放氢 $6.0\ wt\%$,优于 MgH_2-VTi 和 MgH_2-FeTi-CNTs 复合材料。将不同催化剂掺杂 MgH_2 体系与美国能源部(DOE)和国际能源机构(IEA)的目标对比,如图 3.46 所示。MgH_2-VTi-CNTs 复合材料在低温 423 K 最大吸氢能力($5.1\ wt\ \%$)和最快吸氢动力学($1.0\ wt\%$ H_2/min 在 5 min 内),表明 MgH_2-VTi-CNTs 复合材料可以达到 IEA 的氢吸收标准。

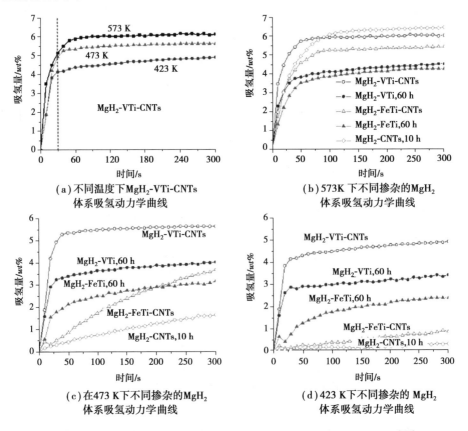

图 3.45　催化剂掺杂 MgH_2 试样在 2 MPa 氢压下的吸氢动力学曲线[104]

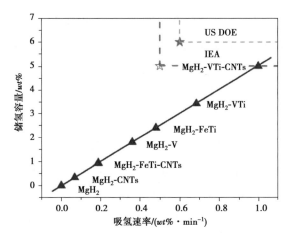

图 3.46　镁基纳米复合材料在 423 K 下的最大容量和
5 min 平均吸氢动力学比较[104]

MgH_2 与过渡金属氧化物的复合材料也表现出良好的动力学性能。球磨法制备的 TiO_2 纳米片催化 MgH_2 的复合储氢材料[105]，其中｛001｝面的 TiO_2 纳米片具有更加优异的催化作用。MgH_2-5 $wt\%$ TiO_2 纳米片复合材料能够在 423 K 下 10 s 吸氢 6.1 $wt\%$，并在 553 K 下 3.2 min 放氢 6 $wt\%$，甚至在 513 K 能够在 6 min 内放氢 5.8 $wt\%$。同时，将 MgH_2-TiO_2 纳米片与 MgH_2-TiO_2 纳米颗粒、MgH_2 对比，MgH_2-TiO_2 纳米片具有比 MgH_2-TiO_2 纳米颗粒更低的放氢温度与更快的放氢速率。TiO_2 纳米片的掺杂使 MgH_2 放氢温度由 628.4 K 降低至 493.4 K，放氢的活化能 E_a 从 186.78 kJ/mol H_2（MgH_2）显著降低到 67.64 kJ/mol H_2（MgH_2-TiO_2 纳米片）。

3.4　镁基储氢材料的制粉和氢化方法

3.4.1　制粉方法

上述章节中介绍了镁基储氢材料的各种制取方法，不同的方法有不同特点。除球磨法制得的材料为粉末状，其余的有铸锭状、压块状、薄带及薄膜等，这些产物都不能直接应用,必须粉碎至一定粒度。例如,作为电池负极材料使用时,要求粉碎至 200 目以下。因此,工业上采用了不同的破碎方式,一般有球磨、氢化制粉和气体雾化法等。

1)球磨

镁基储氢材料的球磨制粉一般分为干式球磨与湿式球磨。干式球磨是指在保护性气氛中将球(或棒)与料以一定的球料比放入不锈钢制圆形桶中,以一定的转速回转,使料受到球或棒的滚压、冲击和研磨而粉碎的一种方法。最终获得的粉末粒度一般受球料比、转速和球磨时间所控制,与球或棒的不同直径配比也有关系。通常对于新的材料,先通过试验来确定最佳参数组合,再进行粉末制备。操作时应先将大块合金(粒径一般小于 30~40 mm)通过颗式破碎机粗碎至 1~3 mm,或先用颚式破碎机粗碎至 3~6 mm,再用对滚机中碎至 1 mm 左右,再进入球磨机中细碎。间歇式球磨时,一次球磨时间不宜太久,否则容易黏附于桶壁,难于取出过筛;正确的方法应是球磨 10~20 min 过筛 1 次,筛出细粉后补充相应粗粒再磨,这样操作比较麻烦,也易被污染。

现在工业上均采用边磨边筛的磨筛机。这种球磨机分内外 2 层桶壁,内桶壁为多孔板,其内装球和料,其外装有 1 层一定网目的筛网,当磨至筛网目数以下时,料自动在转力下过筛,收集于盛料桶内,筛上者返回内桶中继续球磨,从而达到连续制粉的目的。这种磨筛机制粉的方法操作简单,能实现连续加料和连续出料,不易污染,生产量高。

湿式球磨与干式球磨不同之处在于,球磨桶内不是充入情性气体,而是充入液体介质,即水、汽油或酒精等。球磨机一般也采用立式搅拌的方式,即由搅拌浆带动球和料在桶内转动,通过球料间碰撞、研磨而使料粉碎的一种方法。其球磨强度也受搅拌速度、球料比、球径大小配比和球磨时间等控制,需通过事先试验找出合适的参数。操作步骤也和干式球磨一样,需将合金块粉碎至 1 mm 左右放入。经一定时间磨碎后,以浆料的形式放出澄清或过滤,直接用于负极调浆和真空烘干待用。水磨法制粉工艺简单,不会出现黏壁现象,而且无粉尘污染,还能去除超细粉和部分锭表氧化皮。缺点是以合金粉出售时,需要过滤烘干,增加设备投资和成本[2]。

2) 氢化制粉

合金氢化制粉法是较早应用的一种方法,它是利用合金吸氢时体积膨胀,放氢时体积收缩,使合金锭产生无数裂纹和新生面,促进了氢的进一步吸收、膨胀、碎裂,直至氢饱和为止。根据粒度要求,只需 1~2 个循环,可使合金大块(30~40 mm)粉碎至 200 目以下。

氢化制粉具体工艺流程:首先将合金锭装入铝盒再放入高压釜中,密封抽空至 1~5 Pa,通入 0.1 MPa 高纯氢气置换 2~3 次后,通入 1~2 MPa 高纯(99.99%)氢气,合金便很快吸氢,直至氢压降低至平台压再通入 1~2 MPa 氢气,如此反复直至饱和为止。然后升温至 423 K,同时抽真空 15 min,排除合金中氢。如此反复 1~2 次后抽真空充氩,冷却至室温出炉。值得注意的是:

①合金块必须分盘装入铝盒,以免吸氢时放热量过于集中;同时高压釜外应用循环水冷却,以利于散热。

②最后一次放氢时应尽量将合金中氢气排除干净,并在氩气下冷却,以免后续操作时,包括过筛、分装,甚至应用时发生自燃。

③一旦出现合金粉发热时,应立即采取冷却措施,防止继续升温而自燃。

④氢化粉的操作应在氩气保护的手套箱中进行。

氢化制粉的优点是操作简单,氢化粉的容量高于球磨制粉 10~20 mA·h/g,活化也较快。缺点是需要耐高压设备,氢排出不干净时,容易发热,不利于大规模应用[106]。

3) 气体雾化法

气体雾化技术起源于 20 世纪 20 年代,美国人 Hall 首先使用空气雾化铜合金粉体。早期的雾化技术使用的是非限制式(也称自由落体式)雾化喷嘴,这种雾化喷嘴的特点是气体出口距离金属液有一段较长的距离,自由落体式喷嘴设计简单,但雾化能力较差,只适合粒度较大的合金粉体生产。对于化学活性高的金属及合金,自由落体式雾化喷嘴仍然是很好的选择,因为雾化过程中金属液自由落下,避免了与中间包及导流管的直接接触,使得熔融态金属的合金成分不会受到影响[107]。

在非限制喷嘴的基础上,随后发展出限制式雾化喷嘴,这种喷嘴的最大特点是结构紧凑,大大缩短了气体与熔体之间的作用距离,减小了气体动能损失,能够得到更为细小的粉体,使得雾化效率显著提高。但是这种喷嘴设计较为复杂,存在反喷及导流管堵塞等问题。

在 20 世纪 50 年代以前,人们普遍使用空气作为雾化介质来雾化合金粉体。所以早期得到的合金粉体的含氧量比较高,随后发展出了惰性气体雾化的工艺,采用氮气和氩气等惰性气体作为雾化介质,降低了含氧量。为了改进雾化中存在的问题,提升雾化效率,随后人们又开发出一系列的气雾化技术,如超声气雾化、高压气雾化、层流气雾化、热气体雾化技术、离心压力雾化和电极感应气雾化等。气雾化技术在不断发展,方法越来越多样化[108]。气体雾化法制备的粉体粒度小,球形度高,氧含量低,流动性好,能够进行大规模的工业化生产。经过不断发展后,气雾化制粉技术已经成为生产高性能球形金属及合金粉体的主要方法。

气雾化的原理是利用高速气流将液态金属流粉碎为小液滴并快速冷凝成金属粉体的过程,又称为高压气体雾化法。雾化机理包括流体薄层的形成,薄层破碎成金属液流丝线和金属液流丝线收缩形成微液滴 3 个阶段。高压气体雾化获得直径为 $50 \sim 100~\mu m$ 的金属粉末;气体雾化粉末为光滑圆球形,冷却速度为 $10^2 \sim 10^3~K/s$[109]。镁基储氢材料的气体雾化制粉是将镁合金锭高温熔化后,在惰性气体保护下离心雾化,然后再低温速冷,使合金液滴凝结成球形粉末。为了防止镁在制取粉末中与氧、氮发生化学反应,多采用高压雾化介质和喷水急速冷却(即 $10^2 \sim 10^3~K/s$ 的冷却速度)结合的技术,又被称为水气雾化法,可以大大缩短熔融镁合金同氧、氮的反应时间。水气雾化法制备的镁合金粉末颗粒比较均匀,形貌呈现为多孔粒状粉末,更有利于提高吸放氢动力学性能。同时,气体雾化法制备镁基储氢材料的粉末能够减少研磨工作量,从而提高生产效率和降低生产成本[110]。

气雾化制粉技术中决定粉体性能粒度及分布特征、形貌、含氧量及产率等的技术关键是要严格控制雾化器结构、雾化介质和金属液特性等环节的工艺参数[111],如图 3.47 所示。对雾化器的结构进行控制必须重点检查喷嘴结构、导液管结构及位置,以利于雾化气流获得最大动能,并最大限度地将其转变为粉体表面能;针对某一特定的喷嘴时,重点改进雾化介质和金属液的工艺参数,得到该类型喷嘴的最佳雾化工艺参数与粉体特性的关系,用以对粉体的生产进行优化和维护。

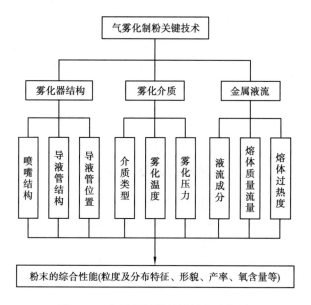

图 3.47　气雾化制粉关键技术示意图

3.4.2　氢化方法

1）氢化反应法

氢化反应法,即金属与氢直接反应,很多金属可以在一定温度条件下与氢气直接反应,生成氢化物,大部分金属型氢化物一般都采用此法制备,反应通式为:

$$M(s) + \frac{n}{2}H_2(g) \xrightarrow{\triangle} MH_n(s) + \Delta H \tag{3.9}$$

同样的,MgH_2 也可以使用镁通过氢化反应制备,质量储氢容量为 7.6 $wt\%$:

$$Mg(s) + H_2(g) \xrightarrow{>573\ K} MgH_2(s) + 75\ kJ/mol \tag{3.10}$$

常温、常压下,金属与氢一般不发生反应。但是,在氢气氛中提高温度,氢就会被金属吸收。即使是同一金属,如果滞后程度不同,其开始吸氢的温度也不一样。金属表面的氧化物和亲氧化物膜越厚,其开始吸氢温度就越高。为了促进氢进入金属内部,应去掉金属表面的钝化膜,使之保持清洁高活性状态。金属一旦开始吸氢,其吸收过程便迅速进行。氢越容易吸入,其含氢量就越大。活化过程是指通过某些物理或者化学手段,在吸氢前将金属表面钝化层去除的过程。在真空或氢气气氛下,高温孕育或者反复吸放氢,破坏表面钝化层,促使金属材料活化的过程[106]。

邹建新等[112]设计了一种利用氢化反应制备氢化镁的方法,装置示意图如图 3.48 所示,将镁块放入敞口坩埚容器中,真空下利用线圈加热,达到 923 ~ 1 023 K 时镁块蒸发为镁蒸气,部分镁蒸气在反应釜上方凝结为镁粉,并向反应釜中通入 5 ~ 8 MPa 氢气,利用第二加热线圈加热反应釜至 623 ~ 693 K,保温 10 ~ 12 h,使镁蒸气、镁粉与氢气充分反应,停止加热,使氢化镁沉积在反应釜内壁,抽出剩余氢气后通入空气使产物钝化,之后刮下壁上产物即可得到白色氢化镁粉末。

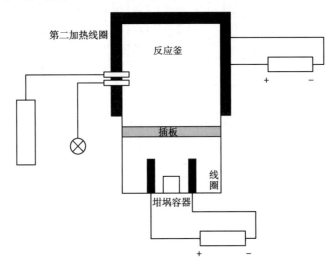

图 3.48　氢化反应制备氢化镁装置示意图[112]

2)热分解法

热分解法是制备纳米 MgH_2 的常用方法之一,目前的研究中主要用二正丁基镁作为原料制备纳米 MgH_2。研究发现,使用二正丁基镁可以制得结构稳定的纳米晶 MgH_2,吸氢量可达 6.8 $wt\%$,并具有良好的动力学性能,523 K 下不到 2 h 就可放出全部氢气,而在 573 K 下完全放氢只需 15 min[113]。

$$(C_4H_9)_2Mg \longrightarrow 2C_4H_8 + MgH_2 \qquad (3.11)$$

1964 年,Becker 与 Ashby 首次使用格林试剂氢解制得了 MgH_2,反应式为[114]:

$$2RMgX \longrightarrow 2RH + MgX_2 + MgH_2 \qquad (3.12)$$

其中 X 为卤化物。不过此反应条件较为苛刻,反应温度取决于所用的格林试剂,一般在 348 ~ 503 K,同时需要高于 10 MPa 的氢气压力。后续研究发现,在惰性气氛、473 K 温度下,也可以使格林试剂分解制备 MgH_2,原料为 $R_1CH_2CH_2MgR_2$,产物为

RCH ＝ CH₂ 与 HMgR₂ 混合物,目前反应机理尚不明晰,为了避免从混合物中分离 MgH₂,二正丁基镁逐渐得到大家的青睐。

二正丁基镁的分解条件对产物形态有着显著影响。在氩气气氛和 473 K 条件下反应时,可以制备长 150～200 nm、宽 10～50 nm 的纳米棒状产物,而在同等压力氢气氛围可制备尺寸在 25～170 nm 范围的球形氢化镁颗粒。在环己烷中添加聚苯乙烯,并将二正丁基镁悬浮其中,3 MPa 氢压和 453 K 下热解 24 h,离心后得到了 100 nm 尺度左右的 MgH₂ 矩形颗粒[115]。除了反应气氛外,在一定的氢气压力下研究了温度对二正丁基镁氢解产物形貌的影响,在 473 K 下所得 MgH₂ 为平均尺寸约 100 nm 的颗粒,而在较高温度 493 K 和 523 K 下则分别得到直径为 50～80 nm 与 30～50 nm 的纳米棒结构产物,如图 3.49 所示[116]。

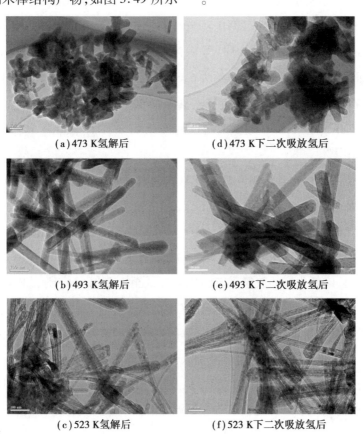

(a)473 K氢解后　　　　　　　(d)473 K下二次吸放氢后

(b)493 K氢解后　　　　　　　(e)493 K下二次吸放氢后

(c)523 K氢解后　　　　　　　(f)523 K下二次吸放氢后

图 3.49　2 MPa 氢气压力不同温度氢解 4 h 所得 MgH₂ 形貌和二次吸放氢后的形貌[116]

二正丁基镁的热解也常用于镁的纳米限域。最典型的便是将二正丁基镁溶液浸渍到多孔支架材料中,升高温度,在 573 K 左右下分解实现纳米限域,通过此方法已成功将尺寸范围为 1.3~20nm 的 Mg/MgH$_2$ 颗粒负载/限域在多孔碳中。实现镁纳米限域的另一种方法是熔体渗透,首先将 Mg/MgH$_2$ 与多孔碳基质混合,然后在氢气压力下将混合物加热至 Mg 的熔点,即 922 K 以上,使 Mg 渗入多孔材料的孔结构中,纳米限域的 Mg 颗粒大小由基质的孔径所决定[117]。

3)催化合成法

催化合成法主要是通过有机镁络合物,如 MgA·(THF)$_3$,在催化剂及一定条件下生成 MgH$_2$,其中 A 为蒽(C$_{14}$H$_{10}$)。MgA·(THF)$_3$ 可以以镁和蒽为原料,在四氢呋喃(THF)中制备,其形成速率取决于镁的表面积和蒽的浓度;并且整个反应表现为可逆、受温度控制的金属有机反应。小于 333 K 有利于生成 MgA·(THF)$_3$,而在高于 333 K 时反应则向 MgA·(THF)$_3$ 分解的方向进行,得到 MgH$_2$。基于上述不同温度下不同的反应平衡,使用 CrCl$_3$ 等催化剂成功制备出了比表面积为 100~130 m^2/g 的 MgH$_2$ 颗粒,可逆储氢容量约为 6.6 $wt\%$,并分别在 503 K 与 623 K 下吸氢与放氢[118]。MgA·(THF)$_3$ 化合物也可在真空下 523 K 以上的温度下分解为镁。然而,MgA·(THF)$_3$ 在 THF 中较低的溶解度(<0.01 mol/L)限制了其作为制备金属镁原料的应用[119]。

使用类似的方法在常压下用四氯化钛与蒽作为催化剂,将镁粉在 THF 溶液中常压下搅拌加氢[120],在 293~333 K 下,可制备较为纯净的 MgH$_2$ 粉末。该方法制备的活性氢化镁放氢速度快,在 573~603 K 范围放氢性能良好,反应速率随着反应温度的升高而增加。573 K 时需 21 min,而在 603 K 时仅需 5 min 便可达到 50% 的放氢转化,而且该氢化镁的放氢反应活化能降低至 125 kJ/mol H$_2$,如图 3.50 所示。在不同反应环境下利用二正丁基镁热分解制备 MgH$_2$[121],真空去除二正丁基镁溶剂后在氩气或氢气气氛下加热至 473 K 分解制得棒状纳米 MgH$_2$ 或尺寸约为 32 nm 的圆形颗粒。将二正丁基镁的庚烷溶液加入乙醚或环己烷后在氢气气氛下热分解,可分别得到约 40 nm 尺寸的鳞片状 MgH$_2$ 以及尺寸约 17 nm 的纳米颗粒,其中后者具有 7.1$wt\%$ 的高储氢容量并且在 573 K 保温 10 min 可完全放氢。

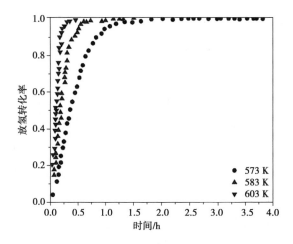

图 3.50　0.101 MPa 时活性氢化镁在不同温度下的放氢转化率[120]

4)反应球磨法

反应球磨法是在机械合金化基础上,更换球磨气氛或反应物组成,在机械研磨的过程中发生固-气反应或固固反应并生成新的化合物。从镁基储氢材料制备角度考虑,通常在球磨罐中通入氢气,在球磨的过程中氢气会还原氧化物成分,与金属形成间隙固溶体或氢化物。因此,通入氢气发生反应的机械合金化过程也称氢合金化[122]。

传统的镁加氢一般在高于 573 K 温度下进行,例如在 613 ~ 623 K 和 3 MPa 的条件下需要氢化 6 ~ 336 h,且氢化不完全,Mg 到 MgH_2 的转化率不超过 0.9。而相比之下通过反应球磨法来制备氢化物时的加氢发生在较低温度及相对较短的时间内,可以使 Mg 完全转化为 MgH_2,这可能是由于研磨引起的塑性变形、形成新鲜金属表面、研磨球的冲击使局部冷焊组织均匀化等因素。反应球磨法综合了机械合金化与化学合成法的优点,可以制备出性能更加优异的储氢材料。

Mg_2FeH_6 三元氢化物具有目前为止最高的体积储氢密度(150 kg H_2/m^3),同时其质量储氢密度也高达 5.6 $wt\%$,但由于 Fe 在 Mg 中几乎没有固溶度(最大为 0.000 41 $at\%$),且没有热力学稳定的金属间化合物 Mg_2Fe 的存在,高纯度的 Mg_2FeH_6 制备难度很高[123]。在 773 K 和 2 ~ 12 MPa 氢压环境,用 Mg 和 Fe 粉末高温烧结制备了 Mg_2FeH_6,但转化率仅有 50%[124]。通过反应球磨制备得到 Mg_2FeH_6,不仅优化了制备方法及所需条件,还提高了产率、改善了 Mg_2FeH_6 相的动力学。通过将 Mg 和 Fe 粉以非化学计量比(3∶1)混合在氢气中直接球磨,得到 Mg_2FeH_6 的合成产率高达83.7%;Mg 和 Fe 粉以化学计量比(2∶1)反应球磨制备的 Mg_2FeH_6 具有最低的起始放氢温度,可低至477.4 K[125]。

反应球磨法能够替代高温高压的传统制备方法,还可以优化镁基储氢材料普遍存在的烦琐活化步骤,大大简化了储氢材料的制备过程。通过反应球磨法制备的La-Mg-Ni 系三元储氢合金[126],整个球磨过程中球料比为 10∶1,球磨时间为20 h、40 h 和60 h,在 3 MPa 高纯氢气保护下进行,将材料制备和氢化过程合并。不同球磨时间 $LaMg_{17}Ni$ 的 XRD 图谱如图 3.51 所示,随着球磨时间从 20 h 增加至 60 h,衍射峰宽化明显,表明材料发生了非晶化。连续高能碰撞使材料被粉碎至细小颗粒,发生非晶化,增大了相界的数量,大大改善了动力学性能。因制备与氢化过程合二为一,得到的材料不需要活化就可以直接吸放氢性能测试。测试结果表明,在553 K 下该材料的储氢容量可达到5.23 *wt%*,且在 3.0 MPa 氢压及 423 ~ 573 K 的条件下,1 min 之内就可以吸氢90% 以上。同机械合金化法类似,长时间球磨过程在增加了生产成本的同时还容易引入杂质,以及制备材料的粒度和微观组织的不均匀等问题,使该方法难以在工业化大规模生产应用。

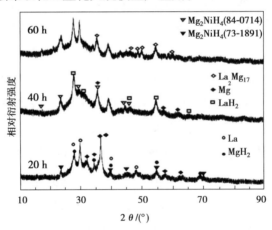

图 3.51　反应球磨合成 $LaMg_{17}Ni$ 氢化物的 XRD 图[126]

本章对镁基储氢材料及镁基氢化物的常见制备方法进行了系统总结与介绍。为开发高容量-吸放氢速度快-循环寿命长的富镁基材料来缓解车载大容量储氢材料的需求压力,基于镁基储氢材料的制备方法日新月异。对于传统的稳态镁基储氢合金,一般使用熔炼法、烧结法、扩散法及球磨法等比较常用的制备手段。熔炼法作为一种传统的方法,尽管适用于大批量工业生产,但制备的合金存在氢化物过于稳定、活化较困难,难以快速饱和吸氢等不足。同时,由于 Mg 的熔点低、易挥发特性导致其在熔炼法中损耗较为严重。置换-扩散法和球磨-扩散法装置简易,能够降低氢的扩散活化能,使合金的动力学和热力学性能得到改善,提高合金的可逆吸放氢能力;尤其是球磨-扩散法在球磨过程中引入了大量缺陷,增加了合金活性点。粉末烧结法相比熔炼法,具有其反应温度低的优势,同时可克服高温熔炼法中镁蒸气压高、易挥发和合金成分不易控制的问题。近年来,随着粉末烧结技术的不断优化革新,在传统粉末烧结基础上又创新出了更具优势的烧结技术用来制备镁基储氢材料。在传统制备方法中,球磨法的应用尤为广泛,尤其在制备非晶/纳米晶的镁基储氢合金以及添加催化剂的镁基储氢复合材料方面最为普遍。同时,球磨法与其他的一些先进手段相结合,发展出很多新型的制备方法,如介质阻挡放电等离子体球磨、氢化燃烧合成+机械球磨和球磨-扩散法等。

纳米晶、非晶材料由于其特定的微观组织结构,使其具有高扩散系数、高活性,为发展高性能镁基储氢材料提供了思路。通过利用纳米尺寸和催化效应,包括使用催化剂/添加剂掺杂的化学修饰、Mg 晶体的纳米结构和多孔支架中的纳米限域等,已经用来优化镁合金的储氢性能。近年来,基于制备纳米或非晶结构材料的先进技术层出不穷。对于制备特定纳米结构(纳米线、纳米纤维及纳米薄膜)的镁基储氢材料来说,沉积法应用较为广泛。基于大塑性变形的等通道角挤压(ECAP)已被证明是一种生产大块超细晶或纳米结构镁合金的有效工业技术。ECAP 为最终的微观结构设计提供了许多控制因素。如何最大限度地提高微观结构协调对镁基材料应用储氢行为的积极作用,并探索具有更大氢容量、更优动力学性能和更好循环稳定性的合适微观结构将会是未来的工作重点。尽管在纳米结构方面优化镁基材料储氢性能有了长足的进展,但镁基体系中的吸放氢仍然需要高温,这是目前实际应用的主要障碍。根据理论计算,制备具有尺寸效应的亚纳米镁晶体(<1 nm)被认为是一个潜在的目标,可以使强 Mg—H 键失稳,实现低温吸放氢,但这一里程碑仍有待实验实现。此外,除了单一尺寸效应外,涉及纳米尺寸和多孔支架的纳米限域技术最近已经成为控制镁基材料储氢动力学、可逆性和热力学的重要策略。然而,对这种纳米限域体系中储氢的基本机理有待深入了解。该制备方法的研究前沿应集中在 Mg 支架纳米复合材料的开发、提高支架多孔填充效率、控制 Mg/MgH_2 纳米

颗粒在单分散水平上的粒径分布、支架表面功能化、进一步了解 Mg-多孔支架界面的作用机制。另外,多合成制备策略的联合使用,开发成分复合化、结构精细化、表面活性化的富镇复合材料,将是今后努力的方向。

参考文献

[1]李韵豪. 铸造工业的感应加热[J]. 金属加工:热加工, 2020 (1): 70-76.

[2]胡子龙. 贮氢材料[M]. 北京:化学工业出版社, 2002.

[3]聂川, 杨洪帅, 牟鑫. 真空感应熔炼技术的发展及趋势[J]. 真空, 2015, 52 (5): 52-57.

[4]REILLY J J, WISWALL R H. Reaction of hydrogen with alloys of magnesium and copper[J]. Inorganic Chemistry, 1967, 6(12): 2220-2223.

[5]REILLY J J, WISWALL R H. Reaction of hydrogen with alloys of magnesium and nickel and the formation of Mg_2NiH_4[J]. Inorganic Chemistry, 1968, 7 (11): 2254-2256.

[6]陈玉安, 周上祺, 丁培道. 镇基储氢合金制备方法的研究进展[J]. 材料导报, 2003, (10): 20-23.

[7]计玉珍, 郑赟, 鲍崇高. 真空电弧炉设备与熔炼技术的发展[J]. 铸造技术, 2008 (6): 827-829.

[8]CHEN C, WANG J, WANG H, et al. Improved kinetics of nanoparticle-decorated Mg-Ti-Zr nanocomposite for hydrogen storage at moderate temperatures[J]. Materials Chemistry and Physics, 2018, 206: 21-28.

[9]MAHMOUDI N, KAFLOU A, SIMCHI A. Synthesis of a nanostructured MgH_2-Ti alloy composite for hydrogen storage via combined vacuum arc remelting and mechanical alloying[J]. Materials Letters, 2011, 65(7): 1120-1122.

[10]AGARWAL S, AURORA A, JAIN A, et al. Catalytic effect of ZrCrNi alloy on hydriding properties of MgH_2[J]. International Journal of Hydrogen Energy, 2009,

34(22): 9157-9162.

[11] WANG P, WANG A, ZHANG H, et al. Hydriding properties of a mechanically milled Mg-50 $wt\%$ $ZrFe_{1.4}Cr_{0.6}$ composite[J]. Journal of Alloys and Compounds, 2000, 297(1-2): 240-245.

[12] GIZA K, ADAMCZYK L, HACKEMER A, et al. Preparation and electrochemical properties of $La_2MgNi_8Co_{1-x}M_x$ (M = Al or In; x = 0 or 0.2) hydrogen storage alloys [J]. Journal of Alloys and Compounds, 2015, 645: S490-S495.

[13] LEE S-L, HSU C-W, HSU F-K, et al. Effects of Ni addition on hydrogen storage properties of $Mg_{17}Al_{12}$ alloy [J]. Materials Chemistry and Physics, 2011, 126 (1-2): 319-324.

[14] HOU X, SHI H, YANG L, et al. H_2 generation kinetics/thermodynamics and hydrolysis mechanism of high-performance La-doped Mg-Ni alloys in NaCl solution——A large-scale and quick strategy to get hydrogen[J]. Journal of Magnesium and Alloys, 2021, 9(3): 1068-1083.

[15] BUDHANI R C, GOEL T C, CHOPRA K L. Melt-spinning technique for preparation of metallic glasses[J]. Bulletin of Materials Science, 1982, 4(5): 549-561.

[16] PAVUNA D. Production of metallic glass ribbons by the chill-block melt-spinning technique in stabilized laboratory conditions [J]. Journal of Materials Science, 1981, 16(9): 2419-2433.

[17] HOU X, HU R, ZHANG T, et al. Synergetic catalytic effect of MWCNTs and TiF_3 on hydrogenation properties of nanocrystalline Mg-10 $wt\%$ Ni alloys [J]. International Journal of Hydrogen Energy, 2013, 38(29): 12904-12911.

[18] ZHANG Y, LI X, CAI Y, et al. Improved hydrogen storage performances of Mg-Y-Ni-Cu alloys by melt spinning[J]. Renewable Energy, 2019, 138: 263-271.

[19] WU Y, HAN W, ZHOU S X, et al. Microstructure and hydrogenation behavior of ball-milled and melt-spun Mg-10Ni-2Mm alloys[J]. Journal of Alloys and Compounds, 2008, 466(1-2): 176-181.

[20] SI T Z, LIU Y F, ZHANG Q A. Hydrogen storage properties of the supersaturated $Mg_{12}YNi$ solid solution[J]. Journal of Alloys and Compounds, 2010, 507(2):

489-493.

[21]KALINICHENKA S, RÖNTZSCH L, KIEBACK B. Structural and hydrogen storage properties of melt-spun Mg-Ni-Y alloys[J]. International Journal of Hydrogen Energy, 2009, 34(18): 7749-7755.

[22]LIU J, SONG X, PEI P, et al. Hydrogen storage properties of Mg-50 vol.% $V_{7.4}Zr_{7.4}Ti_{7.4}Ni$ composite prepared by spark plasma sintering[J]. International Journal of Hydrogen Energy, 2009, 34(10): 4365-4370.

[23]SONG X, ZHANG P, PEI P, et al. The role of spark plasma sintering on the improvement of hydrogen storage properties of Mg-based composites[J]. International Journal of Hydrogen Energy, 2010, 35(15): 8080-8087.

[24]LIU J, SONG X, PEI P, et al. Hydrogen storage performance of Mg-based composites prepared by spark plasma sintering[J]. Journal of Alloys and Compounds, 2009, 486(1-2): 338-342.

[25]LIU D, SI T, WANG C, et al. Phase component, microstructure and hydrogen storage properties of the laser sintered Mg-20 $wt\%$ $LaNi_5$ composite[J]. Scripta Materialia, 2007, 57(5): 389-392.

[26]SI T Z, LIU D M, ZHANG Q A. Microstructure and hydrogen storage properties of the laser sintered Mg_2Ni alloy[J]. International Journal of Hydrogen Energy, 2007, 32(18): 4912-4916.

[27]SI T, LI Y, LIU D, et al. Phase component and microstructure of laser-sintered Mg-Ni alloys[J]. Rare Metals, 2008, 27(4): 400-404.

[28]吴冲. 镁铝系储氢合金的制备及改性研究[D]. 重庆:重庆大学, 2014.

[29]LI Q, PAN Y, LENG H, et al. Structures and properties of Mg-La-Ni ternary hydrogen storage alloys by microwave-assisted activation synthesis[J]. International Journal of Hydrogen Energy, 2014, 39(26): 14247-14254.

[30]MENG J, WANG X-L, CHOU K-C, et al. Hydrogen storage properties of graphite-modified Mg-Ni-Ce composites prepared by mechanical milling followed by microwave sintering[J]. Metallurgical and Materials Transactions A, 2013, 44(1): 58-67.

［31］LI Q, LIU J, CHOU K-C, et al. Synthesis and dehydrogenation behavior of Mg-Fe-H system prepared under an external magnetic field［J］. Journal of Alloys and Compounds, 2008, 466(1-2): 146-152.

［32］刘静, 李谦, 周国治. 磁场辅助烧结法制备 $La_{0.67}Mg_{0.33}Ni_3$ 储氢合金［J］. 稀有金属材料与工程, 2013, 42(2): 392-395.

［33］刘静. 磁场辅助合成镁基储氢合金及其吸放氢动力学机理［D］. 上海:上海大学, 2009.

［34］李鹏, 熊惟皓. 选择性激光烧结的原理及应用［J］. 材料导报, 2002, 06: 55-58.

［35］张庆安, 袁晓敏, 斯庭智, 等. 激光烧结制备镁基储氢合金及其复合材料的方法:100469916C［P］.

［36］CHENG C W, CHEN J K. Femtosecond laser sintering of copper nanoparticles［J］. Applied Physics A, 2016, 122(4): 1-8.

［37］SI T Z, ZHANG Q A. Phase structures and electrochemical properties of the laser sintered $LaNi_{5-x}wt\%$ Mg_2Ni composites［J］. Journal of Alloys and Compounds, 2006, 414(1-2): 317-321.

［38］ALEM S, LATIFI R, ANGIZI S, et al. Microwave sintering of ceramic reinforced metal matrix composites and their properties: A review［J］. Materials and Manufacturing Processes, 2020, 35(3): 303-327.

［39］OGHBAEI M, MIRZAEE O. Microwave versus conventional sintering: A review of fundamentals, advantages and applications［J］. Journal of Alloys and Compounds, 2010, 494(1-2): 175-189.

［40］李谦, 叶丽雯, 张旭, 等. 一种微波辅助加热合成 La-Mg 储氢合金的方法:101886202B［P］.

［41］SHI H, ZHOU P, LI J, et al. Functional Gradient Metallic Biomaterials: Techniques, Current Scenery, and Future Prospects in the Biomedical Field［J］. Frontiers in Bioengineering and Biotechnology, 2021 (8): 616845.

［42］冯海波, 周玉, 贾德昌. 放电等离子烧结技术的原理及应用［J］. 材料科学与工艺, 2003 (3): 327-331.

[43]JUNG Y-G, HA C-G, SHIN J-H, et al. Fabrication of functionally graded ZrO$_2$/NiCrAlY composites by plasma activated sintering using tape casting and it's thermal barrier property[J]. Materials Science and Engineering: A, 2002, 323(1-2): 110-118.

[44]AKIYAMA T, ISOGAI H, YAGI J. Combustion synthesis of magnesium nickel[J]. International Journal of Self-Propagating High-Temperature Synthesis, 1995(4): 69.

[45]SAITA I, LI L, SAITO K, et al. Pressure-Composition-Temperature properties of hydriding combustion-synthesized Mg$_2$NiH$_4$[J]. Materials Transactions, 2002, 43(5): 1100-1104.

[46]LI L, AKIYAMA T, YAGI J-I. Production of hydrogen storage alloy of Mg$_2$NiH$_4$ by hydriding combustion synthesis in laboratory scale[J]. Journal of Materials Synthesis and Processing, 2000, 8(1): 7-14.

[47]LI S, ZHU Y, LIU Y, et al. Nano-inducement of Ni for low-temperature dominant dehydrogenation of Mg-Al alloy prepared by HCS+ MM[J]. Journal of Alloys and Compounds, 2020, 819: 153020.

[48]LIU X, ZHU Y, LI L. Hydriding and dehydriding properties of nanostructured Mg$_2$Ni alloy prepared by the process of hydriding combustion synthesis and subsequent mechanical grinding[J]. Journal of Alloys and Compounds, 2006, 425(1-2): 235-238.

[49]申泮文, 张允什, 袁华堂, 等. 储氢材料新合成方法的研究——置换-扩散法合成 Mg$_2$Cu [J]. 高等学校化学学报, 1982 (4): 580-582.

[50]申泮文, 张允什, 袁华堂, 等. 储氢材料新合成方法的研究(Ⅱ)——置换—扩散法合成 Mg$_2$Cu[J]. 高等学校化学学报, 1985 (3): 197-200.

[51]申泮文, 张允什, 郑松, 等. 储氢材料新合成方法的研究——Ⅲ. 置换-扩散法合成 Mg$_2$Ni$_{0.75}$Cu$_{0.25}$[J]. 无机化学学报, 1986 (2): 1-7.

[52]YUAN H, YANG H, ZHOU Z, et al. Pressure-composition isotherms of the Mg$_2$Ni$_{0.75}$Fe$_{0.25}$-Mg system synthesized by replacement-diffusion method[J]. Journal of Alloys and Compounds, 1997, 260(1-2): 256-259.

[53]YUNSHI Z, JIANHUA J, HUATANG Y, et al. Synthesis of ternary alloys

$Mg_2Ni_{0.75}Pd_{0.25}$ and studies on its surface properties[J]. Journal of Materials Research, 1990, 5(7): 1431-1434.

[54] HOUSE S D, VAJO J J, REN C, et al. Effect of ball-milling duration and dehydrogenation on the morphology, microstructure and catalyst dispersion in Ni-catalyzed MgH_2 hydrogen storage materials[J]. Acta Materialia, 2015 (86): 55-68.

[55] DOPPIU S, SOLSONA P, SPASSOV T, et al. Thermodynamic properties and absorption-desorption kinetics of $Mg_{87}Ni_{10}Al_3$ alloy synthesised by reactive ball milling under H_2 atmosphere[J]. Journal of Alloys and Compounds, 2005(404): 27-30.

[56] AU M. Hydrogen storage properties of magnesium based nanostructured composite materials[J]. Materials Science and Engineering: B, 2005, 117(1): 37-44.

[57] SHAO H, XIN G, ZHENG J, et al. Nanotechnology in Mg-based materials for hydrogen storage[J]. Nano Energy, 2012, 1(4): 590-601.

[58] ZHANG Y, ZHANG W, BU W, et al. Improved hydrogen storage dynamics of amorphous and nanocrystalline Ce-Mg-Ni-based $CeMg_{12}$-type alloys synthesized by ball milling[J]. Renewable energy, 2019(132):167-175.

[59] HOU X, HU R, ZHANG T, et al. Hydrogenation thermodynamics of melt-spun magnesium rich Mg-Ni nanocrystalline alloys with the addition of multiwalled carbon nanotubes and TiF_3[J]. Journal of Power Sources, 2016, 306: 437-447.

[60] 陈鼎, 肖界魁, 詹军. 超声波辅助球磨纳米 $Mn_xMg_{1-x}Fe_2O_4$ 的制备和表征[J]. 湖南大学学报(自然科学版), 2018, 45(6): 51-55.

[61] 戴乐阳, 曾美琴, 童燕青, 等. 基于外场辅助的机械合金化研究[J]. 功能材料, 2005(8): 22-25.

[62] 朱敏. 先进储氢材料导论[M]. 北京:科学出版社, 2015.

[63] OUYANG L, CAO Z, WANG H, et al. Enhanced dehydriding thermodynamics and kinetics in Mg(In)-MgF_2 composite directly synthesized by plasma milling[J]. Journal of Alloys and Compounds, 2014(586): 113-117.

[64] SURYANARAYANA C. Mechanical alloying: a novel technique to synthesize advanced materials[J]. Research, 2019(2019): 4219812.

[65] 朱心昆, 林秋实, 陈铁力, 等. 机械合金化的研究及进展[J]. 粉末冶金技术,

1999(4): 291-296.

[66] IVANOV E, KONSTANCHUK I, STEPANOV A, et al. Magnesium mechanical alloys for hydrogen storage[J]. Journal of the Less common Metals, 1987, 131 (1-2): 25-29.

[67] OUYANG L, LIU F, WANG H, et al. Magnesium-based hydrogen storage compounds: A review[J]. Journal of Alloys and Compounds, 2020, 832: 154865.

[68] KOU H C, HOU X J, ZHANG T B, et al. On the amorphization behavior and hydrogenation performance of high-energy ball-milled Mg_2Ni alloys[J]. Materials characterization, 2013(80): 21-27.

[69] 侯小江. Mg-Ni 基合金的微结构,吸放氢行为及其催化改性[D]. 西安:西北工业大学, 2016.

[70] ZHONG H, WANG H, OUYANG L. Improving the hydrogen storage properties of MgH_2 by reversibly forming Mg-Al solid solution alloys[J]. International Journal of Hydrogen Energy, 2014, 39(7): 3320-3326.

[71] SONG M Y, KWON S N, PARK H R, et al. Improvement of hydriding and dehydriding rates of Mg via addition of transition elements Ni, Fe, and Ti[J]. International Journal of Hydrogen Energy, 2011, 36(20): 12932-12938.

[72] YONG H, WEI X, ZHANG K, et al. Characterization of microstructure, hydrogen storage kinetics and thermodynamics of ball-milled $Mg_{90}Y_{1.5}Ce_{1.5}Ni_7$ alloy[J]. International Journal of Hydrogen Energy, 2021, 46(34): 17802-17813.

[73] YAO X, WU C, DU A, et al. Metallic and carbon nanotube-catalyzed coupling of hydrogenation in magnesium[J]. Journal of the American Chemical Society, 2007, 129(50): 15650-15654.

[74] ZHANG Y, ZHANG W, WEI X, et al. Catalytic effects of TiO_2 on hydrogen storage thermodynamics and kinetics of the as-milled Mg-based alloy[J]. Materials Characterization, 2021(176): 111118.

[75] 夏同驰, 李晓峰, 董会超, 等. 电沉积制备 La-Mg-Ni 贮氢合金薄膜及其性能的研究[J]. 稀有金属材料与工程, 2010, 39(3): 545-548.

[76] 单秀萍, 刘卫红. 电沉积工艺对 Mg-Ni 储氢合金的电化学性能的影响[J]. 化

学研究, 2005(1): 55-58.

[77] 李晓峰, 李顺阳, 王力臻, 等. 电沉积非晶态 Ni-Mg 合金及其储氢性能研究 [J]. 电镀与精饰, 2010, 32(6): 6-10.

[78] TATIPARTI S S V, EBRAHIMI F. Electrodeposition of Al-Mg alloy powders[J]. Journal of the Electrochemical Society, 2008, 155(5): D363.

[79] XU J, ZHANG X, SHI Z, et al. Electrodeposition of Mg-Ni-Al Alloy in low temperature molten salts[J]. ECS Transactions, 2014, 64(4): 311-318.

[80] 张琪. 低温溶盐中电沉积法制备镁基合金[D]. 沈阳:东北大学, 2014.

[81] 陈曦. 多元纳米镁——过渡金属储氢材料制备及表征[D]. 上海:上海交通大学, 2017.

[82] XIE X, CHEN M, HU M, et al. Recoverable Ni_2Al_3 nanoparticles and their catalytic effects on Mg-based nanocomposite during hydrogen absorption and desorption cycling [J]. International Journal of Hydrogen Energy, 2018, 43(48): 21856-21863.

[83] LUO Q, LI J, LI B, et al. Kinetics in Mg-based hydrogen storage materials: Enhancement and mechanism[J]. Journal of Magnesium and Alloys, 2019, 7(1): 58-71.

[84] 杨文茂, 刘艳文, 徐禄祥, 等. 溅射沉积技术的发展及其现状[J]. 真空科学与技术学报, 2005(3): 204-210.

[85] 李芬, 朱颖, 李刘合, 等. 磁控溅射技术及其发展[J]. 真空电子技术, 2011(3): 49-54.

[86] SUYUN Y, OUYANG L, MIN Z. Hydrogen storage properties of preferentially orientated Mg-Ni multilayer film prepared by magnetron sputtering[J]. Rare metals, 2006, 25(6): 295-299.

[87] OUYANG L, WANG H, CHUNG C, et al. MgNi/Pd multilayer hydrogen storage thin films prepared by dc magnetron sputtering[J]. Journal of Alloys and Compounds, 2006, 422(1-2): 58-61.

[88] 刘志宏, 张淑英, 刘智勇, 等. 化学气相沉积制备粉体材料的原理及研究进展 [J]. 粉末冶金材料科学与工程, 2009, 14(6): 359-364.

[89] SAITA I, TOSHIMA T, TANDA S, et al. Hydriding chemical vapor deposition of metal hydride nano-fibers[J]. Materials Transactions, 2006, 47(3): 931-934.

[90] JEON K-J, MOON H R, RUMINSKI A M, et al. Air-stable magnesium nanocomposites provide rapid and high-capacity hydrogen storage without using heavy-metal catalysts[J]. Nature Materials, 2011, 10(4): 286-290.

[91] NORBERG N S, ARTHUR T S, FREDRICK S J, et al. Size-dependent hydrogen storage properties of Mg nanocrystals prepared from solution[J]. Journal of the American Chemical Society, 2011, 133(28): 10679-10681.

[92] RIEKE R D. Preparation of highly reactive metal powders and their use in organic and organometallic synthesis[J]. Accounts of Chemical Research, 1977, 10(8): 301-316.

[93] 刘雅娜. 镁基纳米复合储氢材料的制备及其储氢性能研究[D]. 上海:上海交通大学, 2015.

[94] JIA Y, SUN C, SHEN S, et al. Combination of nanosizing and interfacial effect: Future perspective for designing Mg-based nanomaterials for hydrogen storage[J]. Renewable and Sustainable Energy Reviews, 2015(44): 289-303.

[95] ADELHELM P, DE JONGH P E. The impact of carbon materials on the hydrogen storage properties of light metal hydrides [J]. Journal of Materials Chemistry, 2011, 21(8): 2417-2427.

[96] GROSS A F, AHN C C, VAN ATTA S L, et al. Fabrication and hydrogen sorption behaviour of nanoparticulate MgH_2 incorporated in a porous carbon host[J]. Nanotechnology, 2009, 20(20): 204005.

[97] 张秋雨, 邹建新, 任莉, 等. 核壳结构纳米镁基复合储氢材料研究进展[J]. 材料科学与工艺, 2020, 28(3): 58-67.

[98] MA Z, ZHANG Q, PANDA S, et al. In situ catalyzed and nanoconfined magnesium hydride nanocrystals in a Ni-MOF scaffold for hydrogen storage[J]. Sustainable Energy and Fuels, 2020, 4(9): 4694-4703.

[99] CHO E S, RUMINSKI A M, ALONI S, et al. Graphene oxide/metal nanocrystal multilaminates as the atomic limit for safe and selective hydrogen storage [J].

Nature Communications, 2016, 7(1): 1-8.

[100] JIA Y, SUN C, CHENG L, et al. Destabilization of Mg-H bonding through nano-interfacial confinement by unsaturated carbon for hydrogen desorption from MgH_2 [J]. Physical Chemistry Chemical Physics, 2013, 15(16): 5814-5820.

[101] LIANG G, HUOT J, BOILY S, et al. Catalytic effect of transition metals on hydrogen sorption in nanocrystalline ball milled MgH_2-Tm (Tm = Ti, V, Mn, Fe and Ni) systems [J]. Journal of Alloys and Compounds, 1999, 292(1-2): 247-252.

[102] CUI J, LIU J, WANG H, et al. Mg-TM (TM: Ti, Nb, V, Co, Mo or Ni) core-shell like nanostructures: synthesis, hydrogen storage performance and catalytic mechanism[J]. Journal of Materials Chemistry A, 2014, 2(25): 9645-9655.

[103] YANG X, JI L, YAN N, et al. Superior catalytic effects of FeCo nanosheets on MgH_2 for hydrogen storage [J]. Dalton Transactions, 2019, 48(33): 12699-12706.

[104] YAO X, WU C, DU A, et al. Metallic and carbon nanotube-catalyzed coupling of hydrogenation in magnesium [J]. Journal of the American Chemical Society, 2007, 129(50): 15650-15654.

[105] ZHANG M, XIAO X, WANG X, et al. Excellent catalysis of TiO_2 nanosheets with high-surface-energy {001} facets on the hydrogen storage properties of MgH_2 [J]. Nanoscale, 2019, 11(15): 7465-7473.

[106] 大角泰章. 金属氢化物的性质与应用[M]. 北京:化学工业出版社, 1990.

[107] 黄培云. 粉末冶金原理[M]. 北京:冶金工业出版社, 1988.

[108] 徐良辉, 周香林, 李景昊. 金属粉末气雾化技术研究新进展[J]. 热喷涂技术, 2018, 10(2): 1-7.

[109] 张艳红, 董兵斌. 气雾化法制备 3D 打印金属粉末的方法研究[J]. 机械研究与应用, 2016, 29(2): 203-205.

[110] 赵云楼, 刘善初, 孙有章. 雾化铝镁合金粉末的研制[J]. 湖南有色金属, 1994,(3): 168-172.

[111] 叶珊珊, 张佩聪, 邱克辉, 等. 气雾化制备 3D 打印用金属球形粉的关键技术

与发展趋势[J]. 四川有色金属, 2017(2): 51-54.

[112] 邹建新, 郭皓, 曾小勤. 一种制备氢化镁的方法及装置:102583244A[P].

[113] SETIJADI E J, BOYER C, AGUEY-ZINSOU K F. Remarkable hydrogen storage properties for nanocrystalline MgH₂ synthesised by the hydrogenolysis of Grignard reagents [J]. Physical Chemistry Chemical Physics, 2012, 14 (32): 11386-11397.

[114] BECKER W E, ASHBY E C. Hydrogenolysis of the grignard reagent[J]. The Journal of Organic Chemistry, 1964, 29(4): 954-955.

[115] SETIJADI E J, BOYER C, AGUEY-ZINSOU K-F. Switching the thermodynamics of MgH₂ nanoparticles through polystyrene stabilisation and oxidation[J]. RSC advances, 2014, 4(75): 39934-39940.

[116] KONAROVA M, TANKSALE A, BELTRAMINI J N, et al. Porous MgH₂/C composite with fast hydrogen storage kinetics[J]. International Journal of Hydrogen Energy, 2012, 37(10): 8370-8378.

[117] DE JONGH P E, WAGEMANS R W, EGGENHUISEN T M, et al. The preparation of carbon-supported magnesium nanoparticles using melt infiltration [J]. Chemistry of materials, 2007, 19(24): 6052-6057.

[118] BOGDANOVIĆ B, SPLIETHOFF B. Active MgH₂ Mg-systems for hydrogen storage [J]. International Journal of Hydrogen Energy, 1987, 12(12): 863-873.

[119] BARTMANN E, BOGDANOVIĆ B, JANKE N, et al. Active magnesium from catalytically prepared magnesium hydride or from magnesium anthracene and its uses in the synthesis[J]. Chemische Berichte, 1990, 123(7): 1517-1528.

[120] 林根文, 周国治, 李谦, 等. 常压下催化合成氢化镁放氢动力学研究[J]. 稀有金属材料与工程, 2006(5): 802-805.

[121] SETIJADI E J, BOYER C, AGUEY-ZINSOU K-F. MgH₂ with different morphologies synthesized by thermal hydrogenolysis method for enhanced hydrogen sorption [J]. International Journal of Hydrogen Energy, 2013, 38(14): 5746-5757.

[122] 王宏宾, 年洪恩, 任秀峰, 等. 反应球磨法制备 Mg-Ni-M(M=Ni,Nb,Y,Ti)储氢材料及其放氢性能的研究[J]. 粉末冶金技术, 2011, 29(4): 259-262.

[123] KHAN D, PANDA S, MA Z, et al. Formation and hydrogen storage behavior of nanostructured Mg_2FeH_6 in a compressed $2MgH_2$-Fe composite[J]. International Journal of Hydrogen Energy, 2020, 45(41): 21676-21686.

[124] DIDISHEIM J, ZOLLIKER P, YVON K, et al. Dimagnesium iron (II) hydride, Mg_2FeH_6, containing octahedral FeH_6^{4-} anions[J]. Inorganic Chemistry, 1984, 23(13): 1953-1957.

[125] 李松林, 刘燚, 崔建民, 等. Mg_2FeH_6 储氢材料的反应机械合金化合成及其放氢性能[J]. 中南大学学报: 自然科学版, 2008, 39(1): 1-6.

[126] 李谦, 蒋利军, 林勤, 等. 机械合金化 La-Mg-Ni 系三元储氢合金的性能[J]. 稀有金属材料与工程, 2004(9): 941-944.

第 **4** 章

镁基储氢材料的测试技术和表征方法

随着镁基储氢材料研究范围的不断拓展,制备技术的不断更新,材料的组织结构越来越丰富,其对性能的影响也越来越复杂,需要采用先进的分析测试技术对其进行性能和组织的测试和表征,以揭示镁基储氢材料的吸放氢性能和反应机理,推动其实用化的研究进程。科技的进步让各种物理或者化学类的表征技术层出不穷,日新月异,并且许多表征技术被引入储氢材料的评价过程中,这些技术极大地推动了储氢材料在制备方法和结构表征方面的发展。本章将主要介绍镁基储氢材料的储氢性能测试技术和方法,及其晶体结构和显微组织表征技术,并对其中有特色的技术手段展开详细论述。

4.1 镁基储氢材料的性能指标

镁基储氢材料应具备如下条件:

①容易活化。

②单位质量、单位体积可逆储氢量大。

③吸放氢的速度快,氢扩散速率大,可逆性好。

④有较平坦和较宽的平衡平台压区,平衡分解压适中,室温附近的分解压应为 0.2~0.3 MPa。

⑤吸放氢平衡氢压差,即滞后要小。

⑥氢化物生成焓小。

⑦循环寿命长,反复吸放氢后,合金粉碎量要小,而且衰减小,能保持储氢量稳定。

⑧在空气中稳定,安全性能好,不易受 N_2、O_2、H_2O、H_2S 等杂质气体毒害。

⑨价格低廉、不污染环境、容易制造。

为了满足以上条件,需有评价其作为储氢材料的性能指标。这些性能指标包括活化性能、可逆吸放氢量、压力-组成-温度特性(P-C-T 曲线)、平衡平台压特性、滞后性、氢化物生成焓与分解焓、吸放氢速度、吸放氢活化能、循环寿命、合金中毒性等多项指标。

1) 活化性能

一般来说,镁基储氢材料由于表面存在的钝化层,刚开始并不能吸氢,而需要先与高温高压下的氢气气氛接触,然后减压抽真空。这样多次循环反复,促其吸氢和放氢,逐步提高其吸氢和放氢能力,这个过程称为活化处理,是储氢材料实际应用前必需的步骤。储氢材料活化处理所需要的温度、压力、吸放氢循环次数和达到完全活化所需的时间表征了该材料活化的难易程度。另外,储氢材料在活化处理过程的最初阶段几乎没有吸放氢现象,这一段时间被称为孕育期。超过孕育期后,合金才开始快速吸氢。孕育期的长短与材料本身(特别是表面)的性质有关;另一方面受到合金活化条件(压力和温度)的影响,在相同的活化条件下,越难活化的材料,活化孕育期越长[1]。

2) 可逆储氢容量

材料的可逆储氢容量是指其在操作压力上下限之间能够吸收和释放的氢量。其中,最重要的是等温压力-氢组分线的形状,它决定了主要可逆吸放氢发生的压力范围。然而,吸放氢速率也有一定影响,因为一些储存的氢可能由于动力学限制而不能在实际的时间范围内释放出来,这也阻碍了氢化过程样品的完全氢化。对于镁基储氢材料氢化物,储氢容量是一个明确定义的量,即储存在金属或化合物中氢的质量与吸氢后材料的质量之间的比值。这一数据比材料的储氢总量或最大储氢量在技术上是更重要的,两者在数值上的差异取决于不同条件下材料的吸氢行为。

3) 压力-组成-温度特性(P-C-T曲线)

这是衡量储氢材料热力学性能的重要特性曲线。通过 P-C-T 曲线图可以了解金属氢化物中能含多少氢($wt\%$)和任一温度下的分解压力值。P-C-T 曲线中的平台压力、平台宽度与倾斜度和滞后效应,既是常规鉴定储氢材料吸放氢性能主要指标,又是探索新储氢材料的依据。其中滞后效应是指吸氢形成氢化物时平衡压力 P_a 一般高于该氢化物解离氢压 P_d,两者平衡压力差成为滞后效应。用 $H_f = \ln(P_a/P_d)$ 参数表示,当 H_f 较小时,微小的压力差就可以使大量的氢吸收和放出。因此,一般希望储氢材料有宽的平台区域,小的平台倾斜度和滞后效应。在储氢材料的氢化物表征中,所关注的重要的热力学性质为氢化物的生成和分解焓 ΔH。任意给定氢化物的平台压都能表示为氢化或脱氢过程的焓 ΔH 和熵 ΔS 的函数,确定储氢材料形成氢化物的反应焓和反应熵,不但有理论意义,而且对储氢材料的研究、开发和利用,有极重要的实际意义。生成熵表示氢化反应进行的趋势,在同类合金中若数值越大,其平衡分解压越低,生成的氢化物越稳定。生成焓就是合金形成氢化物的生成热,负值越大,氢化物越稳定。氢化物的生成和分解焓通常可以从压力-成分等温线的平台压的自然对数与温度的倒数图计算。

4) 吸放氢动力学性能

材料吸放氢反应涉及表面催化 H_2 解离、H 通过材料表面向体内扩散以及氢化物的生成和热传导等。储氢材料的吸放氢动力学性能决定了实际存储过程中的充放速率。因此,常用吸放氢过程中的吸氢和脱氢速率来衡量其动力学性能。吸放氢中的 P-t 曲线记录吸放氢量随时间的变化,可得到材料吸放氢速率。除了吸放氢速率,可以用于描述吸放氢动力学过程的参数还有活化能。活化能表示了任一活化动力学过程的能垒,有很多经典的动力学模型可以用于活化能的计算,研究中用得较多的一种是 Kissinger 方法。

5)储氢材料循环寿命

这是衡量材料吸放氢能力的重要指标。一般用反复吸放氢次数来衡量,即吸放氢循环至吸氢量小于最大吸氢量的 10% 时的次数。试验中往往以循环至 n 次时的吸氢量(S_n)与最大吸氢量($S_{最大}$)之比的百分数来衡量,即 $S_n/S_{最大}$,n 为吸放氢循环次数。

镁基储氢材料易被气相杂质污染是一个明显的缺点,需要在评估储氢材料是否适合用于可逆储氢时予以考虑。因此,储氢材料的另一个重要性能是对氢燃料供给中气体杂质的抵抗力,又称合金中毒性。燃料氢气中可能含有多种杂质,用于燃料电池测试氢气的纯度标准规定了 CO、CO_2、H_2O、H_2S、NH_3、O_2、烃类、甲醛、甲酸和卤化物等杂质的变化范围。为此,对储氢材料与气体杂质反应的评估在评价材料实际储氢能力时也是必要的。

4.2　镁基储氢材料的储氢性能测试技术

实验室中储氢性能的测试通常根据吸放氢反应引起的恒容反应器内的压力变化、恒压反应器中的样品质量变化或反应的热量变化来标示反应的程度和进程。因此,可以将储氢性能的测试方法分为两类:体积法和重量法。体积法是在吸放氢测试中最常用的方法,根据气体状态方程中氢压与氢物质的量的关系,测定恒容体积中的氢压-吸氢量-温度-时间的关系。这种方法在实际应用中比重量法更加简便,这是因为现有商业化的气体控制组件很常见,从而可以更简单地构建人工操作系统。重量法是在变温或恒温过程中通过标定样品的质量变化来给出材料的吸放氢量。

4.2.1　体积法

体积法利用已知体积的气体控制系统,其温度和压力可以准确测量,体积法可以很容易实现。样品的吸氢量可以用理想气体方程计算:

$$PV = nZRT \tag{4.1}$$

式中　P——压力；

　　　V——体积；

　　　n——物质的量；

　　　Z——气体压缩系数；

　　　R——普适气体常数；

　　　T——温度。

体积法测试可以通过很多方法实现,其中最常用的实现手段是在储氢材料氢化物研究中用到的压力测量法(Sieverts 法),其次还有流动体积法、差分体积法和动态体积测定等。

压力测量法测试原理为:在某一温度下,向已知容积的容器中导入已知压力的 H_2,再使储氢材料反应器与容器导通并发生吸氢放氢反应,待系统压力稳定后,根据反应前后容器内压力的变化量和气体状态方程计算氢化物中的氢变化量。基本压力测量系统原理图如图 4.1 所示,其基本结构包括反应室、氢源、储气罐、真空系统、压力检测和控制系统、温度检测和控制系统、数据采集器等。得益于现在计算机控制和 AI 技术的发展,目前现行的 Sieverts 测试仪器均为自动化控制和数据采集系统,可以根据程序控制,有效地自动充氢脱氢,记录数据并进行数据分析。但为了适应一些特殊情况下的需求,大部分 Sieverts 测试仪也保留了手动操作功能。

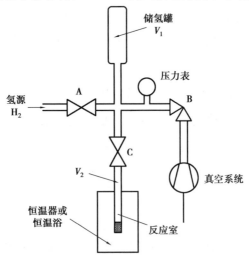

图 4.1　Sievert 装置示意图

在如图 4.1 所示的装置中,对样品进行简单的一步吸附实验。首先打开阀门 B 和 C,对 V_1 和 V_2 抽真空;经过足够长的时间后,关上阀门 B 和 C;打开阀门 A,对 V_1 充氢气至起始氢压 P_i;然后关上阀门,再打开阀门 C 对 V_2 充氢气。任何超出因 V_1 和 V_1+V_2 体积不同而导致的压力下降被认为是样品吸氢的结果。所以,假定实验是在恒定的温度 T 下进行的,最终的测量气压为 P_f,那么,吸氢的摩尔数为:

$$\Delta n = \frac{P_i V_1}{Z_{i,T} RT} - \frac{P_f (V_1 + V_2)}{Z_{f,T} RT} \tag{4.2}$$

式中　$Z_{i,T}$ 和 $Z_{f,T}$——分别为氢气在测试温度 T 和压力 P_i 和 P_f 下的压缩因子。

用 Δn 和 P_f 作为起始值继续进行测试,重复上面的过程,可以得到一个完整的等温吸氢曲线。经过 m 个吸氢步骤以后,可以得到样品的总吸氢量为:

$$n_m = \sum_{j=1}^{m} \left[\frac{P_{f,j-1,T} V_2}{Z_{f,j-1,T} RT} + \frac{P_{i,j,T} V_1}{Z_{i,j,T} RT} - \frac{P_{f,j,T}(V_1 + V_2)}{Z_{f,j,T} RT} \right] \tag{4.3}$$

式中　$P_{i,j,T}, P_{f,j,T}$——吸附等温线上 j 点的起始和最终压力;

　　　$Z_{i,j,T}, Z_{f,j,T}$——分别为在 $P_{i,j,T}$ 和 $P_{f,j,T}$ 压力下氢气的压缩率;

　　　T——测量温度,单位为 K。

在式(4.2)与式(4.3)中,V_2 是指样品反应室的体积,即反应室中没有被样品或其他污染物占据的空间。样品反应室体积的测量至关重要,因为装样质量和体积不同,要求每次测试都要选择体积测试。对 V_2 可以通过两种方式确定,分别是由 Rouquerol 等人[2]提出的"直接"和"间接"体积测量法。直接测量法是通过测量假定无相互作用的气体的体积,典型的是氦气。对于直接测量法,可以简单地将 V_2 作为样品反应器的死体积直接应用于式(4.3),其可通过装有活化样品反应器的氦气校正测试确定。直接测量法样品反应室体积标定具体过程如下:标定前,打开阀门 B 和 C,系统抽真空优于 5.0×10^{-3} Pa;样品室在温度稳定后,关闭阀门 B,打开阀门 A、C 向样品室中充入 $P_1 = (0.5 \sim 1.0)$ MPa 氦气;关闭阀门 A 和 C,打开阀门 B,系统重新抽真空优于 5.0×10^{-3} Pa;关闭阀门 B,打开阀门 C,记录稳定后压力 P_2,依据以下公式计算 V_{sample}

$$P_1 \left(\frac{V_{\text{sam}}}{T_{\text{sam}}} + \frac{V_{\text{con}}}{T_{\text{con}}} \right) = P_2 \left(\frac{V_{\text{sys}}}{T_{\text{sys}}} + \frac{V_{\text{sam}}}{T_{\text{sam}}} + \frac{V_{\text{con}}}{T_{\text{con}}} \right) \tag{4.4}$$

式中　$V_{\text{sys}}, V_{\text{sam}}, V_{\text{con}}$——分别代表系统体积,样品室体积和管道体积;

　　　$T_{\text{sys}}, T_{\text{sam}}, T_{\text{con}}$——分别为系统温度、样品室温度和管道温度。

间接测量法是用测得的空反应器体积减去估算的样品体积。对于间接测量法，表达式为：

$$n_m = \sum_{j=1}^{m} \left[\frac{P_{f,j-1,T}\left(V_{\text{cell}} - \dfrac{m_s}{\rho_s}\right)}{Z_{f,j-1,T}RT} + \frac{P_{i,j,T}V_1}{Z_{i,j,T}RT} - \frac{P_{f,j,T}\left(V_1 + \left(V_{\text{cell}} - \dfrac{m_s}{\rho_s}\right)\right)}{Z_{f,j,T}RT} \right] \quad (4.5)$$

式中　V_{cell}——空的反应室体积；

m_s，ρ_s——分别为样品的质量和密度。

式(4.5)只能应用于样品反应室和整个测试系统都在同一温度 T 的条件下。事实上，反应室与输送气体管道及系统间存在温度梯度。为此，通常会在计算中采用一个小于 1 的系数 f，这个系数假定在系统中的温度区间中存在一条分割线，在此不再详述。

通过压力法可以测得镁基储氢材料的活化性能、吸放氢容量、吸放氢热力学(P-C-T)性质、吸放氢动力学等性能指标。

1)活化性能

活化处理作为测量镁基储氢材料吸/放氢热力学与动力学必需的准备工作，直接影响所测试储氢性能的真实性与准确性。其测试原理是将镁基粉末样品置于高温高压下的 H_2 环境中，粉末暴露出新鲜的金属表面以解离氢分子，促使粉末试样吸氢，待吸氢量随时间不再变化时；然后减压抽真空，完成放氢，这样的过程为活化一次；多次循环反复，逐步提高其吸氢和放氢能力。

根据图 4.1 所示 Sievert 装置示意图，活化性能测试的具体步骤如下：

①将样品室保持镁基储氢材料粉末试样所需温度恒温抽真空。

②关闭 B 阀和 C 阀，将样品室恒温至其氢化物吸氢温度 T_{sam}。

③打开 A 阀，系统导入压力为 P_{sys} 的高压氢气等待稳定。

④打开 C 阀将氢气导入样品室，记录一段时间后压力重新稳定 P_{eq}。

⑤采用式(4.2)可计算该样品本次活化的吸氢容量。

⑥重复步骤①—⑤3~5 次，通常认为当吸氢量达到理论值的 90% 或者前后两次吸/放氢曲线接近重合时，该样品已被完全活化。

活化性能测试的实质是镁基储氢材料在较高温度与较高氢压下吸放氢动力学

的测试,其曲线为时间与吸放氢量的关系。图 4.2 给出了 $Mg_{10}Ni$ 及催化剂掺杂 $Mg_{10}Ni$ 的活化性能。$Mg_{10}Ni$ 合金经过 3 次吸放氢循环后,活化完成;$Mg_{10}Ni$ 前两次的吸氢量分别为 1.51 *wt%* 和 5.48 *wt%*,第三次循环的吸氢量为 5.75 *wt%*,几乎达到饱和[3]。

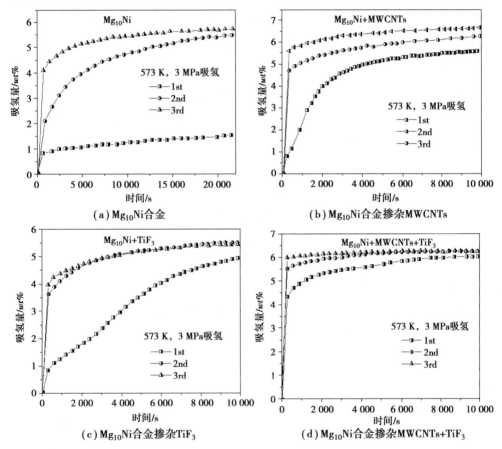

图 4.2　$Mg_{10}Ni$ 合金和分别掺杂 $MWCNTs$、TiF_3、$MWCNTs+TiF_3$ 后合金的活化性能曲线[3]

2)吸放氢容量和热力学性质测试

储氢材料的吸/放氢热力学性质可以用吸放氢过程中的压力-成分-温度曲线(P-C-T)来描述。P-C-T 曲线,又称为金属与氢的二元相图,表示在指定温度下氢气压力与合金组成的关系,横坐标表示固相中氢与金属的原子比或储氢量,纵坐标为氢压。在 P-C-T 曲线中,可以得到镁基储氢材料的可逆储氢容量、吸放氢平台压力、平台宽度与倾斜度和滞后效应等;同时镁基储氢材料氢化物的生成和分解焓/熵可通过不同温度的 P-C-T 曲线中平台压的自然对数与温度的倒数图计算,这就是通常所知的 van't Hoff 图。

自动 P-C-T 测试系统也是基于 Sievert's 原理来进行自动数据采集的(图 4.1),可以计算任一温度和氢压下对应的吸放氢量。P-C-T 曲线测试原理通常是在恒容等温下从真空下或氢压为 100 Pa 左右时通过改变步进氢压力 ΔP_1 来测定等温下该氢压的吸放氢量 W_1。吸氢 P-C-T 曲线测试具体原理如下:

首先打开阀门 B 和阀门 C,对 V_1 和 V_2 抽真空;经过足够长的时间后,关上阀门 B 和阀门 C;打开阀门 A,对 V_1 充氢气至起始氢压 ΔP_1;然后关上阀门,再打开阀门 C 对 V_2 充氢气,这里系统已自动校正 V_2 阀门开关带来的体积变化影响,最终的测量平衡气压为 ΔP_{f_1},那么,吸氢的摩尔数为:

$$\Delta n_1 = \frac{\Delta P_1 V_1}{Z_{i,T} RT} - \frac{\Delta P_{f_1}(V_1 + V_2)}{Z_{f,T} RT} \tag{4.6}$$

然后可以得到单位质量金属内氢的含量 $\Delta W_1 (wt\%)$:

$$\Delta W_1 = \frac{2\Delta n_1}{m} \times 100\% \tag{4.7}$$

式中 m——储氢材料的质量。

基于上述原理,压力在每步吸氢后压力基础上再增加 ΔP_1,即可得到一个新的平衡压 ΔP_{f_n} 和参加反应的氢气的量 Δn_n,对应的合金吸放氢量 ΔW_n;将每次得到的 ΔW_n 对应每个平衡压 ΔP_{f_n} 绘制在氢含量(横坐标)-压力(纵坐标)的坐标轴中,即可得到材料吸氢的 P-C-T 曲线。

测试材料放氢的 P-C-T 曲线,其基本原理与操作类似于热力学吸附,不过初始压力高,最终压力低。如果热力学脱附实验需在热力学吸附之后直接进行,即样品室中为高压氢气,在高压氢气压基础上减小步进氢压力 ΔP(为正值),待平衡后,在每步放氢后压力基础上再减小 ΔP,如此反复得到放氢 P-C-T 曲线。

这里需要注意的是,对样品测试吸放氢热力学进行测试时,如果其平台压力不清楚,设置的步进压力 ΔP 应小一些,这样测试得到的曲线拐点更平滑,同时得到的平台压力也相对更准确。

图 4.3 给出了 $Mg_{90}Y_{1.5}Ce_{1.5}Ni_7$ 合金的 P-C-T 曲线[图 4.3(a)]及根据 P-C-T 得到的数据计算拟合的 van't Hoff 图。P-C-T 图横坐标为吸放氢容量,能够得到材料的可逆储氢容量,纵坐标为氢压,可得到不同温度下材料的吸放平台压及滞后效应等。

从图 4.3（a）能够看到 $Mg_{90}Y_{1.5}Ce_{1.5}Ni_7$ 具有两段平台压,其中低平台压对应 Mg/MgH_2 平衡,高平台压为 Mg_2Ni/Mg_2NiH_4 平衡;并且 $Mg_{90}Y_{1.5}Ce_{1.5}Ni_7$ 平台平直且宽,吸放氢平台压基本重合,滞后性小。图 4.3（b）所示为根据 3 个温度下 P-C-T 曲线中平台压的自然对数与温度的倒数图计算拟合得到 van't Hoff 图,通过直线的斜率值可计算反应焓,通过截距计算反应熵。$Mg_{90}Y_{1.5}Ce_{1.5}Ni_7$ 合金不同温度下的吸放氢平台压及焓/熵变见表 4.1[4]。

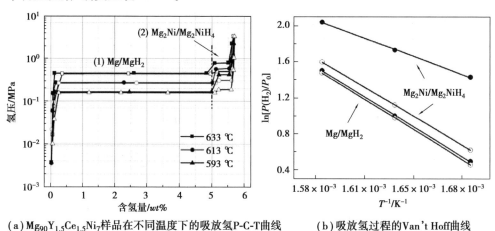

（a）$Mg_{90}Y_{1.5}Ce_{1.5}Ni_7$样品在不同温度下的吸放氢P-C-T曲线　　　（b）吸放氢过程的Van't Hoff曲线

图 4.3　$Mg_{90}Y_{1.5}Ce_{1.5}Ni_7$ 样品在不同温度下的吸放氢 P-C-T 曲线和不同 Mg 合金 Van't Hoff 曲线

表 4.1　$Mg_{90}Y_{1.5}Ce_{1.5}Ni_7$ 合金在不同温度下的吸放氢焓和熵及平台压力

$Mg_{90}Y_{1.5}Ce_{1.5}Ni_7$ 合金		平台压/MPa			$\Delta H/(kJ \cdot mol^{-1}\ H_2)$	$\Delta S/(J \cdot K^{-1} \cdot mol^{-1}\ H_2)$
		633 K	613 K	593 K		
Mg/MgH_2	吸氢	0.453 5	0.274 1	0.165 0	−78.9	−137.0
	放氢	0.440 7	0.267 8	0.159 3	79.4	137.6
$Mg_2Ni/$	吸氢	0.778 0	0.569 2	0.420 7	−47.9	−92.7
Mg_2NiH_4	放氢	0.497 8	0.309 1	0.187 4	76.2	133.7

3）动力学性能

储氢材料的动力学性能作为另一重要性能指标,是通过测定储氢材料吸放氢速率来进行表征的。因此,在储氢材料的动力学研究中,时间(t)是一个非常关键的参数。具体来说,就是在给定的温度、压力等条件下,研究吸放氢量或反应分数和时间的关系。

前面已经提到了基于 Sievert's 原理测量吸放氢量的方法,在此基础上引入时间 (t) 参数。吸放氢量与时间变化的关系,即为储氢材料的动力学性能。这里需要注意的是,若进行首次等温放氢动力学测试,需先在样品池内加入一定压力的氢气,以确保在升温过程中样品池内压力始终大于样品在指定温度下的放氢平衡压,以免升温过程中样品部分或完全放氢。

镁基储氢材料的放氢过程一般受形核生长机制控制。在镁基体中,H 原子的扩散能垒较低,吸放氢活化能 E 能够反映出储氢材料发生吸放氢所需的能量。在吸放氢动力学曲线的基础上,可根据 Johnson-Mehl-Avrami(JMA)模型计算得到材料的吸放氢的活化能,其具体公式如下:

$$\ln[-\ln(1-\alpha)] = \eta \ln k + \eta \ln t \qquad (4.8)$$

式中　α——反应比例;

　　　t——反应时间;

　　　k——速率常数;

　　　η——Avrami 指数。

$\ln[-\ln(1-\alpha)]$ 与 $\ln t$ 在不同温度区间内构建关系曲线图,根据上述相关拟合线性曲线中的截距和斜率,可以准确得到 $\ln k$。因此,吸放氢活化能的值可以由 Arrhenius 公式求得:

$$\ln k = -\frac{E_{abs/des}}{RT} + \ln A \qquad (4.9)$$

式中　k——吸放氢速率常数;

　　　$E_{abs/des}$——吸放氢活化能;

　　　R——气体常数(8.314 J/mol/K);

　　　T——吸放氢温度;

　　　A——频率因子。

图 4.4 给出了利用纳米限域与 Ni 协同催化改性 MgH_2 的吸放氢动力学性能,从图中可看出,在 473 K 下,10 min 内 MHGH-75 可吸氢 5.7 $wt\%$,2 h 内可放氢 5.4 $wt\%$。而同样条件下的 MgH_2 未出现吸放氢现象。在 323 K 低温情况下,Ni-MHGH-75 在 60 min 内能够吸氢 2.3 $wt\%$。计算得到该体系的吸放氢活化能分别为 22.7 kJ/mol H_2 和 64.7kJ/mol H_2,远低于 MgH_2(99.0 kJ/mol H_2 和 158.5 kJ/mol H_2)。图 4.5 所示

为 Mg-5Ni-15La 和 Mg-15Ni-5La 合金在不同温度下 $\ln[-\ln(1-\alpha)]$ 与 $\ln t$ 的关系以及 $\ln k$ 与 $1\,000/T$ 的关系,通过对图 4.5(c)进行线性拟合得到拟合线的斜率,Mg-5Ni-15La 和 Mg-15Ni-5La 合金的放氢活化能分别为 118.6 和 94.0 kJ/mol H_2。

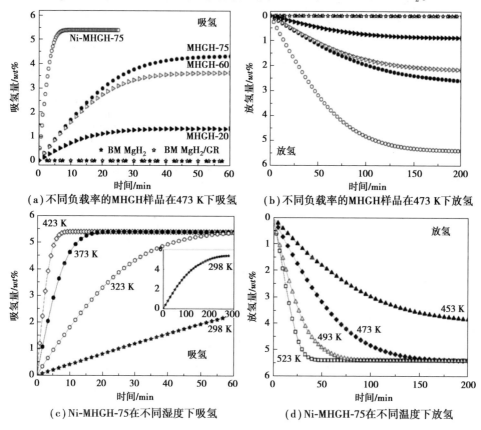

（a）不同负载率的MHGH样品在473 K下吸氢　　（b）不同负载率的MHGH样品在473 K下放氢

（c）Ni-MHGH-75在不同湿度下吸氢　　　　（d）Ni-MHGH-75在不同温度下放氢

图 4.4　不同负载率的 MHGH 样品的吸放氢动力学

4)循环寿命

　　在储氢材料的实际应用中,除了合适的吸放氢平衡压、优良的吸放氢动力学以及合适的吸放氢温度外,材料的循环特性也是非常重要的考虑因素。储氢材料循环性能的测试方法与动力学性质测试基本类似,让储氢材料在一个容积恒定的反应器中进行反复的吸氢过程和放氢过程,根据反应过程中容器内氢气压力的变化,通过在此条件下的气体状态方程来求出氢气的反应量,从而计算出储氢材料在不同的吸放氢循环下的反应速率和吸放氢容量,进而根据不同循环次数下的反应速率和吸放氢容量来评价材料的循环特性和使用寿命。目前,还没有标准方法来描述材料的循

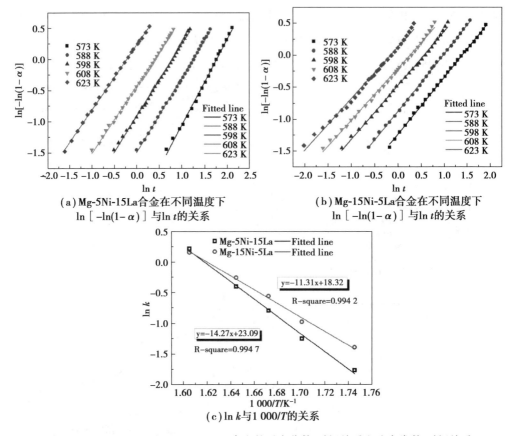

图 4.5　Mg-5Ni-15La 和 Mg-15Ni-5La 合金的反应分数-时间关系和速率常数-时间关系

环稳定性,但是经过一定循环次数后的重量容量损失或者最大可逆容量的百分比都能够很好地说明材料的抗衰退性能。目前美国能源部(DOE)对储氢材料循环寿命的要求和定义为:在氢气纯度不低于 99.99% 的条件下,在 1/4 罐到满罐之间吸放氢循环 1 500 次时,储氢容量损失不得高于 40%[5]。

图 4.6 给出了块状纳米结构 ZK60 合金在 623 K 下的 H_2 的储存容量和动力学随循环次数和时间变化,纳米结构的 ZK60 在吸放氢循环 1 000 次下仍有很好的稳定性,能保持在最大储氢容量(6.6 $wt\%$ H)的 75% 以上,并且吸放氢在 10 min 内完成[6]。图 4.7 所示为 Mg-Ni-Nd 合金吸氢量随循环次数的变化曲线,可以看出 $Nd_4Mg_{80}Ni_8$ 合金循环 810 ~ 819 次时,其吸氢量由 4.773 $wt\%$ 衰减到 3.757 $wt\%$,$Nd_{16}Mg_{96}Ni_{12}$ 合金循环 493 ~ 502 次时,其吸氢量由 3.857 $wt\%$ 衰减到 3.095 $wt\%$[7]。

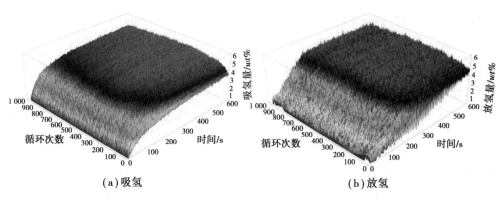

(a) 吸氢　　　　　　　　　　　**(b) 放氢**

图 4.6　块状纳米结构 ZK60 合金在 623 K 下的 H_2 的储存容量和动力学随循环次数和时间变化

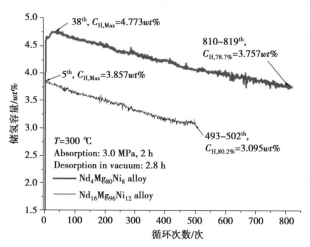

图 4.7　$Nd_4Mg_{80}Ni_8$ 和 $Nd_{16}Mg_{96}Ni_{12}$ 合金的循环寿命测试

4.2.2　重量法

重量法是利用天平直接检测样品的氢含量随氢气压力变化的方法。重量法最初用于固体材料对气体的吸附测试。随着科学研究领域的不断拓宽,该技术也已经运用到了包括氢在内的气体吸收测试中,成为一种被广泛接受的氢吸附和脱附测试方法。

镁基储氢材料的吸放氢过程伴随着质量变化,所以可利用高压热天平测定不同温度、氢压下样品质量随时间的变化量,进而确定样品中氢的含量,最后得到合金吸放氢过程的重量变化。对于储氢合金的吸放氢测试而言,由于吸放氢过程需要在高压氢气氛围中进行,实验压力非常重要,因此进行重量法测试时需要消除高压氢气中的浮力以及对流的影响,才能准确测试重量变化。重量法一般采用高压示差热天平进行试验,其精度通常可达到±0.1 μg,最大能够在 50 MPa 的氢气气氛中同时进行示差热分析(DTA)和热重(TG)分析,满足合金吸放氢性能测试的技术要求。

　　如图 4.8 所示,重量法测试装置通常由压力系统、测试系统、控温系统以及记录系统构成。压力系统包含真空系统和气体供给系统,前者通过阀门 B 进行样品除气和系统抽真空,后者通过阀门 A 控制天平腔体中氢压,阀门 A、B 配合调节系统氢压至测量需要,压力计代表压力测量设备,其个数主要取决于所需的氢压范围;测试系统包含高压示差热天平,样品放在微天平的悬挂仓内;控温系统可控制样品温度,温度调节装置可准确控制系统温度,以确保天平读数的稳定。

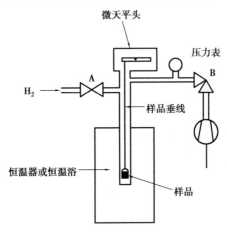

图 4.8　重量法吸放氢测试系统的基本示意图

　　重量法可测定储氢材料的 P-C-T 曲线。测试时将样品堆放在微天平托盘上,先打开阀门 B 对微天平仓进行足够长时间的抽真空,空白反应器的重量可以在微天平上读出;然后关掉阀门 B,打开阀门 A 充入一定压力的氢气,阀门 A 可以用来在样品仓中维持一个固定的氢压;打开电炉,控制系统在某一恒定温度点;当样品重量达到接近平衡点时,以干燥或空白样品重量作为参考点,利用浮力效应(Archimedes 原理)校正,通过样品重量获得吸氢量,依次测定合金的质量随系统氢压的变化;然后更改恒温温度,重复上述操作,即可绘制出不同温度点下合金的 P-C-T 曲线[8]。在每一个点都以干燥或空白样品的重量作为参考点,这就避免了体积法测试中固有的累积误差。

　　重量法还可以通过高精度高压热天平来测量吸放氢过程中重量和时间的关系,

从而计算出动力学反应速率。利用重量法进行吸放氢动力学测试,最重要的参数就是平衡吸放氢量,可通过测试样品达到吸氢平衡状态时作用在高压热天平上的力 $F_{\text{吸收}}$ 求得:

$$F_{\text{吸收}} = m_{\text{吸收}}\, g \tag{4.10}$$

式中　$m_{\text{吸收}}$——样品吸氢重量;

　　　g——重力加速度。

实际受力必须要经过样品浮力的校正,而浮力为向上的力 $F_{\text{浮力}}$,其表达式为:

$$F_{\text{浮力}} = m_0 g\left(\frac{\rho_{\text{H}}}{\rho_{\text{样品}}}\right) \tag{4.11}$$

式中　m_0——在真空下测得的空白样品重量;

　　　$\rho_{\text{样品}}$——样品的密度;

　　　ρ_{H}——氢气在测试温度和压力下的密度。

在实际的测量中必须也考虑其他气相物质的影响:使用臂式天平时参照臂上悬浮的平衡物和垂链对天平读数有一个负影响;而在样品这一侧,垂链和样品盘则具有正向影响,即必须考虑样品垂链的重量 $m_{\text{样品垂链}}$ 和密度 $\rho_{\text{样品垂链}}$、平衡物垂链的重量 $m_{\text{平衡物垂链}}$ 和密度 $\rho_{\text{平衡物垂链}}$、平衡物重量 $m_{\text{平衡物}}$ 和密度 $\rho_{\text{平衡物}}$,以及样品盘的重量 $m_{\text{样品盘}}$ 和密度 $\rho_{\text{样品盘}}$。因此,浮力校准值后变为:

$$F_{\text{浮力}} = \left[m_{\text{样品垂链}}\, g\left(\frac{\rho_{\text{H}}}{\rho_{\text{样品垂链}}}\right) + m_{\text{样品盘}}\, g\left(\frac{\rho_{\text{H}}}{\rho_{\text{样品盘}}}\right) + m_0 g\left(\frac{\rho_{\text{H}}}{\rho_{\text{样品}}}\right) \right] -$$
$$\left[m_{\text{平衡物垂链}}\, g\left(\frac{\rho_{\text{H}}}{\rho_{\text{平衡物垂链}}}\right) + m_{\text{平衡物}}\, g\left(\frac{\rho_{\text{H}}}{\rho_{\text{平衡物}}}\right) \right] \tag{4.12}$$

这样就能得到样品吸氢的总重量 $F_{\text{总}}$:

$$F_{\text{总}} = F_{\text{吸收}} - F_{\text{浮力}} \tag{4.13}$$

从上述介绍可知,重量法实际上是通过高压微天平示数间接计算得到吸放氢量,实验中需要考虑的测量问题包括样品用量、浮力效应修正和天平部件干扰[2]。

利用重量法测试储氢性能时,需要根据测量使用的高压微天平的量程、分度值以及长时间的称量稳定性来确定待测样品的尺寸及用量。一般高压微天平的分辨率可达到±0.1 μg,长期的稳定性为±1 μg,量程为200 mg,实际测试中结合待测样品理论吸氢量即可确定可用样品量的范围。天平的分辨率关系到天平读数变化时的精确度,所以测试 P-C-T 曲线时等温点的变化需要天平分度值选取。常用微天平最小的样品量通常约为几十毫克,如果天平的精度较低,则样品的量应相应增加,以获得等价的测量精度。

浮力效应的修正涉及氢气的压强—密度关系的准确表达,从式(4.12)中可以看出,对于一个已知重量的样品,样品密度降低,浮力校正值增加;压力的升高,氢气密度增大,浮力校正值随之增大。在重量测量中需要在实验开始对样品重量进行原位测定,保证了重量的数值具有高的准确性。但是当校正值的大小超过一定阈值时,重量法将不再比体积法更精确,例如在低压下进行吸放氢测试,校正值阈值的大小取决于具体的实验条件、操作温度以及样品密度,而任意实验条件中测试温度和样品密度的函数关系复杂,所以使用重量法进行测试时需要考虑到多重因素对浮力的影响。

重量法测试都易受到因天平扰动而产生测量误差。首先来源于天平外部的振动,可以通过对天平适当的固定来消除。其次是天平外框的热不稳定性,即仪器中温度与体系其他位置不同的部位,也称为冷点或热点,冷点会造成体系内压强下降,这可能被误认为是样品产生的吸附,热点影响相反。另外两个扰动天平的原因与测试温度和压强相关,分别是在低压下的热发散效应和高压下的对流问题,这两个问题在样品与天平室之间存在明显温度梯度时出现。

体积和重量测试方法各具优点,从实用的角度看,前者更容易实现。另一方面,重量法由于不累积测试误差,且高精度的微天平在决定吸氢量时具有更高的精度和准确性,因此在适当的压力下具有很高的精度。一般来说,体积法测试比重量法更快速。考虑到压缩速率和设备的物理干扰,使用微天平测试需要更加仔细的操作。

4.3 镁基储氢材料的晶体结构与显微组织表征技术

科学技术的飞速发展对材料的分析手段不断提出新的要求,新的分析方法随之不断涌现,各种新的表征方法和分析技术被应用到镁基储氢领域中,大大提高了储氢材料开发和研究中准确度和可靠性,为镁基储氢材料的发展发挥了重要作用,为探索新型镁基储氢材料提供了很好的依据。本小节将从镁基储氢材料的晶体结构和微观组织表征出发,重点介绍了 X 射线衍射(XRD)、中子衍射、扫描电子显微镜(SEM)和透射电子显微镜(TEM)。

4.3.1　晶体结构表征技术

1）X 射线衍射技术

X 射线衍射（X-ray Diffraction，XRD）是利用 X 射线在晶体物质中的衍射效应来研究物质的物相和晶体结构的一种方法。通过分析其衍射图谱，从而获得材料的成分、材料内部原子或分子的结构或形态等信息的技术。

X 射线衍射分析由于具有不损伤样品、无污染、快捷、测量精度高等优点，在储氢材料的结构和成分分析中得到了广泛应用。常规的 XRD 测试通常是在常温、常压以及空气下进行，因此在样品制备时，需要提前知悉待测样品的物理化学性质，如是否易燃，易腐蚀，易潮解以及有无毒性。图 4.9 所示为 $Mg_{80}Ce_{18}Ni_2$ 合金的吸放氢后物相的 XRD 表征[9]。合金在完全吸氢后形成了 $CeH_{2.73}$-MgH_2-Ni 复合材料；在放氢过程中，原位形成的 Ni 能促使稳定性高的 $CeH_{2.73}$ 反应生成 CeH_2，MgH_2 转变为 Mg，并有剩余的 MgH_2 存在。

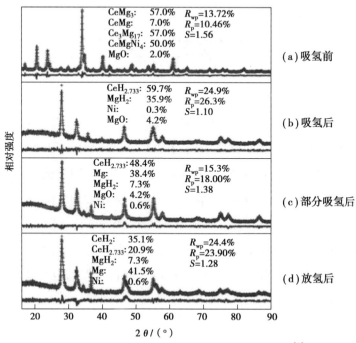

图 4.9　$Mg_{80}Ce_{18}Ni_2$ 合金吸放氢后的 XRD 谱图[9]

　　由于镁基储氢材料需要在较高的温度和压力下才能进行吸放氢反应,因此,常规的 X 射线衍射测试在应用中受到了一定的限制。若要系统地研究镁基储氢材料在吸放氢过程中的动态物相或结构变化,就需要进行原位 X 射线衍射。原位 X 射线衍射技术(In situ X-ray Diffraction)是一种近年来兴起的物相鉴定新手段,它是指在时间上具有分辨率的 X 射线衍射技术。如果配以程序升温/恒温/降温或不同压力气氛的装置,则可以实现在不同温度、不同气体压力下的非常规 X 射线衍射测试。图 4.10 给出了 X 射线衍射装置示意图。由于镁基储氢材料在不同温度和压力下的吸放氢行为是最为重要的材料特性之一,因此这种能够原位动态鉴定物相和结构的技术在储氢化合物研究领域具有非常广泛的应用。原位测试的整个过程是对同一个材料的同一个位置的测试,因此得到的信息(无论是晶胞参数、峰强度,还是其他的参数)都是具有相对可比性的。

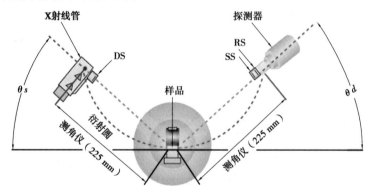

图 4.10　原位 X 射线衍射装置示意图

　　图 4.11 所示为铸态 $Mg_{86.1}Ni_{7.2}Y_{6.8}$ 合金在 553 K 和 0.05 MPa H_2 下的相变过程进行了原位 SR-XRD 表征[10]。结果表明,在 90 min 内,18R 型 LPSO 结构相(简称18R)的含量从 ~ 90 $wt\%$ 下降到 ~ 10 $wt\%$,而 Mg_2Ni 和 YH_2 的含量分别增加了约 10 $wt\%$ 和 15 $wt\%$,hcp-Mg 相的含量在 10 min 内先增加到 ~ 18 $wt\%$,然后由于转化为 MgH_2 而逐渐降低到 ~ 6 $wt\%$,MgH_2 的含量在 90 min 内连续增加到 ~ 50 $wt\%$。$MgNi_4Y$(~ 4 $wt\%$)的含量在整个实验保持不变,表明其分解并没有发生。Mg_2NiH_4 在 90 min 内达到 3$wt\%$。因此,通过 SR-XRD 的分析,可以确定 18R 氢分解产物的相变过程以及各物相所对应的含量变化。

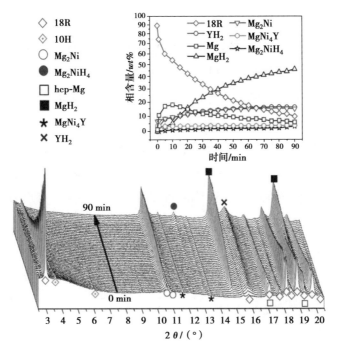

图 4.11　铸态 $Mg_{86.1}Ni_{7.2}Y_{6.8}$ 在 553 K、0.05 MPa H_2 的 SR-XRD 谱图[10]

2）X 射线吸收谱技术（XAS）

同步辐射是指速度接近光速（$v \approx c$）的高能带电粒子在磁场中沿弧形轨道运动时放出的电磁辐射，即光子，因为这一现象最初是在同步加速器上发现的，所以称为同步辐射，其装置示意图如图 4.12 所示。同步辐射具有高辐射强度、高度偏振以及高度准直等优点，可以广泛应用于研究镁基储氢材料固体的电子状态、原子配位结

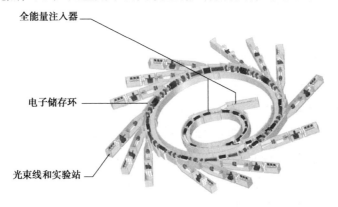

图 4.12　同步辐射装置示意图

构、固体的结构等动态过程。

原位同步辐射技术可以解决普通同步辐射无法获得的储氢合金在动态吸放氢过程中微观结构变化的数据，可以监测样品充放氢过程中的快速变化，对于进一步发展新型储氢材料具有重要意义。利用原位 XAS 分析高能球磨 MgH_2/Nb_2O_5 体系中 Nb 在氢循环过程中的演化[11]，证明了在 MgH_2 球磨过程中，Nb_2O_5 已经部分被还原，并且在加热和循环过程中发生进一步的还原，最终达到了氧化态的下限。并且，Nb_2O_5 与 Mg/MgH_2 反应导致形成了新的三元氧化相 Mg_xNb_yO。在循环过程中可以反复观察到 Nb 氧化-还原过程，说明氢可以沿三元氧化物扩散并形成亚稳态的 Nb_xH_y。氢沿着 Mg-Nb-O 三元氧化物的扩散改善吸放氢的动力学性能，并可能降低 Mg-MgH_2 转变的活化能（图 4.13）。

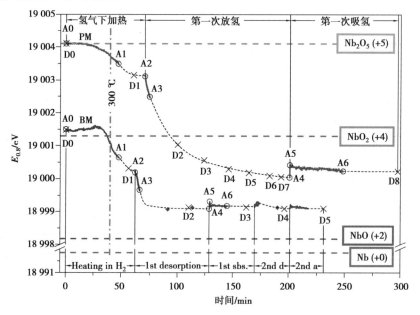

图 4.13　归一化后 Nb 的 K 边吸收谱的能量与测量的 Nb 标准样（括号内为氧化态）的能量的比较。衍射点（用 D 和十字标记），选择的吸收光谱点（用 A 和圆标记），以及所进行的处理如图所示。虚线表示两个样本的能量转移的预期进展[11]

此外，得益于同步辐射光源强大的能量与光子较深的穿透深度，可以将 XRD、Raman 光谱、红外光谱（Fourier-Transform Infrared Spectroscopy，FT-IR）等技术与非原位/原位同步辐射技术相结合，对储氢材料吸放氢过程的结构变化进行研究，可以为揭示材料的储氢机理带来希望。

3) 中子衍射技术

中子衍射技术(图 4.14),又称为弹性中子散射(elastic neutron scattering),是晶体学中常用的一种研究方法。中子相较于 X 射线具有更多特殊的性质,可以与 X 射线互补。中子衍射特别适用于探知氢元素的材料体系的晶体结构,因此可用于研究含有大量氢元素的各种能源材料;尤其适用于研究 MgH_2 的晶体结构。在中子散射过程中,离开的中子能量和入射中子几乎相同或者略低,这一点与 X 射线衍射类似,其主要差别在于它们不同的穿透深度。X 射线由于其能量较弱,比较适合于表面分析,同步辐射产生的 X 射线能量较强,适合于浅深度或薄的样品的体相表征,而中子衍射技术,由于不带电荷,其穿透深度较高,比较适合于块状样品。

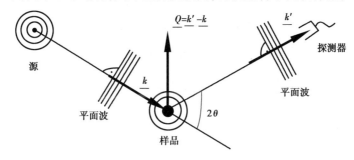

图 4.14　中子散射过程示意图

中子衍射实验要求具备足够通量的中子源。然而,这就意味着要有一个中心实验装置用核反应堆和脉冲中子所谓的裂变中子源以提供恒定波长的中子。尽管中子衍射较 X 射线衍射具备更多优势,但它并不是一种标准的实验室技术,这是它的主要实际缺点之一。且上述两种方式产生的中子,均具有很高的能量,在 1 兆电子伏特左右。而实际实验中用到的中子均在毫电子伏特,因此在中子用于探测物质的结构和性质之前,要对这些快中子进行慢化处理,使其能量下降若干个数量级。中子散射技术较其他散射技术有以下几个显著的优势:

①中子是不带荷电的,中子主要是靠强核力与研究材料的核子相互作用,且不易受样品环境的影响(例如高压温度和磁场等)。

②中子的磁矩与原子范围内磁性空间的变化相对应,适合于研究磁性材料。

③中子的存在不会对检测体系产生明显的干扰,且中子无破坏性。

④中子散射来自材料原子核的互相影响而非电子云,这也就意味着原子的散射

力(横截面)与原子序数的关系不大,不像电子等,其散射能力随原子数成比例地增加。因此通过中子散射,可将较轻的原子(如氢)同高原子序数的原子区别开。

自 20 世纪 90 年代以来,中子衍射技术已广泛应用于储氢材料的研究,是研究镁基材料氢化物相结构与储氢性能之间关系的一种有效途径。特别是在研究氢化物相结构[12],吸放氢性能[13]等方面。而原位中子衍射技术可以更真实地反映活化[14]、吸放氢性能[15]以及预测晶体结构等[16]。

4.3.2 显微组织表征技术

镁基储氢材料的微观组织及形貌直接影响其储氢性能,如粉末颗粒的尺寸、表面形貌、催化元素和催化剂分布情况等。而这些显微组织特征都需要通过组织表征技术来获取。目前常见的表征手段有扫描电子显微技术和透射电子显微技术。

1)扫描电子显微技术

扫描电子显微技术(Scanning Electron Microscope,SEM)是用细聚焦的电子束轰击样品表面,通过电子与样品相互作用产生的二次电子和背散射电子,通过对二次电子和背散射电子的收集对样品的表面形貌及成分进行观察和分析。扫描电子显微镜的优势为可以直接观察非常粗糙的样品表面,但其劣势为样品必须在真空环境下观察,因此对样品有一些特殊要求。简单来讲:干净,干燥,无油,导电,不挥发,不发光,不发电,磁性弱等。储氢材料基本上都是以块状和粉末状的形式存在,这两种不同形态的制备方法略微有差别。

对于块状导电样品,基本上不需要进行特殊制备,只需要将样品的大小切割成适合电镜样品底座尺寸大小,即可直接用导电胶将样品粘在样品底座上放到扫描电镜中观察。为防止假象的存在,在放试样前应先将试样用丙酮或酒精等进行清洗,必要时用超声波清洗器进行清洗。对于块状的非导电样品或导电性较差的样品,要先进行镀膜处理,提高图像质量,并可防止样品的热损伤。

对于导电的粉末样品,应先将导电胶带粘在样品座上,再均匀地将粉末样撒在上面,用洗耳球吹去未粘住的粉末,即可用电镜观察。对不导电或导电性能差的,要再镀上一层导电膜,方可用电镜观察。为了加快测试速度,一个样品座上可同时制备多个样品,但在用洗耳球吹去未黏住的粉末时,应注意防止样品之间相互污染。
对粉末样品的制备应注意以下几点:

①尽可能不要挤压样品,以保持其自然形貌状态。

②粉末样品的厚度要均匀,表面要平整,且量不要太多,1 g 左右即可,否则容易
导致粉末在观察时剥离表面,或者容易造成喷金的样品底层部分导电性能不佳,致
使观察效果的对比度差。

通过 SEM 及二次电子成像对 $Mg_{24}Y_3$ 铸态合金和球磨 Mg-Y-C-Ni 复合材料的粉
末形貌成分进行了分析,结果如图 4.15 所示。所有选取的试样形貌都具有不规则
形状,铸态 $Mg_{24}Y_3$ 粉末粒度为 30 ~ 50 μm。相比之下,在球磨 Mg-Y-C-Ni 粉末粒度
为 2 ~ 10 μm,铸态 $Mg_{24}Y_3$ 要小得多且 Mg-Y-C-Ni 复合材料的表面形貌较为粗糙。
通过 EDS 对 10-Ni 复合材料样品进行元素分布测量,结果如图 4.15(e)所示。证实
了 Y、Ni 和 C 在颗粒中的均匀分布[17]。

(a)铸态$Mg_{24}Y_3$合金(球磨前)　(b)球磨0-Ni复合材料　(c)球磨5-Ni复合材料　(d)球磨10-Ni复合材料

(e)10-Ni复合材料的Mg、Y、Ni和C元素的EDS图谱

图 4.15 $Mg_{24}Y_3$ 铸态合金和球磨 Mg-Y-C-Ni 复合材料粉末的形貌

原位电子扫描显微镜可以通过原位扫描表征储氢材料的氢化和脱氢过程中金
属形态的演变和元素分布。利用原位电子扫描显微镜对 MgH_2 加热放氢前和加热
放氢后的形貌和结构进行研究[18](图 4.16)。加热前后,储氢材料颗粒的形状、结构

和形态完全发生了变化。然而,和光学显微成像技术一样,扫描电子显微镜的分辨率也相对较低,无法获得更详细的材料在储氢反应过程中的晶体结构和缺陷等微观结构的图像。而透射电子显微镜可以很好地弥补这方面的缺陷。

(a)加热放氢前   (b)加热放氢后

图 4.16   原位 SEM 观察到的 MgH₂ 粉末形貌[18]

2)透射电子显微技术

透射电子显微技术(Transmission Electron Microscope,TEM)是一种把经加速和聚集的电子束透射到非常薄的样品上,电子与样品中的原子碰撞而改变方向,从而产生立体角散射,因此可以形成明暗不同的影像,影像在放大、聚焦后在成像器件上显示出来的技术。透射电子显微镜和扫描电子显微镜一样,也需要样品不具有毒性、腐蚀性、放射性和磁性等。由于透射电子显微镜收集透射过样品的电子束的信息,而电子束的穿透能力比较低,因而样品必须要足够薄,使电子束透过。根据样品的原子序数大小不同,一般为 50 ~ 500 nm。

对于粉末材料的制备方法比较简单,只需要用超声波分散器将少量的待测粉末样品在溶液(不与粉末发生作用的)中分散成悬浮液,然后用移液枪将待测液滴在覆盖有支持膜的电镜铜网上,待其干燥后进行观察。对于块状材料是通过减薄的方法(需要先进行机械或化学方法的预减薄)制备成对电子束透明的薄膜样品。减薄的方法有两种,即双喷减薄和离子减薄。

通过透射电子显微技术对 Mg 基储氢材料进行表征,不仅可以观察到样品的结构形貌,还可以确定材料的元素和物相组成。通过与其他表征测试手段结合,可以进一步探究样品的储氢机理。

图4.17 所示为氢等离子体金属反应(HPMR)合成的金属和镁基合金的 TEM 图像。从图中可以看出,Ni、Cu、Co、Fe 和 Al 颗粒呈颗粒状结构,平均粒径为30～50 nm。而 Mg 颗粒呈六边形结构,平均粒径约为300 nm。TEM 图显示,得到的 Mg_2Ni、Mg_2Co 和 Mg_2Cu 的平均粒径为50～200 nm,比原始 Mg 颗粒的粒径小[19]。

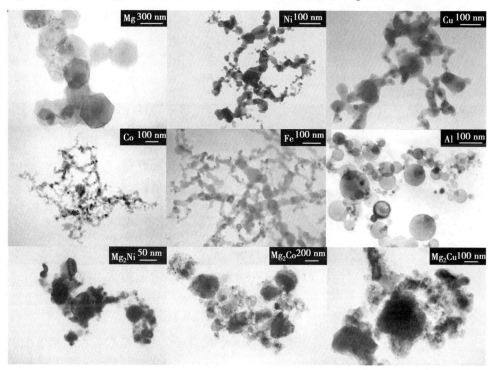

图4.17 氢等离子体金属反应合成了 Mg、Ni、Cu、Co、Fe、Al 金属纳米粒子和
Mg_2Ni、Mg_2Co 和 Mg_2Cu 的 TEM 图

Zhou 团队与 Deng 团队[20]合作研究了 Pt 纳米催化剂包覆对 Mg 储氢性能的影响。他们采用了高角度环形暗场扫描 TEM(HAADF-STEM)和能量色散 X 射线 STEM 技术(EDX-STEM)表征了氢化(Mg 负载 Pt)复合材料的形貌和微观结构(图4.18)。如图4.18(a)所示,可以发现电弧等离子体法制备的 Mg 颗粒形状主要为二十面体。该 Mg 二十面体粒子的形貌呈六边形。HRTEM 图像[图4.18(b)和(c)]可以观测到分辨率较好的连续条纹,此外,图4.18(d)中的 STEM-HAADF 图像

和图 4.18(e)中的 Pt 的 EDX 图也证明了分散良好的粒子是 Pt 纳米颗粒。图 4.18(f)
中的选定区域电子衍射图(SAED)证实了所制备的 Mg 负载 Pt 复合材料中 Mg 颗粒为
单晶。

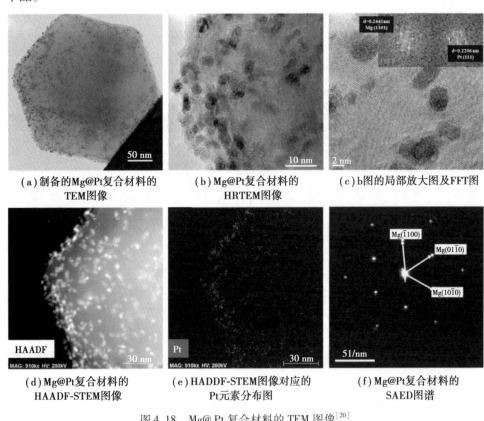

(a)制备的Mg@Pt复合材料的 TEM图像 (b)Mg@Pt复合材料的 HRTEM图像 (c)b图的局部放大图及FFT图

(d)Mg@Pt复合材料的 HAADF-STEM图像 (e)HADDF-STEM图像对应的 Pt元素分布图 (f)Mg@Pt复合材料的 SAED图谱

图 4.18 Mg@ Pt 复合材料的 TEM 图像[20]

通过透射电子显微镜的表征手段分析 $Nd_4Mg_{80}Ni_8$[21] 在吸氢过程中的相组成和
微观组织演变,揭示了氢诱导的微观组织演化机制,如图 4.19 所示。HR-TEM 图像
显示出 $Nd_4Mg_{80}Ni_8$ 结晶均匀且结晶度高。当合金与氢反应时,$Nd_4Mg_{80}Ni_8$ 原位生成
$NdH_{2.61}$ 超细纳米颗粒后,$Nd_4Mg_{80}Ni_8$ 转化为 $NdH_{2.61}$-Mg-Mg_2Ni 纳米复合材料后,Mg
与氢反应生成 MgH_2,氢原子溶解在 Mg_2Ni 中生成 $Mg_2NiH_{0.3}$。$NdH_{2.61}$-Mg-Mg_2Ni 纳
米复合材料中具有高密度的 $NdH_{2.61}$ 纳米粒子、MgH_2 与 $Mg_2NiH_{0.3}$ 之间的大量界面
以及晶界。

常规的电子显微技术只能在真空、室温下进行操作,在储氢材料的研究中,往往
会涉及需要分析不同温度/压力下吸/放氢过程的动态结构变化,因此,就需要在各
种外加场存在的情况下,利用电镜观察储氢材料形貌结构以及化学组成的动态变

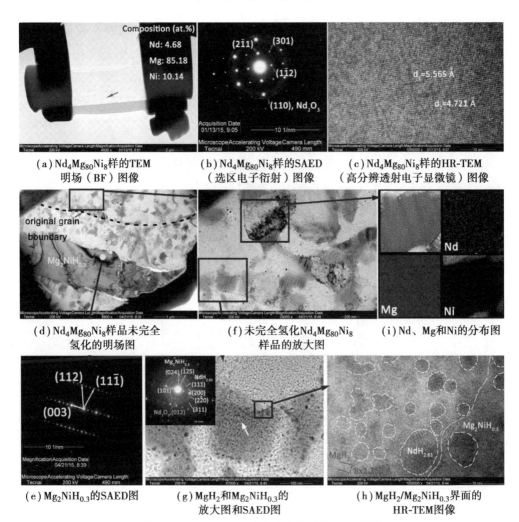

（a）$Nd_4Mg_{80}Ni_8$样的TEM　　　　（b）$Nd_4Mg_{80}Ni_8$样的SAED　　　　（c）$Nd_4Mg_{80}Ni_8$样的HR-TEM
　　　　明场（BF）图像　　　　　　　（选区电子衍射）图像　　　　　（高分辨透射电子显微镜）图像

（d）$Nd_4Mg_{80}Ni_8$样品未完全　　　（f）未完全氢化$Nd_4Mg_{80}Ni_8$　　　（i）Nd、Mg和Ni的分布图
　　　氢化的明场图　　　　　　　　　样品的放大图

（e）$Mg_2NiH_{0.3}$的SAED图　　　（g）MgH_2和$Mg_2NiH_{0.3}$的　　　（h）$MgH_2/Mg_2NiH_{0.3}$界面的
　　　　　　　　　　　　　　　放大图和SAED图　　　　　　　　HR-TEM图像

图 4.19　$Nd_4Mg_{80}Ni_8$ 合金吸氢前后的 TEM 图像

化,这就是当前备受关注的原位电子显微技术。

　　根据电镜的构造,人们在样品台的位置加入电阻丝即可实现温度外场,而向电镜引入气氛一直是一个较大的技术难题。这是因为传统的透射电镜需要维持腔体内的高真空状态,以保护电子发射枪,同时也要尽量减少电子束与气体的散射造成的污染和分辨率降低。当前,在电镜中引入反应气体主要有两种方法:第一种是改造电镜,采用差分泵式真空系统的环境透射电镜(Differentially Pumped Environmental TEM, DP-ETEM),如图 4.20 所示。向试样周围通入气体一般有两种方式,第一种是通过物镜的管路直接通入样品室内,气体分布更加均匀;第二种为注射方式,气体通过样品杆内的管路直接喷射到试样上,该方法更能确保气体与试样更有效地接触。

当前商用 ETEM 最大的劣势就是反应环境可允许的气体压力被限制在较低的范围内(小于 10 Pa),这个条件与镁基储氢材料的气固反应的使用环境存在巨大的鸿沟,对于揭示更高氢压下的反应机理无能为力。

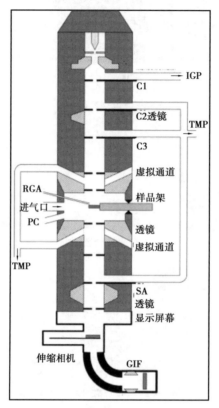

图 4.20　差分泵式 TEM 示意图(FEG,场发射枪;IGP,离子吸气泵;TMP,涡轮分子泵;

RGA,残余气体分析仪;PC,等离子体清洁;C1,第一冷凝器孔径;SA,选定面积孔径)

　　在透射电镜中实现气体环境表征的第二种方法是改造透射电镜样品杆,利用两层厚度适宜的电子束透明非晶薄膜(如石墨烯、氮化硅等)将试样和反应气体同时封装于纳米反应器内,用橡胶圈密封与 TEM 的腔体完全隔绝开来,气体可以通过输气管线直接进入反应器内部,所以电镜的真空状态完全不会被破坏,其原理如图 4.21 所示。

　　用高压透射电子显微镜(HVEM)观察了含有 10 mol% Nb_2O_5 催化剂的 MgH_2 样品[22]如图 4.22 所示,其中分别显示了球磨后的样品在室温、373 K 和 473 K 时的明场(BF)图像和快速傅里叶变换(Fast Fourier Transform,FFT)结果。室温下,通过

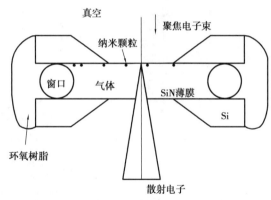

图 4.21　常压扫描透射电子显微镜(STEM)的流动系统示意图

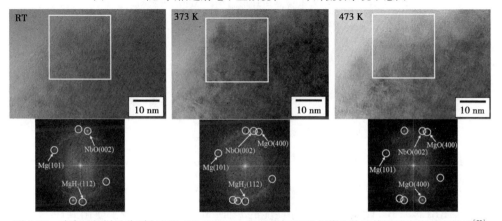

图 4.22　球磨后的样品分别在室温、373 K 和 473 K 的明场(BF)图像和快速傅里叶变换 FFT 结果[22]

FFT 结果可以证实 MgH_2、Mg 和 NbO 的存在,但 Nb_2O_5 未被证实。在室温下没有发现 MgO,但在 373 K 和 473 K 下观察到了 MgO。随着温度的升高,MgH_2 继续分解,Mg 随着晶体的生长而生成。

此外,为了得到更高分辨率的 TEM 图片,用球差校正装置替代凹透镜修正球差的透射电镜即为球差透射电镜(Special Aberration Corrected Transmission Electron Microscope,AC-TEM)。球差电镜也分为 AC-TEM(球差矫正器安装在物镜位置)和 AC-STEM(球差校正装置安装在聚光镜位置)。此外,在一台 TEM 上同时安装两个校正器,即同时校正汇聚束(Probe)和成像(Image),被称为双球差校正 TEM,是目前清晰度最高的电镜装置。利用球差电镜观察了 Mg 纳米颗粒的体心立方(Bcc)和面心立方(Fcc)晶面[23],可以清晰地观测到单个原子的存在与排布。并且,亚纳米尺度且具有强剪切应力的 Bcc 晶面,这在 XRD 和普通 TEM 下是观察不到的,但是在球差电镜下可以清晰可见(图 4.23)。

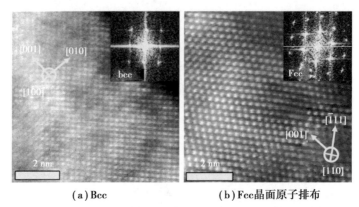

（a）Bcc   （b）Fcc晶面原子排布

图4.23 球差电镜高角环形暗场下 Mg 纳米颗粒[23]

参 考 文 献

[1] YU X B, WU Z, HUANG T Z, et al. Improvements of activation performance for hydrogen storage alloys[J]. Materials Review, 2004, 18(5): 85-88.

[2] DARREN P B. 储氢材料:储存性能的表征[M]. 北京:机械工业出版社, 2013.

[3] HOU X, HU R, ZHANG T, et al. Hydrogenation thermodynamics of melt-spun magnesium rich Mg-Ni nanocrystalline alloys with the addition of multiwalled carbon nanotubes and TiF_3[J]. Journal of Power Sources, 2016, 306: 437-447.

[4] YONG H, WEI X, ZHANG K, et al. Characterization of microstructure, hydrogen storage kinetics and thermodynamics of ball-milled $Mg_{90}Y_{1.5}Ce_{1.5}Ni_7$ alloy[J]. International Journal of Hydrogen Energy, 2021, 46(34): 17802-17813.

[5] KLEBANOFF L, KELLER J. Final report for the DOE metal hydride center of excellence [R]. Sandia National Laboratories, Albuquerque, NM, Report NO. SAN2012-0786, 2012.

[6] KRYSTIAN M, ZEHETBAUER M J, KROPIK H, et al. Hydrogen storage properties of bulk nanostructured ZK60 Mg alloy processed by equal channel angular pressing[J]. Journal of Alloys and Compounds, 2011, 509: S449-S455.

[7] LI Q, LUO Q, GU Q F. Insights into the composition exploration of novel hydrogen storage alloys: evaluation of the Mg-Ni-Nd-H phase diagram [J]. Journal of Materials Chemistry A, 2017, 5(8): 3848-3864.

[8] 贾志华, 王玉平. 储氢合金吸氢量测试方法[J]. 金属功能材料, 2004, 11(5): 28-31.

[9] OUYANG L Z, YANG X S, ZHU M, et al. Enhanced hydrogen storage kinetics and stability by synergistic effects of in situ formed $CeH_{2.73}$ and Ni in $CeH_{2.73}$-MgH_2-Ni nanocomposites[J]. The Journal of Physical Chemistry C, 2014, 118(15): 7808-7820.

[10] LI Y, GU Q, LI Q, et al. In-situ synchrotron X-ray diffraction investigation on hydrogen-induced decomposition of long period stacking ordered structure in Mg-Ni-Y system[J]. Scripta Materialia, 2017, 127: 102-107.

[11] FRIEDRICHS O, MARTINEZ-MARTINEZ D, GUILERA G, et al. In situ energy-dispersive XAS and XRD study of the superior hydrogen storage system MgH_2/Nb_2O_5[J]. The Journal of Physical Chemistry C, 2007, 111(28): 10700-10706.

[12] JARAMILLO D E, JIANG H Z H, EVANS H A, et al. Ambient-temperature hydrogen storage via vanadium (Ⅱ)-dihydrogen complexation in a metal-organic framework[J]. Journal of the American Chemical Society, 2021, 143(16): 6248-6256.

[13] SATO T, MOCHIZUKI T, IKEDA K, et al. Crystal structural investigations for understanding the hydrogen storage properties of $YMgNi_4$-based alloys[J]. ACS omega, 2020, 5(48): 31192-31198.

[14] KISI E H, WU E, KEMALI M. In-situ neutron powder diffraction study of annealing activated $LaNi_5$[J]. Journal of Alloys and Compounds, 2002, 330: 202-207.

[15] CUEVAS F, JOUBERT J M, LATROCHE M, et al. In situ neutron-diffraction study of deuterium desorption. from $LaNi_{5+x}$(x ~ 1)alloy[J]. Applied Physics A, 2002, 74(1): S1175-S1177.

[16] KAPELEWSKI M T, RUNČEVSKI T, TARVER J D, et al. Record high hydrogen storage capacity in the metal-organic framework Ni_2(m-dobdc) at near-ambient

temperatures[J]. Chemistry of Materials, 2018, 30(22): 8179-8189.

[17] YANG T, WANG P, LI Q, et al. Hydrogen absorption and desorption behavior of Ni catalyzed Mg-Y-C-Ni nanocomposites[J]. Energy, 2018, 165: 709-719.

[18] BEATTIE S D, SETTHANAN U, MCGRADY G S. Thermal desorption of hydrogen from magnesium hydride (MgH$_2$): An in situ microscopy study by environmental SEM and TEM[J]. International Journal of Hydrogen Energy, 2011, 36(10): 6014-6021.

[19] LUO Q, LI J, LI B, et al. Kinetics in Mg-based hydrogen storage materials: Enhancement and mechanism[J]. Journal of Magnesium and Alloys, 2019, 7(1): 58-71.

[20] Lu C, Ma Y, Li F, et al. Visualization of fast "hydrogen pump" in core-shell nanostructured Mg@ Pt through hydrogen-stabilized Mg$_3$Pt[J]. Journal of Materials Chemistry A, 2019, 7(24): 14629-14637.

[21] LUO Q, GU Q F, ZHANG J Y, et al. Phase equilibria, crystal structure and hydriding/dehydriding mechanism of Nd$_4$Mg$_{80}$Ni$_8$ compound[J]. Scientific Reports, 2015, 5(1): 1-14.

[22] MORITA E, ONO A, ISOBE S, et al. In-situ TEM observation for dehydrogenation mechanism in MgH$_2$ with catalyst[C]. Materials Science Forum 2010, 654-656: 2867-2870.

[23] EDALATI K, EMAMI H, IKEDA Y, et al. New nanostructured phases with reversible hydrogen storage capability in immiscible magnesium-zirconium system produced by high-pressure torsion[J]. Acta Materialia, 2016, 108: 293-303.

第**5**章
镁基储氢材料热/动力学调控及其应用

镁基合金是一种公认的非常有潜力的储氢合金体系。MgH_2 具有质量储氢量大（$7.6wt\%\ H_2$）、能量密度高（9 MJ/kg）、可逆性好、质量轻、原料储量丰富、成本低等优点，备受国内外研究者关注。但镁基储氢材料的吸放氢条件比较苛刻，通常情况下，镁与氢气需要在 573 ~ 673 K、2.0 ~ 40 MPa 氢压条件下反应才能生成 MgH_2。MgH_2 具有较高的稳定性和较低的平台压力，在低温常压条件下难以分解，通常需要加热至较高温度（>573 K）才能释放氢气，而且吸放氢速率非常缓慢，严重阻碍了其实际应用。上述缺点主要和镁与氢气反应的热力学和动力学特性相关，氢化物的热力学稳定性可以用其生成焓（ΔH）和熵（ΔS）来表征，而吸放氢反应的动力学势垒可以用反应的活化能（E_a）来表示，储氢合金吸放氢反应热力学和动力学屏障如图 5.1 所示。一般情况下，较高的反应焓意味着在一定氢气压力下具有较高的放氢温度；较高的活化能导致低反应速率和高反应温度。因此，调节镁基储氢合金吸放氢反应中的这两个关键参数，是提高镁合金储氢性能的关键。目前已有大量围绕镁基合金吸放氢反应热力学和动力学调控的研究。下面内容将首先介绍镁基储氢材料热力学和动力学改性的研究进展，然后介绍镁合金储氢材料的主要应用领域。

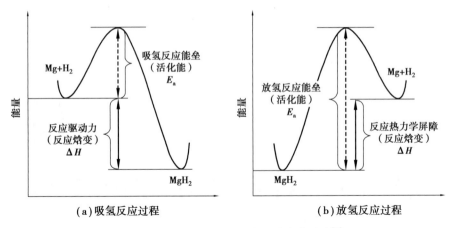

图 5.1 吸放氢反应的热力学和动力学屏障[1]

5.1 镁基储氢合金的氢化反应热力学调控

5.1.1 影响吸放氢反应热力学的因素

镁基储氢合金热力学上的主要问题是吸放氢焓变值大,放氢温度高。在第 1 章中,通过推导经典热力学的反应吉布斯自由能,可以得到影响反应焓变的几种因素,分别是合金化、纳米化和引入外场。采用少量固溶元素合金化时,通过改变镁合金中镁组元的活度,从而改变反应焓变。而采用合金元素形成新的化合物时,则通过直接改变反应物产物类型和结构,来显著降低反应焓变。细化合金的颗粒尺寸引入表面能,当镁合金的晶粒尺寸细化到纳米级时,有可能降低反应焓变和放氢温度。根据第 1 章中的公式(1.10),纳米材料的反应吉布斯自由能为:

$$\Delta G_{nano} = \Delta G^{\circ} + RT \ln \frac{a_{MH_2}}{a_M P_{H_2}} + \Delta G_{M \to MH_2}^{surf} + \Delta G_{M \to MH_2}^{int} \tag{5.1}$$

式中　$\Delta G_{M \to MH_2}^{surf}$——表面自由能引起的热力学偏差;

　　　$\Delta G_{M \to MH_2}^{int}$——界面自由能引起的热力学偏差;

　　　a_{MH_2},a_M——分别为 MH_2 和 M 的活度。

表面自由能可表示为：

$$\Delta G_{M \to MH_2}^{surf} = \frac{3V_M E_{M \to MH_2}(\gamma, r)}{r} \tag{5.2}$$

式中　$E_{M \to MH_2}(\gamma, r)$——表面能量项,它是表面能 $\gamma(J/m^2)$ 和金属颗粒半径 $r(m)$ 的
　　　　函数,可表示为：

$$E_{M \to MH_2}(\gamma, r) = \left[\gamma_{MH_2}(r) \left(\frac{V_{MH_2}}{V_M} \right)^{\frac{2}{3}} - \gamma_M(r) \right] + E_{ads} \tag{5.3}$$

式中　V_i——各相的摩尔体积,金属氢化物加氢后 V_M 通常增加 10% ~ 20%。

H_2 在金属和氢化物表面的结合会降低其表面能,能量降低通过附加能量项 E_{ads}
处理。

界面自由能引起的热力学偏差 $\Delta G_{M \to MH_2}^{int}$ 可表示为：

$$\Delta G_{M \to MH_2}^{int} = \frac{\overline{V}_{Mg}}{V} \left(\sum_{int} A_{MgH_2|i} \cdot \gamma_{MgH_2|i} - \sum_{int} A_{Mg|i} \cdot \gamma_{Mg|i} \right) \tag{5.4}$$

式中　$\overline{V}_{Mg}$——镁扩展到所有界面的摩尔体积；

$A_{MgH_2|i}, \gamma_{MgH_2|i}$——氢化物相中第 i 处界面的面积和比自由能,下标 Mg 则对应
　　　　　　　　Mg 的面积和比自由能。

将式(5.2)和式(5.4)代入式(5.1),并整理得：

$$\ln P_{H_2}^{eq} = \frac{\Delta H^\circ + \dfrac{3V_M E_{M \to MH_2}(\gamma, r)}{r} + \dfrac{\overline{V}_{Mg}}{V} \left(\sum_{int} A_{MgH_2|i} \cdot \gamma_{MgH_2|i} - \sum_{int} A_{Mg|i} \cdot \gamma_{Mg|i} \right)}{RT} - \frac{\Delta S^\circ}{R}$$

$$\tag{5.5}$$

可以看出,引入的表面能和界面能与材料的尺寸 r 和表面积比有关,尺寸越小、表面
积越大,引入的表面能和界面能越大,降低反应焓的效果越明显。

从微观角度来看,无论是合金化、纳米化还是引入外场,都是希望降低 Mg—H
的键能。美国能源部(United States Department of Energy,DOE)曾提出储氢材料结合
键能的目标范围值[2],如图 5.2 所示。理想的储氢材料的结合键能应该处于物理吸
附和化学吸附作用范围之内(即结合能 10 ~ 60 kJ/mol)。因为具有该范围结合能的
材料既可以较强的结合氢气实现有效吸氢,而结合键的强度又不会影响后续温和条
件下氢气的释放。纯 MgH_2 的放氢焓变和熵变分别为 76 kJ/mol H_2 和 130 J/(mol·
K)H_2,使得其在常压下 573 K 以上才能显著释放氢气,主要原因是 Mg—H 离子键结

合能过高。要通过弱化 Mg—H 键降低其结合强度,使氢化物稳定性降低,达到调控氢化热力学的目的。因此,对于镁基储氢材料而言,调控热力学的本质是弱化体系的 Mg—H 键结合强度。结合经典热力学和微观热力学的分析,调控镁基储氢材料热力学性质主要涉及的手段有合金化、纳米化、外场等。

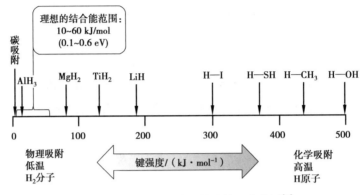

图 5.2　室温放氢允许的结合键强度范围[2]

5.1.2　合金化和复合化

合金化是一种重要的镁基储氢合金热力学改性方法。通过添加合金元素使之与 Mg 和 H 结合形成次稳定的氢化物,可降低 Mg—H 键的稳定性,减小 MgH₂ 的放氢焓。添加的合金元素与 Mg 形成金属间化物,可形成新的镁基氢化物,从而改变镁基储氢合金的吸放氢反应途径,降低放氢焓变和放氢温度。根据添加物在镁合金中的存在形式可分为固溶合金元素、金属间化合物形成元素和配位氢化物复合 3 种。下面分别从这 3 个方面进行总结。

1)添加固溶合金元素

部分合金元素在 Mg 中具有比较大的固溶度,如 In、RE 元素等。但由于 RE 元素与氢元素亲和性强,氢化后与 Mg 发生分离,所以对 MgH₂ 的放氢焓改变不大。In 具有熔点低(429.6 K)、原子半径(1.66Å)与 Mg(1.60Å)相接近和电负性位于 Mg 和 H 之间(In 为 1.7,Mg 为 1.23,H 为 2.20)的特点。从原子尺寸因素考虑,Mg—In 体系较易形成固溶体合金,并且低熔点合金原子热扩散快,有利于提高反应的可逆性;若固溶体氢化能形成 Mg—In—H 相互作用形式,In 原子可能与 H 共享镁失去的电子,使 Mg—H 键的相互作用减弱,从而降低了 MgH_2 的热力学稳定性。从解决固溶体合金稳定性、提高反应可逆性和降低热力学稳定性等面考虑,Mg(In)固溶体合金是不错的选择,因此研究者们针对 Mg—In 体系开展了一系列的研究。

为了解 Mg—In—H 体系氢化和脱氢过程中的相变规律,研究者对 Mg(In)样品进行了物相表征。$Mg_{0.95}In_{0.05}$ 固溶体在不完全氢化时由 MgH_2 和 Mg(In)固溶体两相组成,在高于 573 K 的温度下充分氢化后,除 MgH_2 之外还可以观察到 $L1_0$ 结构的金属间化合物 $MgIn(\beta''$ 相)和 Mg_2In[3]。充分氢化后的该固溶体,在 600 K 放氢后 β'' 相和 Mg_2In 的衍射峰完全消失,衍射谱中只有 Mg 的衍射峰,说明 MgH_2 放氢后又重新转变成 Mg(In)固溶体合金。Mg(In)固溶体吸放氢过程中的相转变是完全可逆的,并且对比 Mg(In)固溶体和纯 Mg 的放氢 DSC 曲线上的放氢峰发现,Mg—In 固溶体的放氢温度降低约 35 K。图 5.3 所示为 Mg(In)固溶体完全氢化后的样品在升温放氢过程中的物相变化[3]。从室温加热到 573 K 保温 10 min 后,除初始的 MgH_2、Mg_2In 和 β'' 相之外,衍射谱中出现了微弱的 Mg 衍射峰,这是由于在真空条件下,升温过程中有少量的 MgH_2 分解生成了 Mg;当温度升高到 673 K 并保持 10 min 后,Mg_2In 和 β'' 相完全消失,面心立方结构的无序固溶体 β 相开始出现,但仍然只有部分 MgH_2 发生分解;当温度进一步升高到 723 K 时,MgH_2 很快全部分解并可逆地回

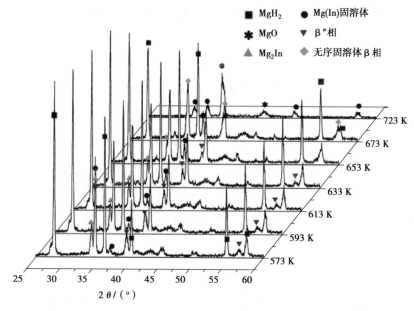

图 5.3　$Mg_{0.95}In_{0.05}$ 固溶体不同温度下放氢的原位 XRD 图谱[3]

到了 Mg(In)固溶体。因此,推断 β 相的形成促进了 MgH_2 分解,并使其重新回到 Mg(In)固溶体。基于上述 XRD 分析结果,Mg(In)固溶体在 573 K 以上的放氢反应可以表示为:

$$MgH_2 + Mg_2In + \beta''(MgIn) \longrightarrow MgH_2 + Mg + \beta(MgIn) + H_2 \rightarrow Mg(In) + H_2$$

(5.6)

MgH_2 的放氢反应焓变降至 (68.1 ± 0.2) kJ/mol H_2,比纯镁减少了 10 kJ/mol H_2。

虽然 Mg(In)固溶体实现了可逆吸放氢相变并降低了放氢反应的焓变,但是铟的价格昂贵不利于大规模使用,并且降低的焓变值不足以使其具有成本效益,因此研究者采用比铟廉价的元素替代铟,以期进一步改善固溶体的储氢性能。例如,使用 Al 部分替代 In 制备 Mg(In, Al)三元固溶体,研究发现 Mg(In, Al)氢化分解成 MgH_2 和 β 相,Al 固溶在中间相 β 中,该反应也完全可逆,发现 $Mg_{0.9}In_{0.05}Al_{0.05}$ 合金的放氢反应焓降低至 66.3 kJ/mol H_2[4]。

2)添加金属间化合物形成元素

当合金化元素添加量超过其在 Mg 中的固溶度极限,会与 Mg 形成金属间化合物。其中有代表性的是过渡金属元素 TM(Ni、Fe、Ti 等),与镁形成金属间化合物 Mg_2TM。这些金属间化合物可以形成不同于 MgH_2 的氢化物,降低反应焓变。Mg-Ni 合金是最具代表性 Mg-TM 系储氢合金。根据 Mg-Ni 相图,Mg-Ni 体系包含 Mg_2Ni 和 $MgNi_2$ 两种稳定的化合物。美国布鲁克海文国家实验室的 Reilly 和 Wiswall 于 1968 年首次在氩气气氛下,通过感应炉制备了 Mg-Ni 合金[5],发现形成的金属间化合物 $MgNi_2$ 难以吸氢,不适合作为储氢材料;而 Mg_2Ni 则容易与 H_2 反应,在 2 MPa 和 573 K 的条件下吸氢形成 Mg_2NiH_4,在 520 ~ 570 K 的温度范围内放氢。Mg_2Ni 吸氢时,氢首先固溶于 Mg_2Ni 形成 $Mg_2NiH_{0.3}$,然后 $Mg_2NiH_{0.3}$ 会继续与氢反应达到饱和,形成 Mg_2NiH_4。该氢化物存在低温和高温两种结构,在 518 ~ 483 K 温度范围内,Mg_2NiH_4 会由立方结构的高温相转变为单斜结构的低温相。Mg_2Ni 与 H_2 的总反应如下:

$$Mg_2Ni + 2H_2 \longrightarrow Mg_2NiH_4$$

(5.7)

Mg_2NiH_4 的形成焓为 65.6 kJ/mol H_2,低于 MgH_2 的形成焓 75.6 kJ/mol H_2,说明与 MgH_2 相比,Mg_2NiH_4 的热力学稳定性降低,更容易分解。

　　尽管 Mg_2Ni 的吸放氢热力学性能与 MgH_2 体系相比得到了明显改善,但与实际应用还存在较大差距。为了进一步降低 Mg-Ni 基储氢合金的吸放氢温度,提高储氢性能,研究者通过对 Mg_2Ni 进行第三元素替代,来设计稳定性更低的 Mg-Ni 基氢化物。一般来说,储氢合金含有高温氢化物形成元素 A 和非氢化物形成元素 B (图 5.4),例如 Mg_2Ni 中 A 侧元素为 Mg,B 侧元素为 Ni。如果用非氢化物形成元素改善金属镁,使其形成非稳定的氢化物就可以显著降低氢化反应焓。

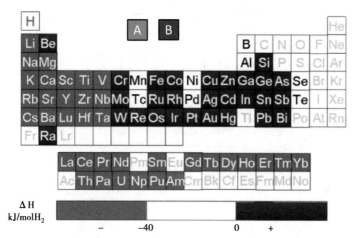

图 5.4　元素周期表中氢化物形成元素和非氢化物形成元素
（A—氢化物形成元素;B—非氢化物形成元素）

　　Mg_2Ni 系储氢合金的元素替代开发如图 5.5 所示[6]。一般采用 I A ~ V B 族放热型金属元素对 Mg 元素进行替代,例如,Ti、V、Zr、Al、Ca 和 RE 等元素;采用ⅥB ~ ⅧB族吸热性过渡金属元素对 Ni 元素进行替代,例如,Mn、Fe、Co、Cr 和 Cu 等元素。对 Mg 的取代通常会使合金损失部分储氢容量,但氢化物的生成热和放氢温度也得到明显降低。图 5.6(a)所示为 $Mg_{2-x}Sn_xNi(x = 0,0.05,0.1,0.15,0.2)$ 合金的氢压与温度的关系图[7],Sn 部分替代 Mg 可有效降低氢化反应温度。替代量较小时 $(x = 0.05)$,吸氢反应温度小幅上升,当替代量增加到 $x = 0.15$ 时,氢化温度显著降低。$Mg_{1.85}Sn_{0.15}Ni$ 合金在 330K 左右就能与氢气反应,其比 Mg_2Ni 合金的氢化温度降低了 80 K。从图 5.6(b)中可以看出,不同替代含量下 van't Hoff 曲线的斜率不同,特别是在 $x = 0.15$ 时斜率最小,对应最小的反应焓。

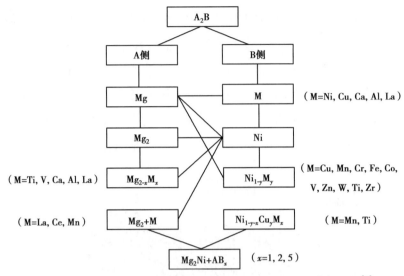

图 5.5 Mg$_2$Ni 中的 A 侧和 B 侧元素取代及添加其他化合物改性[6]

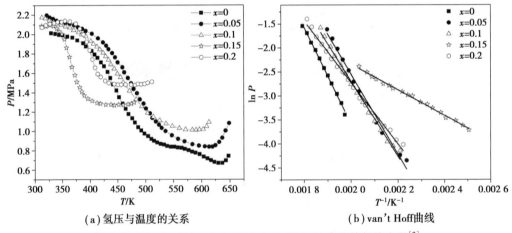

（a）氢压与温度的关系　　　　　　　（b）van't Hoff曲线

图 5.6　Mg$_{2-x}$Sn$_x$Ni($x=0,0.05,0.1,0.15,0.2$)合金储氢热力学[7]

理论计算同样证实了 Mg$_2$Ni 中 A 侧元素被替代可以改善其氢化热力学特性并给出了理论解释。例如采用基于密度泛函理论(DFT)的平面波赝势方法研究了 Al 部分替代 Mg 对 Mg$_2$Ni 及其氢化物结构和储氢性能的影响[8]。计算结果表明,随着 Al 含量的增加,Mg$_2$Ni 晶胞体积减小,不利于 H 原子进入合金,导致合金的储氢容量降低。对于 Mg$_2$NiH$_4$ 及其替代后的氢化物研究发现,氢化物中 Mg—H 和 Al—H 相互作用远小于 Ni—H 的相互作用,因此降低 Ni—H 的相互作用是提高放氢性能的关键。从 Mg$_{2-x}$Al$_x$NiH$_4$($x=0,0.125,0.25$)电荷等密度图计算结果可以看出,随着 Al 含量增加,Ni 和 H 原子的电子云重叠减少,氢化物中的 Ni—H 相互作用减弱,氢化物的热力学稳定性下降,如图 5.7 所示。计算得到 Mg$_2$NiH$_4$、Mg$_{1.875}$Al$_{0.125}$NiH$_4$ 和

$Mg_{1.75}Al_{0.25}NiH_4$ 的生成焓分别为 -56.1、-45.1 和 -32.5 kJ/mol H_2，计算结果与 Mg_2NiH_4 (-61 kJ/mol H_2)[9] 和 $Mg_{1.9}Al_{0.1}NiH_4$ (-53.1 kJ/mol H_2)[10] 实验值结果相近，且变化趋势一致，说明 Al 的加入会降低氢化物的结构稳定性，改善氢化物的放氢热力学。

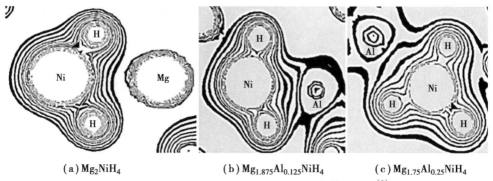

(a) Mg_2NiH_4　　　　(b) $Mg_{1.875}Al_{0.125}NiH_4$　　　　(c) $Mg_{1.75}Al_{0.25}NiH_4$

图 5.7　$Mg_{2-x}Al_xNiH_4$ ($x=0, 0.125, 0.25$) 电荷等密度图[8]

储氢合金 B 侧元素的取代对氢化物生成热的高低和合金吸放氢的可逆性有着重要影响。采用基于分子轨道理论的 DV-Xα 方法计算了 $3d$ 过渡金属 M(M=V、Cr、Fe、Co、Cu、Zn) 部分取代 Ni 后对 Mg_2Ni 电子结构的影响[11]。计算结果表明，对于 Mg_2Ni 氢化物，Ni—Mg 键的强度是最大的，并且氢原子是与镍原子形成强化学键而不是与镁原子形成，因此 Ni—H 和 Ni—Mg 原子间的相互作用直接影响氢化物的稳定性，当不同合金化元素 M 取代 Ni 后，M—Mg 之间较弱的成键作用是导致 Mg_2Ni 氢化物结构稳定性降低的主要原因。实验研究发现机械合金化制备的 $Mg_{69}M_{26}Ti_5$、$Mg_{64}M_{26}Ti_{10}$ 和 $Mg_{64}M_{31}Ti_5$ (M=Ni 或 Fe) 粉末在一个大气压下的放氢温度比 Mg_2NiH_4 降低了约 40 K[12]。

尽管实验技术有突飞猛进的发展，但是单凭实验去获得众多的多元合金热力学性质的工作量是巨大的。而在实验基础上进行理论上的估算，通过模型分析将不同元素替代对热力学性质的影响量化，就可以省时省力地去筛选有效的合金化元素。利用逐步回归和微观结构参数法对镁基多元系合金 $Mg_{2-x}A_xNi_{1-y}B_y$ 的氢化物生成焓、熵变和储氢容量进行分析，可以建立 $Mg_{2-x}A_xNi_{1-y}B_y$ 氢化反应热效应和吸氢量的半经验数学模型[13]：

$$\Delta G = -2.454 \times 10^6 \times \Delta X^2 + 125.957 \times 10^4 \times \left(\frac{e}{a}\right)^{\frac{2}{3}} + 7.100 \times 10^5 \times \Delta X^2 \times \frac{Z}{R} -$$

$$2.182 \times 10^4 \times \left(\frac{e}{a}\right)^{\frac{2}{3}} \times \Delta n^{\frac{2}{3}} - 7.301 \times 10^4 \text{ J/mol} \qquad (5.8)$$

$$\Delta H = -2.454 \times 10^6 \times \Delta X^2 + 3.275 \times 10^4 \times \left(\frac{e}{a}\right)^{\frac{2}{3}} + 7.100 \times 10^5 \times \Delta X^2 \times \frac{Z}{R} -$$

$$2.182 \times 10^4 \times \left(\frac{e}{a}\right)^{\frac{2}{3}} \times \Delta n^{\frac{2}{3}} - 7.301 \times 10^4 \text{ J/mol} \tag{5.9}$$

$$C = 1.539 \times 10^2 \times \Delta X^2 - 1.387 \times \left(\frac{e}{a}\right)^{\frac{2}{3}} - 1.476 \times \frac{Z}{R} + 1.298 \times 10^{-3} \times T +$$
$$2.285w[\text{H}] \tag{5.10}$$

式中 ΔX^2——合金电负性差；

$\left(\dfrac{e}{a}\right)^{\frac{2}{3}}$——电子浓度；

$\dfrac{Z}{R}$——电荷-半径比；

$\Delta n^{\frac{2}{3}}$——电子密度；

T——温度。

影响镁基多元合金热力学性质主要因素的显著性顺序为：$\left(\frac{e}{a}\right)^{\frac{2}{3}} > \left(\frac{e}{a}\right)^{\frac{2}{3}} \times \Delta n^{\frac{2}{3}} >$ $\Delta X^2 > \Delta X^2 \times \frac{Z}{R}$，当合金的电负性差 ΔX^2 减小，电子浓 $\left(\frac{e}{a}\right)^{\frac{2}{3}}$ 和温度 T 升高时，合金吸氢平台压升高，氢化物生成焓的负值减小。各因素对多元合金的吸氢量贡献大小的顺序为：$\Delta X^2 > T > \left(\frac{e}{a}\right)^{\frac{2}{3}} > Z/R$，当合金的电负性差 ΔX^2 和温度 T 增高，电子浓度 $\left(\frac{e}{a}\right)^{\frac{2}{3}}$ 和电荷-半径比 Z/R 减小时，合金的吸氢量增加。模型预报合金氢化物生成焓变的绝对误差小于 ±5 kJ/mol H$_2$，合金理论吸氢量和实验值的最大绝对误差为 ±$0.3w_{[\text{H}]}$，预报值与实验值的对比如图 5.8 所示。

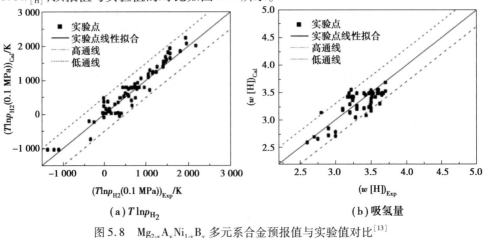

图 5.8 Mg$_{2-x}$A$_x$Ni$_{1-y}$B$_y$ 多元系合金预报值与实验值对比[13]

除了类似于 Mg_2Ni 这样可以形成新的氢化物的合金元素添加外,还有一些通过添加合金元素(如 Al)在放氢过程中形成金属间化合物来降低反应总体焓变的方法。在金属氢化物放氢过程中添加能与其发生反应的物质,反应形成新的化合物可以降低氢化物放氢反应的焓变,改变反应路径的原理示意图如图 5.9 所示,若氢化物 AH_2 放氢后直接分解为 A 和 H_2,由于该反应焓变值较高,导致氢化物的分解平衡压相对较低,因此放氢反应的温度较高。若放氢过程中 AH_2 与添加剂 B 反应生成 AB_x,且 AB_x 的生成焓为负值,即 AB_x 在热力学上比 A 更稳定,那么该反应过程吸收的热量将由 AB_x 的生成焓补偿,对应的放氢反应焓变值降低,因此增加了放氢平衡压力并降低了放氢温度,实现了在不改变 AH_2 结合键强度的情况下,通过改变 AH_2 放氢反应的路径来降低其热力学稳定性的效果,其反应式如下:

$$AB_x + H_2 \longrightarrow AH_2 + xB \tag{5.11}$$

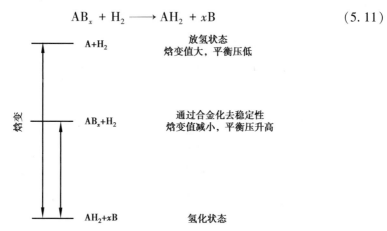

图 5.9　放氢过程中形成化合物对氢化物去稳定作用的广义焓图[14]

例如通过机械合金化的方法制备的 MgH_2-Si 混合物[15],实验结果发现 Si 能对 MgH_2 的放氢热力学起到去稳定化的作用。与经过相同条件球磨的 MgH_2 相比,573 K 时 MgH_2-Si 混合物的放氢平衡压由 0.016 5 MPa 上升至 0.075 0 MPa,平衡压明显升高。球磨后的样品由 MgH_2 和 Si 组成;放氢后的样品主要由 Mg_2Si 组成,并残留少量的 Si。吸放氢反应方程如下:

$$2MgH_2 + Si \longrightarrow Mg_2Si + 2H_2 \tag{5.12}$$

放氢过程会形成热力学更为稳定的硅化物从而导致 MgH_2 的放氢焓变降低。计算结果显示,Mg_2Si 的形成使 MgH_2 的放氢焓由 75.3 kJ/mol H_2 降低至 36.4 kJ/mol H_2,平衡压 0.1 MPa 和 10 MPa 对应的放氢温度分别为 293 K 和 423 K,且保持较高的储氢容量 5.0$wt\%$。但 MgH_2-Si 体系也存在问题,由于生成的 Mg_2Si 过于稳定,导致逆反应十分困难,难以可逆。

Al 元素在元素周期表上与 Mg 元素相邻且价格低廉,且 Mg 和 Al 之间能形成 3 种稳定的化合物 $Mg_{17}Al_{12}$、$Mg_{23}Al_{30}$ 和 Mg_2Al_3[16]。有研究将高纯度的镁粉、铝粉和 Nb_2O_5 粉末混合[17],通过机械合金化的方法制备了 3 种初始成分的 Mg_xAl_{100-x}($x=$ 100、70 和 39)合金,其中 $x=39$ 对应的合金为 Mg_2Al_3,$x=70$ 对应的合金为 25 mol% Mg 和 75 mol% $Mg_{17}Al_{12}$ 的混合物,$x=59$ 对应单相 $Mg_{17}Al_{12}$。测试 $Mg_{70}Al_{30}$ 在 623 K 时的吸氢 P-C-T 曲线,观察到 3 个平台区,意味着 $Mg_{70}Al_{30}$ 在吸氢过程中发生了 3 次相转变过程,如图 5.10 所示。金属间化合物 $Mg_{17}Al_{12}$ 和 Mg_2Al_3 都会与氢气发生歧化反应,Mg_2Al_3 的氢化过程为:

$$Mg_2Al_3 + 2H_2 \longrightarrow 2MgH_2 + 3Al \tag{5.13}$$

而 $Mg_{17}Al_{12}$ 则先与氢气反应生成 Mg_2Al_3,然后生成 MgH_2 和 Al,其反应方程式如下:

$$Mg_{17}Al_{12} + 17H_2 \longrightarrow 9MgH_2 + 4Mg_2Al_3 + 8H_2 \longrightarrow 17MgH_2 + 12Al \tag{5.14}$$

由于 Mg-Al 化合物的形成,反应焓变值降低,反应(5.13)和反应(5.14)的吸氢反应焓变值分别为 -73.8 kJ/mol H_2 和 -68.2 kJ/mol H_2,$Mg_{70}Al_{30}$ 的储氢容量约为 5.74 $wt\%$。由于 Mg-Al 体系的热力学失稳效应小(开始放氢温度仅降低约 50 K 以及放氢焓变小幅降低 6 kJ/mol H_2),且温度低于 573 K 时反应动力学缓慢,实际应用该类型化合物较少。

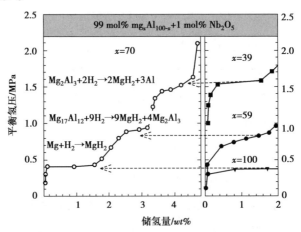

图 5.10 623 K 时 Mg_xAl_{100-x} 的吸氢 P-C-T 曲线[17]

3）添加配位氢化物

合金元素的添加降低了 MgH_2 的热力学稳定性,但储氢容量与 MgH_2 相比明显下降。为了提高体系的储氢容量,研究者使用配位氢化物与 MgH_2 进行复合。配位氢化物是由第 I A 或 V A 主族元素(如 Al、B、N)与氢原子以共价键结合,再与金属离子以离子键结合所形成的氢化物,按照配位体的种类大致可分为 3 类:第一类是含有 $[AlH_4]^-$ 配位体的金属铝氢化物,如 $LiAlH_4$、$NaAlH_4$ 和 $Mg(AlH_4)_2$ 等;第二类是含有 $[BH_4]^-$ 配位体的金属硼氢化物,如 $LiBH_4$、$NaBH_4$ 和 $Mg(BH_4)_2$ 等;第三类是含有 $[NH_2]^-$ 配位体的金属氮氢化物,如 $LiNH_2$ 和 $Mg(NH_2)_2$ 等。与传统的金属氢化物相比,配位氢化物具有较高的储氢容量,但离子键和共价键的结合方式也使其具有很高的热力学稳定性。配位氢化物与 MgH_2 组成复合体系可以通过形成金属间化合物来改变放氢反应的反应路径,在保持较高储氢容量的同时降低了体系的热力学稳定性。

例如将配位氢化物 $LiBH_4$ 作为添加剂加入 MgH_2 中,在惰性气氛下添加 $TiCl_3$ 作为催化剂,通过机械合金化的方法将两种材料复合[18]。分析认为 $LiBH_4$ 的加入生成了 MgB_2 改变了 MgH_2 的放氢反应路径,如式(5.15)所示,测得放氢反应的焓变值为 40.5 $kJ/mol\ H_2$,低于纯 MgH_2 或纯 $LiBH_4$ 单独放氢的反应焓变值,MgB_2 的形成使得 MgH_2 和 $LiBH_4$ 的热力学稳定性均降低。

$$MgH_2 + 2LiBH_4 \longrightarrow 2LiH + MgB_2 + 4H_2 \tag{5.15}$$

不同含量的 $LiBH_4$ 对 MgH_2 放氢温度的影响如图 5.11 所示[19]。图 5.11(a)所示为 $MgH_2\text{-}xLiBH_4$($x=0,5,10,20,30\ mol\%$)复合物的等温 TPD 曲线,未添加 $LiBH_4$ 的纯 MgH_2 氢化物其初始放氢温度为 620 K。当 5 $mol\%$ $LiBH_4$ 添加后,MgH_2-5 $mol\%$ $LiBH_4$ 复合物的起始放氢温度降低至 604 K,同时 7.3$wt\%$氢气被释放。当继续增加 $LiBH_4$ 复合量至 10、20 和 30 $mol\%$ 时,复合物体系的起始放氢温度分别为 598、611 和 613 K。图 5.11(b)所示为 $MgH_2\text{-}xLiBH_4$($x=0,5,10,20,30\ mol\%$)复合物的变温放氢 DSC 曲线。结果进一步证实了 $LiBH_4$ 对 MgH_2 放氢的积极作用。在纯 MgH_2 样品 5 K/min 放氢 DSC 曲线中可观察到两个吸热峰 635.8 和 664.7 K,其分别对应 γ-MgH_2 和 β-MgH_2 相的放氢过程。当加入 $LiBH_4$ 时,MgH_2-$LiBH_4$ 样品的 DSC 曲线中也存在两个放氢峰。例如,MgH_2-10$mol\%$ $LiBH_4$ 复合物,5 K/min 升温

DSC 曲线中 553 和 643 K 的吸热峰分别对应 $LiBH_4$ 和 MgH_2 的放氢过程。对比 DSC 中的放氢峰,可以发现 MgH_2 金属氢化物的放氢温度先随着 $LiBH_4$ 复合量的增加而下降;超过 5 mol% 后,随着 $LiBH_4$ 含量的增加而增加。说明适量添加 $LiBH_4$,形成 MgH_2-$LiBH_4$ 复合材料,可改善 MgH_2 的放氢热力学特性。

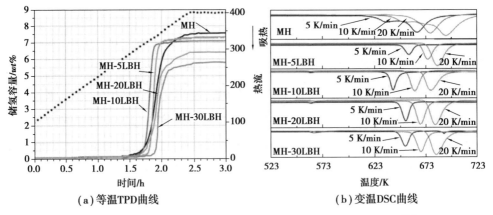

(a) 等温TPD曲线　　　　　　　　(b) 变温DSC曲线

图 5.11　MgH_2-$x$$LiBH_4$($x$ = 0,5,10,20,30 mol%)复合物放氢特性[19]

5.1.3　纳米化

通常将颗粒或晶粒尺寸小于 100 nm 的材料称为纳米材料。纳米材料的一个重要特征是表面/界面在材料中占有很大的比例,大量的表面和界面引入额外的表面自由能和界面自由能,使体系的自由能增加,热力学稳定性降低。目前,通过各种方法制备的纳米储氢材料大致可以分为两类:第一类是纳米尺寸储氢材料,即材料的外观尺寸至少一个维度上达到纳米尺度;第二类是纳米晶储氢材料,即材料尺寸的 3 个维度都不是纳米尺度,但其内部结构具有纳米尺寸(如纳米晶、纳米多相结构等)。对于前者,材料的表面是需要考虑的主要因素,而对于后者,材料内部的界面是需要考虑的主要因素。不同维度的纳米材料如图 5.12 所示。

1)纳米颗粒或晶粒

纳米化使材料体系比表面积增加、界面体积分数增高,降低吸放氢反应的反应焓。第一性原理计算发现 Mg 和 MgH_2 的热力学稳定性随团簇粒子粒径的减小而降低,且 MgH_2 比 Mg 的热力学稳定性降低更为显著[21]。当 MgH_2 的晶粒尺寸小于 1.3 nm 时,

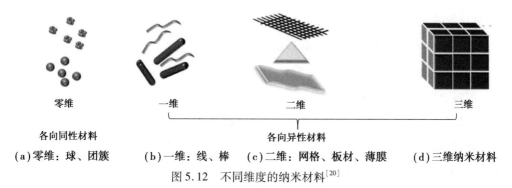

（a）零维：球、团簇　　（b）一维：线、棒　　（c）二维：网格、板材、薄膜　　（d）三维纳米材料

图 5.12　不同维度的纳米材料[20]

MgH_2 放氢反应焓明显降低。晶粒尺寸为 0.9 nm 的 MgH_2 的放氢反应焓降为 63 kJ/mol H_2，放氢温度降低至 473 K。而反应力场（Reactive Force Field）方法的计算结果显示，当 Mg 的颗粒尺寸超过 2 nm 后，MgH_2 的形成焓接近块体 Mg 的吸氢反应焓[22]。

对于纳米颗粒粉末体系，粒径减小并不能无限降低体系的形成焓。如果颗粒间不存在相互作用，则颗粒半径越小时形成焓越小，如图 5.13（a）中的实线所示。而真实粉末颗粒间存在的范德华吸引力将相邻颗粒拉近并相互接触引起表面重组，导致比表面积下降，随着颗粒半径减小，比表面积的损失更加明显，如图 5.13（b）所示。这时形成焓随颗粒半径细化会出现正移的最大值，如图 5.13（a）中实线所示。

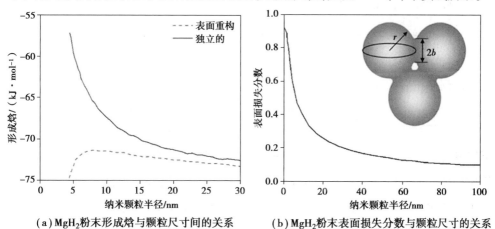

（a）MgH_2 粉末形成焓与颗粒尺寸间的关系　　（b）MgH_2 粉末表面损失分数与颗粒尺寸的关系

图 5.13　MgH_2 粉末形成焓和表面损失分数与颗粒半径的关系[23]

从反应熵的角度来看，大块材料的室温 ΔS 可以通过放氢反应 $MgH_2 \rightarrow Mg+H_2$ 来计算，因此，$\Delta S = 130.5$ J/(mol·K) H_2，通常也将 ΔS 作为常数处理。根据 van't Hoff 方程，ΔS 增加将提高放氢反应的平衡压，即在一定程度上降低氢化物的稳定性。反之，ΔS 减小将降低放氢反应的平衡压。纳米化导致颗粒尺度减小，金属镁及

其氢化物的无序度均增加,即 S_{Mg} 和 S_{MgH_2} 都增加。MgH_2 是由 Mg 和 H 两个组分组成,对于同样程度的尺寸变化,组分越多的材料无序度应该增加越多,即 $\Delta S_{MgH_2} > \Delta S_{Mg} > 0$。因此,$\Delta S = S_{Mg} + S_{H_2} < 130.5$ J/(mol·K)H$_2$。关于纳米尺度导致 ΔS 减小问题,需建立模型并开展系统理论计算。

对于纳米颗粒/晶粒,晶界处原子配位结构与完整晶格不同,原子配位距离增大,最近邻原子配位数减少,造成晶界上存在一定的过剩体积 ΔV。相对完整晶格中的体积 V_0,由于过剩体积的存在,纳米尺寸材料的体积可定义为 $V' = V_0(1 + \Delta V)$,过剩体积 ΔV 随着纳米晶粒尺寸的降低而增加[24]。采用统计热力学方法,修正纳米化对 MgH_2 放氢熵变的影响[25],并将晶界上原子配位数的减少视为晶界密度降低,将晶界近似为配位数减少的完整晶体,相对于标准状态下常规尺寸的 Mg 和 MgH_2,纳米化后的 S_{Mg} 和 S_{MgH_2} 可分别表示为:

$$S_{Mg} = S_{Mg}^{\theta} + \Delta S_{rMg} + \Delta S_{vMg} \tag{5.16}$$

$$S_{MgH_2} = S_{MgH_2}^{\theta} + \Delta S_{rMgH_2} + \Delta S_{vMgH_2} \tag{5.17}$$

式中 ΔS_r——转动熵增量;

ΔS_v——振动熵增量。

因此 $\Delta S_{MgH_2 \to Mg + H_2}$ 可以表示为:

$$\Delta S_{MgH_2 \to Mg + H_2} = (S_{Mg}^{\theta} + \Delta S_{rMg} + \Delta S_{vMg}) + S_{H_2}^{\theta} - (S_{MgH_2}^{\theta} + \Delta S_{rMgH_2} + \Delta S_{vMgH_2}) \tag{5.18}$$

计算得到修正后的 MgH_2 放氢熵为:

$$\Delta S_{MgH_2 \to Mg + H_2} = 130.5 - \frac{8}{3}R \ln\left[\frac{0.8[d^3 - (d - 0.556)^3] + d^3}{d^3}\right] \tag{5.19}$$

可以发现,$\Delta S_{MgH_2 \to Mg + H_2}$ 随颗粒尺寸 d 的减小而降低,且当颗粒尺寸小于 10 nm 时,放氢熵变降低的效果更为明显。结合纳米化对放氢焓变的影响,根据 van't Hoff 方程,纳米化的 MgH_2 在平台压为 0.1 MPa 时的放氢温度可以表示为:

$$T_d = \frac{\Delta H_{nano}}{\Delta S_{nano}} = \frac{75 - \dfrac{69.57}{d}}{130.5 - \dfrac{8}{3}R\ln\left[\dfrac{0.8[d^3 - (d - 0.556)^3] + d^3}{d^3}\right]} \tag{5.20}$$

根据式(5.20)获得放氢温度与颗粒尺寸的关系,如图 5.14 所示。与块体材料相比,仅考虑纳米化对放氢熵变的影响时,0.1 MPa 氢压下的放氢温度随纳米颗粒尺寸减小而降低。而综合考虑纳米化对放氢焓和放氢熵的影响后,相同尺寸的 MgH_2 纳米更高。根据公式预测,只有当颗粒尺寸小于 2.3 nm 时,其在平台压为 0.1 MPa 时的放氢温度才能小于 373 K。

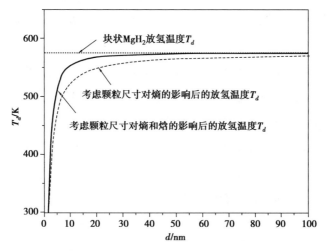

图 5.14　平衡压为 0.1 MPa 时颗粒尺寸与放氢温度的关系[25]

除了纳米颗粒表面和晶界外,氢化物形成焓与镁合金的晶面方向也存在着对应关系。研究者发现 MgH_2 的不同晶面对应热力学稳定性不同,(111)晶面增加热力学稳定性,而(200)晶面则降低热力学稳定性。纳米化能否起到去稳定化效果,取决于(111)晶面和(200)晶面的共同作用[26]。考虑到 MgH_2 纳米化后两种晶面的共同作用,研究者理论预测了晶面类型对 MgH_2 放氢反应焓的影响规律(图 5.15),当

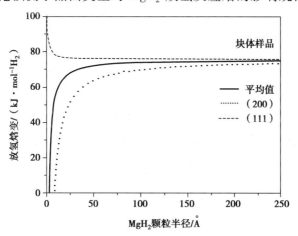

图 5.15　MgH_2 颗粒尺寸对放氢反应焓变的影响[26]

MgH_2 颗粒尺寸为 ~25 nm 时,(111) 晶面增加 MgH_2 稳定性的作用效果大于(200) 晶面对 MgH_2 的去稳定化效果,放氢反应焓与块体样品基本一致;当减小 MgH_2 颗粒尺寸至小于 5 nm 时,(200) 晶面对 MgH_2 的去稳定作用逐渐占据主导地位,导致 MgH_2 放氢反应焓显著降低。目前,关于纳米化引起 MgH_2 放氢反应焓变下降的临界尺寸,各种理论计算尚不一致,但基本上都认为颗粒尺寸应小于 10 nm。

理论计算结果为实验开展指明了方向,通过纳米化来调控 MgH_2 放氢热力学。纳米颗粒的制备方法可分为从块体材料逐渐减小尺寸至纳米尺度和从原子尺度形核生长为纳米尺度两种。将材料从块状逐渐减小到纳米尺度的纳米颗粒制备方法有球磨法和光刻蚀等。从原子尺度通过调控形核生长过程合成纳米颗粒,其基本原理是通过在液相或气相中均匀形核,或基底上的非均匀形核方法制备得到纳米颗粒,例如气相沉积法、水热法、溶胶—凝胶法等。也有将两种方式结合起来的方法,如通过化学反应球磨方法在室温下制备不同尺寸镁纳米颗粒[27],反应方程式如下所示:

$$MgCl_2 + 2LiH \longrightarrow MgH_2 + 2LiCl \qquad (5.21)$$

通过添加过量 LiCl 使平衡左移,经过高能球磨制备 MgH_2,其颗粒尺寸为 2~7 nm,对应的放氢焓为 (71.22 ± 0.49) kJ/mol H_2;而颗粒尺寸为 12~20 nm 与 15~40 nm 的镁纳米颗粒的放氢焓分别为 (74.15 ± 0.37) kJ/mol H_2 和 (74.75 ± 0.42) kJ/mol H_2。

近年来,在合金纳米化基础上提出的"纳米限域",将镁基纳米颗粒限制在一定区域,阻止了合金颗粒的团聚和长大,在吸放氢循环稳定性方面展现出优异效果。采用还原氧化石墨烯对镁进行纳米限域[28],样品 Mg 的晶粒尺寸仅为 3.2 nm 左右;石墨烯具有选择性气体透过功能,在允许 H_2 分子自由通过的同时,阻挡了 O_2 和 H_2O 分子与纳米 Mg 的接触,显著提升了纳米镁在空气中的稳定性。在此基础上,进一步制备了含有少量 Ni 等过渡金属催化剂的纳米限域 Mg 复合材料,图 5.16 所示为该复合样品的示意图[29],样品的吸氢量依然高达 $6.5wt\%$,而 Ni 催化的纳米限域复合材料的吸氢和放氢焓变比块体 Mg 分别降低了约 11 kJ/mol H_2 和 9 kJ/mol H_2。但是与没有添加 Ni 的纳米限域复合材料相比,吸氢和放氢的焓变降低得很少。因此,其热力学性能的改变主要归功于 Mg 的纳米化以及石墨烯的包覆作用。

总之,镁基储氢合金通过纳米颗粒化,借助比表面积、晶面、过剩体积、亚稳相等引入,使系统自由能上升,从而改变了氢化反应热力学特性。为了保持纳米颗粒化

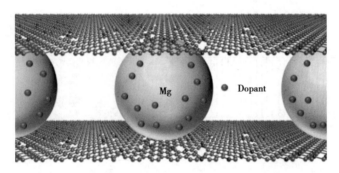

图 5.16　还原氧化石墨烯(rGO)纳米限域 Mg 复合材料示意图[29]

后,镁基储氢材料的良好热力学特性,抑制纳米颗粒的团聚是至关重要的环节,纳米限域是镁基储氢合金热力学性能改善的一个有效策略。纳米限域通过两种途径来大大降低 MgH_2 的热力学稳定性:一是限制氢化物的粒径;二是通过支架材料内纳米颗粒的区室化阻碍粒子生长和团聚。

2)纳米薄膜

薄膜技术被广泛应用于镁基储氢材料,薄膜材料因一个方向上的生长受限,而表现出与块体材料不一样的特性。厚度在 100 nm 以下的薄膜也是一种纳米结构,制备多层纳米厚度的薄膜对镁实施空间限制,可在保持较高平衡压力的同时降低 MgH_2 的放氢温度,这种情况里多层薄膜层间应力是更主要的影响因素,而不是利用纳米尺度效应。

制备镁纳米薄膜改变其放氢性能与应力应变的引入密切相关,因为纳米材料中存在大量的界面和界面弹性约束现象,如外延多层薄膜或超晶格中不同物相间因晶格失配或热失配均会导致界面弹性约束,这种约束必然会引起界面失配应变和额外的应变能,而应力应变或应变能的引入将极大地改变镁基储氢材料的结构和放氢性能。内应力与晶粒尺寸密切相关,晶粒尺寸越大,内应力越大。通过溅射法制备的 Pd/Mg/Pd 层状中薄膜中,Mg 层由细的沿 c 轴分布的柱状晶构成,其直径为 10 ~ 30 nm(图 5.17)。纳米结构 Mg 与 Pd 层之间弹性相互作用使 MgH_2 热力稳定性大幅转变,使 MgH_2 的吸附温度降低至略高于室温[30]。

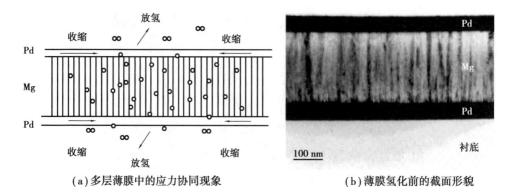

(a) 多层薄膜中的应力协同现象　　　　　(b) 薄膜氢化前的截面形貌

图 5.17　Pd(50 nm)/Mg(200 nm)/Pd(50 nm)多层薄膜的应力协同现象与截面形貌[30]

通过第一性原理计算研究双轴应变对 MgH_2 放氢热力学的影响[29],双轴各向同性应变 ε_{xx} 和 ε_{yy} 通过等效约束晶格常数并沿 x 和 y 轴方向施加在 MgH_2 晶胞上,被施加应变的 MgH_2 晶胞模型如图 5.18(a)所示。计算结果表明,与无应变的 MgH_2 相比,应变 MgH_2 拥有更高的总能量和应变能,并且两者相对于应变的变化关系类似,应变能定义为被施加应变和无应变 MgH_2 晶胞之间总能量的差异。

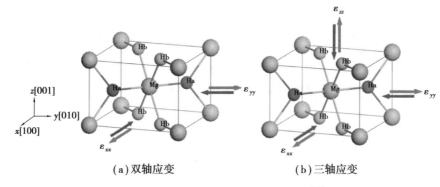

(a) 双轴应变　　　　　　　　(b) 三轴应变

图 5.18　应变 MgH_2 晶胞模型示意图[31]

由图 5.19(a)可以看出,拉伸应变对增加总能量和应变能的影响比压缩应变更显著。总能量的高低代表晶体结构的稳定性,总能量越高,说明晶体结构稳定性越低。因此,无论是双轴拉伸应变还是压缩应变,都有利于 MgH_2 的失稳。相对于压缩应变,拉伸应变的失稳作用更为显著,说明拉伸应变改善放氢热力学的效果优于压缩应变。引入应变能对 MgH_2 放氢反应的 van't Hoff 方程进行了修正,结果如下:

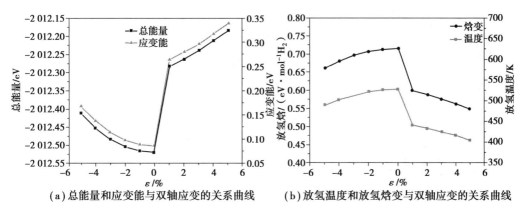

(a) 总能量和应变能与双轴应变的关系曲线　　(b) 放氢温度和放氢焓变与双轴应变的关系曲线

图 5.19　双轴应变总能量、应变能、放氢温度和焓变与应变量的关系[31]

$$\ln\left(\frac{P_{\text{eq,strained}}}{P_0}\right) = -\frac{\Delta H^\circ}{RT} + \frac{\Delta S^\circ}{R} + \frac{\int_0^{\varepsilon_{ij}} \sigma_{ij} d\varepsilon_{ij}}{RT} \tag{5.22}$$

式中　$P_{\text{eq,strained}}$——引入应变后 MgH_2 的平衡压;

$\int_0^{\varepsilon_{ij}} \sigma_{ij} d\varepsilon_{ij}$——被施加应变的 MgH_2 与无应变的 Mg 的应变能差。

因此,应变能对 MgH_2 平衡压为 0.1 MPa 时放氢温度的影响可表示为:

$$T_{\text{strained}} = T^0 - \frac{\int_0^{\varepsilon_{ij}} \sigma_{ij} d\varepsilon_{ij}}{\Delta S^0} \tag{5.23}$$

计算得到放氢焓变和放氢温度与应变的关系变化曲线如图 5.20(b) 所示,与无应变的 MgH_2 相比,施加应变后 MgH_2 的放氢焓变和放氢温度都随着应变幅度的增加而降低,并且拉伸应变有着较压缩应变更低的放氢温度和放氢焓变。这说明由于应变能的贡献,施加到 MgH_2 的双轴拉伸或压缩应变有利于改善其放氢热力学,并且拉伸应变的改善效果比压缩应变更明显。

在双轴应变的基础上,通过第一性原理计算研究三轴应变对 MgH_2 放氢热力学的影响,如图 5.18(b) 所示。计算结果表明,与单轴拉伸应变或双轴拉伸应变相比,被施加三轴拉伸应变的 MgH_2 具有更高的总能量和更低的放氢焓变[32],如图 5.20 所示,说明施加三轴应变可以降低 MgH_2 的热力学稳定性。与双轴应变类似,拉伸应变对 MgH_2 放氢热力学有着更好的改善效果。

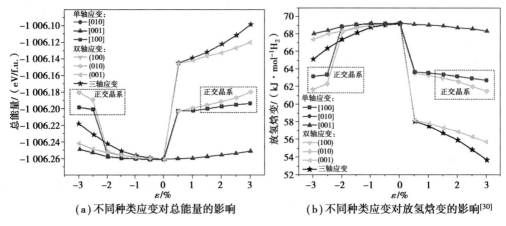

图 5.20　不同种类应变对总能量和放氢焓变的影响

　　合金化、复合化和纳米化手段都可不同程度地改善镁基合金氢化热力学性能，但各自改进热力学性能的途径存在差异，改进的程度也存在差异。为了全面提升镁基材料性能，大幅降低其热力学温度性，实现温和条件吸放氢，多策略调控成为趋势。即在添加合金元素的同时，采用不同制备方式将 Mg 或 MgH_2 颗粒、晶粒尺寸控制在纳米尺寸，从而更大限度地弱化 Mg—H 键能，降低反应焓变和放氢温度。

3)纳米线

　　除了纳米镁颗粒、纳米薄膜，可以改善金属镁氢化热力学特性，镁纳米线也是可能降低 MgH_2 热力学稳定性的纳米化方式。通过模拟计算报道直径约为 1 nm 的 Mg 纳米线，其氢化物具有 37.55 kJ/mol H_2 的分解焓，其放氢温度为 287 K，接近室温[33]。通过考虑 H 含量和尺寸的影响分析 Mg 纳米线的电子结构和稳定性，在块体 MgH_2 中，Mg-H 之间为离子键，能垒为 3.57 eV。Mg 纳米线位于分子和块体之间，具有明显的能级离散趋势，在 MgH_2 纳米线的电子结构中，能垒为 1.36 eV，表明其稳定性弱于块体 MgH_2[33]。从这个角度来看，由于在热力学上使氢化物体系不稳定，Mg 的纳米线结构可以有效地被认为是一种有前途的储氢材料。

　　通过气相反应合成尺寸分别为 30~50 nm、80~100 nm 及 150~170 nm 的 Mg 纳米线[34]（图 5.21），其氢化行为结果表明，上述三种尺寸 Mg 纳米线材料的氢化焓值分别为 65.3 kJ/mol H_2，65.9 kJ/mol H_2 和 67.2 kJ/mol H_2。可见，Mg 纳米线的氢化焓要低于块体 Mg 的氢化焓（74.0 kJ/mol H_2），且随着纳米线的尺寸降低，氢化焓进一步降低。通过第一性原理计算研究 MgH_2 纳米线热力学稳定性与其尺寸的依赖关系[35],结果表明:当镁纳米线的直径分别为 1.24 nm、0.85 nm、0.68 nm 时,其放氢焓值分别为 61.86 kJ/mol H_2、34.54 kJ/mol H_2、−20.64 kJ/mol H_2。直径的减小导致 MgH_2 纳米线的热力学不稳定,在室温下,直径为 0.85 nm 的纳米线可以进行储氢。能量和电子结构分析表明,MgH_2 纳米线的热力学性质不仅与镁纳米线的能量有关,还与 MgH_2 的能量有关。直径减小导致 MgH_2 和镁纳米线的高能不稳定性,但 MgH_2 纳米线比镁纳米线的失稳更强,这导致 MgH_2 纳米线随着直径的减小而发生热力学失稳。另外,对于直径为 0.68 nm 的 MgH_2 纳米线,每个氢原子都是单配位的;对于 0.85 nm 的 MgH_2 纳米线,每个氢原子都是双配位的;对于 1.24 nm 的 MgH_2 纳米线,四分之一的氢原子是单配位的,还有四分之一的氢原子是三配位的,其他的是四配位的。因此,不同直径 Mg 纳米线与 H 具有不同的配位情况,进而获得较弱的 Mg-H 键和较低的解吸温度[35]。可见,降低纳米线直径尺寸可以显著改变 MgH_2 热力学性能。

(a) 200 cm³/min 　　　　 (b) 200 cm³/min

(c) 300 cm³/min 　　　　 (d) 300 cm³/min

(e) 400 cm³/min 　　　　 (f) 400 cm³/min

图 5.21　不同流量下气相反应合成 Mg 纳米线的 TEM 图[34]

综上,合金化、复合化和纳米化手段都可不同程度改善镁基合金氢化热力学性能,但各自改进热力学性能的途径存在差异,改进的程度也存在差异。为了全面提升镁基材料性能,大幅降低其热力学温度性,实现温和条件吸放氢,多策略调控成为趋势。即添加合金元素的同时,采用不同制备方式将 Mg 或 MgH₂ 颗粒和晶粒尺寸控制在纳米尺寸,从而更大程度弱化 Mg-H 键能,降低反应焓变和放氢温度。

5.2 镁基储氢合金的氢化反应动力学改性

5.2.1 影响吸放氢反应动力学的因素

镁基储氢合金的吸放氢反应是典型的多相气-固反应,因此反应过程的各阶段都存在不同的能垒,如图 5.22 所示。要使反应顺利进行则必须越过这些能垒,需要的能量也相应地称为该反应阶段所需的活化能。如第 2 章所提到的,镁基储氢合金的吸氢过程依次可分为物理吸附、化学吸附、表面渗透、氢扩散、β 相形核长大、界面化学反应等步骤,放氢过程为其逆过程。因此当某一步骤成为反应限制性环节时,就需要针对该步骤提出改善策略。

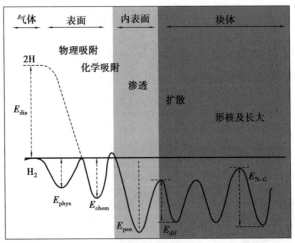

图 5.22　Mg/MgH₂ 吸放氢反应过程中连续能垒

对应的 Lennard-Jones 电位图[26]

导致镁吸氢动力学缓慢的原因有:

①纯镁表面极易形成一层氧化膜或氢氧化物钝化层,阻止了氢分子在颗粒表面的吸附解离以及氢原子向内部的扩散。

②H 在 MgH_2 中的扩散速率(1.5×10^{-16} m^2/s,300 ~ 600 K)远远小于其在 Mg 中的扩散速率(4×10^{-13} m^2/s,493 ~ 473 K),当 Mg 的表面形成了一层 MgH_2 后,氢原子的进一步扩散会非常困难。

对于 MgH_2 放氢动力学缓慢的原因主要有:

①H 在 MgH_2 和 Mg 中的扩散速率缓慢。

②Mg 在 MgH_2 表面形核需要较高能量。

③H 原子在 Mg 的表面再结合形成氢分子需要克服较高能垒。

④即便是极其洁净的实验条件下也不可避免地在金属镁的表面产生 MgO 氧化物层或 $Mg(OH)_2$ 氢氧化物层,氧化层会阻碍氢分子的解离以及后续过程中氢原子的扩散。因此,改善镁合金吸放氢动力学的本质包含两个方面:提高材料表面氢分子的解离速率,如添加催化剂;改变 MgH_2 放氢途径以降低活化能,如合金化和复合化;提高材料内部 H 原子的扩散速率,如合金化、纳米化、引入晶体缺陷等。

5.2.2　添加催化剂

添加催化剂是提高化学反应动力学性能的有效方法。催化剂能够打破金属氧化膜对氢气封闭的表面,帮助解离氢分子,使表面对氢的放氢有活化作用,从而缩短镁基储氢合金吸放氢反应的孕育期,提升吸放氢速率。添加催化剂改善镁基合金储氢动力学性能的机制通常可用"氢泵效应""溢流效应""电子转移"和"通道效应"等催化机理来解释。"氢泵效应"是指通过掺杂过渡金属 Ti、V、Nb、RE 等削弱 MgH_2 晶体的稳定性,在放氢过程中掺杂原子与周围氢原子形成氢化物团簇 TmH_x(Tm = Ti、V、Nb 和 RE 等),氢优先通过催化相放出,从而改善 MgH_2 体系的放氢动力学性能。"溢流效应"是指掺杂催化剂之后,氢分子优先在催化剂表面分解成氢原子,然后氢原子从催化剂表面上移动到镁基体中。"电子转移"是指催化剂在变价过程中会产生多余的电子,这些多余的电子会从催化剂移动到 MgH_2 中,从而促进 MgH_2 的分解。"通道效应"是指掺杂的催化剂在 MgH_2 中充当氢原子传输的通道,加速 H 在

MgH_2 中的转移,从而加快 MgH_2 的吸放氢速率。常见的催化剂按照以上的催化机制大致分为以下类别:金属单质催化剂、化合物催化剂、碳基催化剂。

1)金属单质催化剂

过渡金属在原子结构上的共同特点是价电子依次充填在次外层的 d 轨道上,其特殊的结构使其对 MgH_2 具有较好的催化效果。例如通过机械合金化制备 MgH_2 与 8 mol% M(M=Al,Ti,Fe,Ni,Cu 和 Nb)的粉末混合物,以改善 MgH_2 的储氢性能。Nb、Ti 和 Ni 掺入 MgH_2 中,吸氢后会形成 TiH_2、Mg_2NiH_4 和(Nb,Mg)H_x 等中间相,而 Fe、Ni、Cu 和 Al 在正常条件下不会形成氢化物[31]。样品在 573 K 下的放氢容量如图 5.23 所示[35]。未球磨的 MgH_2 和球磨后的 MgH_2 的放氢量都较低,分别为 1.0wt% 和 1.7wt%。掺杂 Ni 时,机械合金化混合物的放氢量最高,能达到 7.5wt%,并表现出良好的动力学性能,能在 15 min 左右达到平衡。其他过渡金属的催化效果按照 Al、Fe、Ti、Nb 和 Cu 的顺序依次减弱,对应的放氢量分别为 5.7wt%、5.3wt%、2.6wt%、2.6wt% 和 1.7wt%。

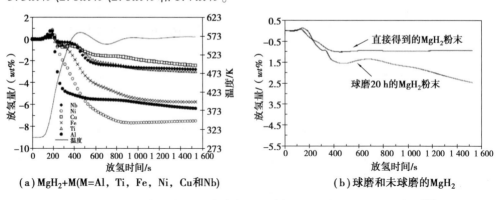

(a)MgH_2+M(M=Al, Ti, Fe, Ni, Cu和Nb) (b)球磨和未球磨的MgH_2

图 5.23 573 K 时不同 MgH_2 复合物的时放氢量和放氢时间的关系曲线[35]

2)化合物催化剂

化合物催化剂包括氧化物、卤化物、碳化物、硫化物、氢化物等。通过氧化 $(Ti_{0.5}V_{0.5})_3C_2$ 合成 $TiVO_{3.5}$ 复合过渡金属氧化物,研究发现 V 与 Ti 对 MgH_2 具有协同催化效果[36]。MgH_2-10wt% $TiVO_{3.5}$ 在 523 K 时 10 min 内可放氢 5.0wt%,并在 5 MPa 氢压下 373 K 时 5 s 内吸氢 3.9wt%。该体系的放氢活化能降低至 62.4 kJ/mol H_2,表明 $TiVO_{3.5}$ 明显提高了 MgH_2 的放氢动力学性能。其催化机制在于,球

磨过程中 $TiVO_{3.5}$ 被还原为金属单质 Ti 和 V 并包裹于 MgH_2 颗粒表面,在吸放氢的过程中作为活性位点加速了 H_2 的结合或解离,进而提高整个体系的储氢性能。研究表明,不同氧化物催化剂添加后,MgH_2 的放氢速率得到了不同程度的改善。573 K 真空条件下,氧化物催化改性后的 MgH_2 放氢速率如图 5.24 所示,Nb_2O_5 催化动力学改性效果最为优异[37]。

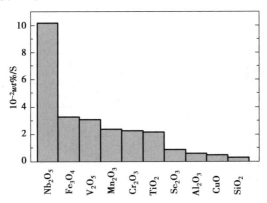

图 5.24　添加不同氧化物催化剂的 MgH_2 在 573 K 真空条件下放氢速率对比[37]

价态多变的钛基催化剂具有优异的催化效果,因此成为研究者关注的热点。利用多价钛基催化剂(TiH_2,TiO_2 和 $TiCl_3$)包覆 MgH_2 颗粒[38],在其表面形成约 10 nm 厚的保护层。改性后的 MgH_2 放氢动力学明显提高,在 523 K 时 15 min 内放氢量可达 $5wt\%$。由图 5.25(a)可以看出,MgH_2、低价态的 Ti^{2+} 和高价态的 $Ti^{3+}/^{4+}$ 之间存在许多界面,高价和低价 Ti 化合物之间的界面促成 Ti 离子价态转变。多价 Ti 基催化剂包覆的 MgH_2 颗粒的吸放氢过程如图 5.25(b)所示。吸氢过程可分为以下步骤:

①H_2 分子在催化剂表面解离为 H 原子,并扩散至催化剂和 Mg 界面处。

②低价态 Ti 离子(Ti^{2+})自发跃迁失去电子给 H 原子,并转变为高价态的 Ti 离子($Ti^{3+}/^{4+}$),H 原子得到电子变为 H^-。

③Mg 失电子给 $Ti^{3+}/^{4+}$,变为 Mg^{2+},Mg—H 键形成,发生吸氢反应。

④MgH_2 形核及长大。放氢过程的电子转移与上述过程相反。分析认为多价 Ti 基催化剂可以作为 MgH_2 吸放氢过程中电子转移的载体,能提高 Mg^{2+} 和 H^- 之间的电子转移效率,H 原子更容易在复合物的表面结合为 H_2 并释放出来,降低了体系活化能,改善了动力学性能,如图 5.25(c)所示。

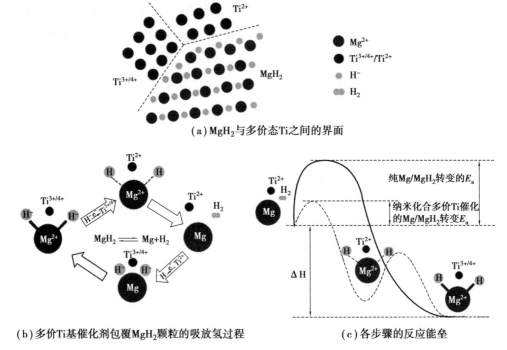

(a) MgH$_2$ 与多价态 Ti 之间的界面

(b) 多价 Ti 基催化剂包覆 MgH$_2$ 颗粒的吸放氢过程

(c) 各步骤的反应能垒

图 5.25　催化剂催化复合材料的吸放氢反应的机理示意图[38]

实验研究 ZrF$_4$,NbF$_5$,TaF$_5$ 和 TiCl$_3$ 等氟化物和氯化物对 MgH$_2$ 吸放氢性能的影响及作用机理[39],结果表明,这几种卤化物均能有效改善 MgH$_2$ 的放氢性能,改性样品在 598 K 的吸放氢曲线如图 5.26 所示。ZrF$_4$ 的催化效果最好,未添加 MgH$_2$ 的吸放氢速率分别为 0.4$wt\%$/min 和 2.2$wt\%$/min,添加 ZrF$_4$ 后吸放氢速率可达到 3.2$wt\%$/min 和 4$wt\%$/min,催化效果按 ZrF$_4$、NbF$_5$、TiCl$_3$、TaF$_5$ 依次减弱。ZrF$_4$ 在循环过程中并不参与化学反应,其催化机制在于 Zr 原子和 F 原子的共同存在加速了氢分子在 ZrF$_4$ 表面的解离或重组。而 NbF$_5$ 和 TaF$_5$ 在吸放氢过程中发生分解并形成 MgF$_2$,弱化 Mg—H 的结合以提高氢原子的扩散能力。TiCl$_3$ 的催化机制与以上两种机制有所不同,TiCl$_3$ 的催化效果依赖于过渡金属 Ti,在循环过程中形成多价的 Ti 基化合物,为电子转移提供活性位点。

碳化物 TiC 通过球磨的方式掺杂入 MgH$_2$ 中,可以使其放氢活化能从 191.27 kJ/mol H$_2$ 降低至 145.62 kJ/mol H$_2$[40]。改性后的样品在 573 K 时,放氢量达到 6.3$wt\%$,1 MPa 氢压下可再吸氢 6.0$wt\%$。在提高吸放氢动力学性能的同时,该体系也保持了较好的循环稳定,10 次吸放循环后容量损失为 3.3%。TiC 的改性机制

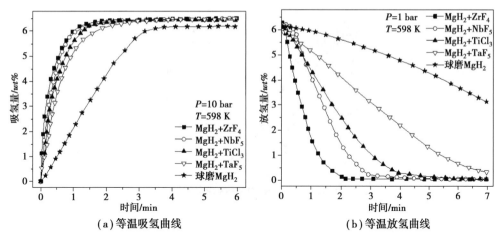

图 5.26　598 K 时不同 MgH_2 掺杂体系的吸放氢动力学曲线[39]

可以从两方面解释,一方面 Ti 原子与氢分子结合形成 TiH_2 相,另一方面是 TiC 的自催化作用,促进氢分子的解离和吸附,提高 MgH_2 的吸放氢动力学性能。其反应方程式为:

$$Ti + H_2 \longrightarrow TiH_2 \tag{5.24}$$

$$TiC_3 + xH_2 \longrightarrow 2Ti\text{-}CH_x \tag{5.25}$$

3)碳基催化剂

石墨、活性炭、碳纳米纤维和多壁碳纳米管等不同形貌碳材料可以提升镁储氢性能,但效果存在差异[41]。研究发现,与石墨和活性炭相比,碳纳米纤维和多壁碳纳米管的改性效果最优,对复合体系的动力学研究结果如图 5.27 所示。掺杂 $5wt\%$ 多壁碳纳米纤维(MWCNT)的复合体系在 573 K 时 20 min 内完全放氢,而未掺杂的样品则需要 4 h。在循环过程中,该复合体系仍能保持其较快的吸放氢速率。碳材料提升镁吸放氢动力学的机制包括:碳纳米管等可以作为氢扩散通道,加速氢原在 Mg 相中的扩散;Mg-C 的相互作用为氢原子的解离和扩散提供了足够数量的活性位点;碳材料可以有效抑制 Mg 或 MgH_2 颗粒在循环过程中的长大与团聚;碳纳米管的引入提高了机械合金化效率,其润滑作用有利于形成小尺寸的 MgH_2 颗粒[42]。

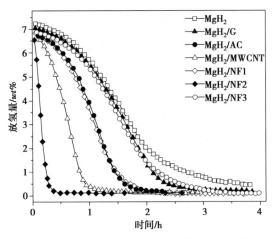

图 5.27   MgH$_2$ 不同碳复合体系的放氢曲线[41]

对于不同类型的催化剂,也可以混合添加以起到更显著的改善效果。例如通过高能球磨方式将 MWCNTs 和 TiF$_3$ 单独或复合添加到熔体快淬 Mg-10wt% Ni 合金中并研究了其活化动力学过程,测试的活化曲线如图 5.28 所示[43]。从吸氢动力学曲线的初始斜率可以看到,MWCNTs 和 TiF$_3$ 单独添加后,Mg-10wt% Ni 合金的活化动力学特性得到显著改善。而当复合添加 MWCNTs 和 TiF$_3$ 后,Mg-10wt% Ni-5wt% MWCNTs-5wt% TiF$_3$ 首次即可快速吸氢并达到 6.1wt% 的吸氢量。可见复合催化是改善富镁合金氢化动力学特性的有效策略,良好催化效果归功于 MWCNTs 的辅助传质和 TiF$_3$ 的异质形核之间的协同作用。

5.2.3　合金化和复合化

合金化和复合化是提高镁吸放氢动力学最有效和常用的方式之一。添加合金元素形成固溶体可以改变镁合金的晶胞参数,使氢原子扩散更容易,镁的吸放氢活化能降低;添加合金元素形成金属间化合物和添加复合物可以改变原有的镁吸放氢反应路径,从而降低活化能。因此,将合金化的方法分为形成镁基单相固溶体、形成金属间化合物、与金属间化合物或氢化物复合 3 种方式。

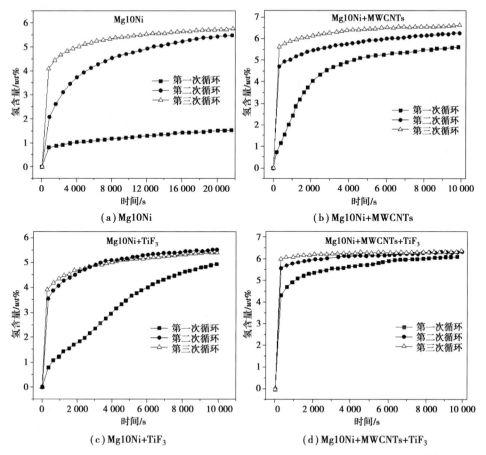

图 5.28　MWCNTs 和 TiF$_3$ 单独或复合催化 Mg-10Ni 合金的活化动力学曲线[43]

1)单相固溶体合金

In 元素在 Mg 及其金属间化合物 Mg$_2$Ni 中存在一定固溶度。采用烧结—球磨两步法可以合成 Mg(In,Y)固溶体,其氢化动力学行为如图 5.29 所示[44]。Mg(In,Y)固溶体的形成是由于 In 在 Mg 中的固溶导致晶格膨胀而为 Y 的固溶创造了条件。Mg$_{90}$In$_5$Y$_5$ 固溶体氢化后由 MgH$_2$、YH$_3$、In$_3$Y 和 MgIn 化合物构成。氢化产物中除 YH$_3$ 外,在放氢后均重新转变为 Mg(In,Y)固溶体。通过 Mg(In,Y)三元固溶体的构筑实现 MgH$_2$ 动力学速率的提升。通过粉末烧结加机械球磨的方法将 In 固溶到 Mg$_2$Ni 中,可以制备 Mg$_2$In$_{0.1}$Ni 固溶体。In 的固溶使 Mg$_2$Ni 的晶格常数增大,有利于氢原子在 Mg$_2$Ni 中的扩散,从而改善固溶体的放氢动力学[45]。与 Mg$_2$Ni 相比,Mg$_2$In$_{0.1}$Ni 固溶体的放氢活化能由 80 kJ/mol H$_2$ 降低至 28.9 kJ/mol H$_2$。

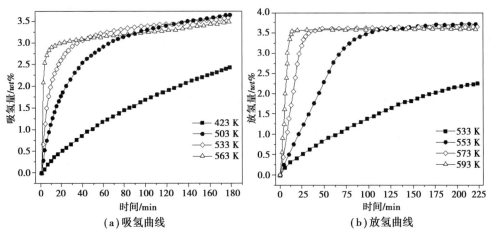

图 5.29　$Mg_{90}In_5Y_5$ 三相固溶体等温吸放氢动力学曲线[45]

2）形成金属间化合物

前面 5.1.2 节提到，Mg 元素可与很多元素形成金属间化合物相储氢合金，以及对镁合金 A 侧和 B 侧元素的取代，都可以提高镁合金的动力学性能。A 侧替代元素通常包括 RE、Ti、V 等，而 B 侧主要为过渡金属元素。稀土元素对镁合金的取代根据添加量形成不同的物相，可分别实现 A 侧和 B 侧的替代。例如通过感应熔炼方式制备 $Mg_{2-x}Nd_xNi(x=0,0.1,0.2,0.3)$ 合金，其中 Nd 元素主要替代 A 侧 Mg 元素，结果表明不同含量 Nd 替代对合金的吸放氢动力学性能有不同程度影响[46]。由图 5.30 中放氢曲线初始斜率可知，相比纯 Mg_2Ni 合金而言，Nd 替代 Mg 可提升合金放氢速率。且随着 Nd 替代量的增加，放氢速率不断增加，主要原因是 Nd 添加后使合金呈现 Mg_2Ni、Nd_2Ni_7、$NdMg_{12}$ 或 Nd_5Mg_{41} 多相结构，增加了相界面并引入协同吸放氢作用及催化作用。但值得注意的是 Nd 替代 Mg 后，动力学性能的改善是以牺牲部分储氢容量为代价的。

通过稀土金属 Y 替代 Mg_2Ni 中 B 侧元素 Ni，并借助熔体快淬工艺，调控 Mg_2Ni 体系的吸放氢动力学特性。熔体快淬制备的 $Mg_{67}Ni_{33-x}Y_x(x=0,1,3,6)$ 样品在 3 MPa 和 623 K 首次吸氢动力学曲线如图 5.31（a）所示[47,48]。相比于未进行替代的 Mg_2Ni，分别采用 $x=1,3,6$ 含量的稀土 Y 替代 B 侧 Ni 后，样品的首次吸氢动力学不同程度改善。图 5.31（b）和（c）所示的 Kissinger 曲线及氢化激活能 E_a 可以看出，B 侧稀土 Y 元素替代后，氢化激活能呈不同程度降低。

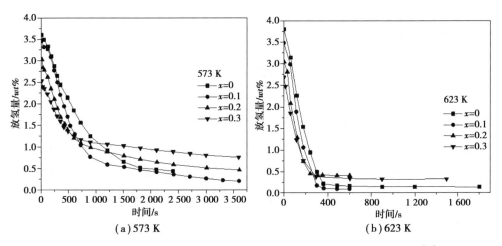

图 5.30　$Mg_{2-x}Nd_xNi(x=0,0.1,0.2,0.3)$合金 0.1 MPa 放氢动力学曲线[46]

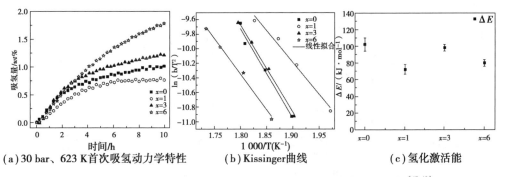

图 5.31　熔体快淬 $Mg_{67}Ni_{33-x}Y_x(x=0,1,3,6)$样品活化与能力学性能[47,48]

总之,通过添加过渡金属元素及稀土金属元素,制备镁基固溶体合金或金属间化合物合金,可改善镁的吸氢动力学特性。而且通过金属间化合物 A 侧或 B 侧的元素替代,可进一步优化金属间化合物基镁基储氢材料的氢化动力学特性。合金化提升纯镁氢化动力学的原因可以概括为两个方面:

①晶格体积膨胀、相界引入,为 H 原子快速传质提供条件。

②活性中间相引入,通过催化或协同吸放氢过程,诱导 MgH_2 相放氢。

值得注意是,合金化元素的添加,一般会降低体系的储氢容量。为了保持镁系储氢材料高容量的天然优势,通过多元微合金化策略,形成固溶体及多相复合体系,从而在保持镁系储氢材料高容量优势前提下调控其氢化动力学是较为理性的选择。

3）与金属间化合物或氢化合物复合

通过与其他金属间化合物储氢材料复合，构建镁基复合材料体系，发挥金属间化合物储氢材料动力学性能优势，可以诱发或者促进 Mg 的吸放氢动力学性能。例如将传统储氢材料 AB_5、AB、AB_2 等吸放氢动力学性能优异的合金与 Mg 进行复合，形成复合材料体系，尤其是纳米复合材料体系，可以显著改善 Mg 的吸放氢动力学性能。采用 Mg 或者 MgH_2 与 $30wt\%$ $LaNi_5$ 混合，球磨复合后体系的吸放氢动力学性能都有显著提升（图5.32）[49]。动力学性能改善的原因是复合体系在完全氢化后转变成 MgH_2+LaH_3+Mg_2NiH_4 混合物。LaH_3 在吸氢过程中有积极作用但在放氢时作用很小，Mg_2Ni 在高温时比 LaH_3 的催化作用更强。因此添加 $LaNi_5$ 在体系内形成的复合相在 Mg 的吸放氢过程中起到了协同作用。

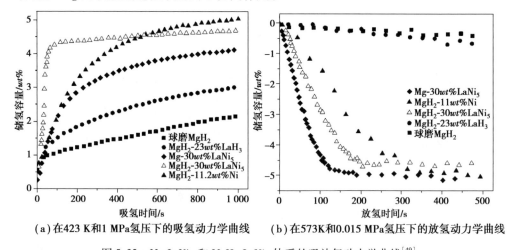

（a）在423 K和1 MPa氢压下的吸氢动力学曲线　　（b）在573K和0.015 MPa氢压下的放氢动力学曲线

图 5.32　Mg-$LaNi_5$ 和 MgH_2-$LaNi_5$ 体系的吸放氢动力学曲线[49]

镁复合 AB 金属间化合物，如 Mg-$ZrFe_{1.4}Cr_{0.6}$ 复合体系[50]，不同 $ZrFe_{1.4}Cr_{0.6}$ 添加量下的吸放氢动力学曲线如图5.33所示。其中 Mg-$40wt\%$-$ZrFe_{1.4}Cr_{0.6}$ 体系的吸放氢动力学性能最快，储氢容量高达 $4.25wt\%$。在623K 和2MPa 氢压下样品能在 1 min 内完成80%吸氢量，在 623 K 和0.1 MPa 下 5 min 内能完成80%放氢量。样品优异动力学性能来自 $ZrFe_{1.4}Cr_{0.6}$ 合金的催化作用和 Mg 的纳米结构。因此，这种纳米复合体系内既存在多相产生的高密度相界引起的协同效应，也存在催化相的催化效应。但与单纯的催化方法不同的是在催化效应中催化剂本身对储氢容量无贡献，甚至有负贡献，因此催化剂含量一般要控制在 5% 以内，而 AB_5、AB、AB_2 的复合相也具有吸放氢能力,对储氢容量有一定的贡献,因此其含量可以高达 30% ~ 50% 。

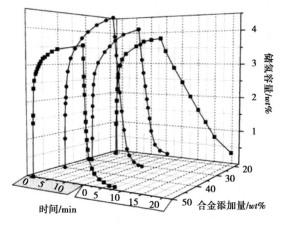

图 5.33　Mg-xwt% ZrFe$_{1.4}$Cr$_{0.6}$ 在 623 K 吸放氢动力学曲线[50]

对于配位氢化物,尽管 MgH$_2$-LiBH$_4$ 体系可形成 MgB$_2$ 显著降低了体系的放氢反应焓变,但是该体系的可逆吸氢条件却十分苛刻。而且研究表明由于 LiBH$_4$ 与 MgH$_2$ 之间存在 H—H 交换作用,使得 LiBH$_4$ 对 MgH$_2$ 的分解起到一定的抑制作用,导致添加 Nb$_2$O$_5$ 的 MgH$_2$ 的放氢活化能从 77 kJ/mol H$_2$ 增加到 125 kJ/mol H$_2$。因此在采用含有 H$^-$ 的氢化物与 MgH$_2$ 构建复合体系时,需要考虑 H—H 交换作用对其放氢性能的影响。

总之,通过金属间化合物和配位氢化物复合,可不同程度地改善复合体系的吸放氢动力学性能。复合化改善镁基金属氢化物吸放氢动力系特性的原因大致包括 4 个方面:一是高密度相界和晶界为新相提供了大量形核位置,促进了吸放氢反应;二是高密度的相界和晶界为氢原子的扩散提供了快速通道,纳米尺度缩短了氢原子的扩散距离;三是复合相的诱导吸放氢作用;四是不同储氢相的协同吸放氢效应。

5.2.4　纳米化

纳米化不仅能改善吸放氢热力学,对吸放氢动力学性能同样有极大的改善作用。纳米/非晶化可细化组织、增加扩散通道、缩短扩散路径,是提高吸放氢动力学的关键手段。如氢化物 PdH$_x$ 中的纳米结构,增加了 H$_2$ 在纳米晶界处的溶解度,提高了 H 原子的扩散速率[51]。纳米晶结构改善吸放氢动力学的最主要因素在于,氢主要沿着 Mg 和 MgH_2 之间的界面扩散,或沿着氢化物内部的晶界和缺陷扩散,纳米晶结构缩短了氢的扩散距离,大量的晶界也是氢的快速扩散通道,从而提高了氢化物的生长速率。此外,由于氢原子在纳米颗粒中的固溶度增加,也降低其形核能垒了,从而促进了整个吸放氢过程的表观活化能降低。

1)纳米颗粒/晶粒

通过高能球磨获得的 Mg 纳米晶与大块多晶 Mg 相比,纳米晶 Mg 不需要活化且吸放氢速率非常快[52]。纳米晶 Mg 能在 573 K 时 6.5 min 内完全氢化,1 h 内完成放氢[53],相对于一般多晶 Mg 基本不能在 573 K 放氢而言得到了很大改善,活化能相对于多晶 Mg 也降低了 40 ~ 60 kJ/mol H_2。有研究者认为这是因为经过机械球磨后颗粒尺寸降低,原本被氧化的 MgO 表面也由于经过球磨而露出了更多新鲜的活性反应界面,同时在镁的表面产生了大量缺陷,且其比表面积相对于多晶镁而言增加了 10 倍,晶粒尺寸也由微米级降低至纳米级。纳米晶极大增加了晶界密度,这些都能在一定程度上促进氢气分子解离和氢原子的扩散,最终提高了其整体的动力学性能。不过,也有文献报道高能球磨制备的纳米晶 Mg 在多次吸/放氢测试中会多次再结晶,最后导致晶粒尺寸由刚制备出的几个纳米增加至 100 nm 甚至更大[54],而且球磨过程中产生的大量缺陷在吸放氢过程中也会因退火而消失,但是从其宏观上表现的动力学行为来看,动力学性能的衰减并不明显,这说明动力学性能的改善似乎与球磨过程中产生的缺陷、应力等关系不大[55]。而主要是因为颗粒尺寸的减小以及晶粒尺寸相对于微米晶而言在一定程度上减小而导致扩散路径相对缩短,以及由于表层氧化镁的破碎而增加了活性反应界面。

在通过球磨降低颗粒尺度改善 Mg/MgH_2 动力学的启发下,很多研究者通过制备纳米尺度的 Mg(纳米颗粒、一维纳米线以及二维纳米薄膜),希望能进一步改善其吸/放氢动力学性能。有研究采用萘基锂还原二茂镁($MgCp_2$)并加入聚甲基丙烯酸甲酯(PMMA)的方法,获得了能隔绝水氧的聚合物基纳米镁复合材料[56],纳米晶 Mg 的晶粒平均尺寸约为 4.9 nm,该复合材料在 473 K 下氢压为 3 MPa 时能在 30 min 内完成吸氢,且该复合体系吸氢量为 *4wt%*。通过改变还原剂(联苯钾、菲钾以及萘基钾)还原 $MgCp_2$ 而获得尺寸为 25 nm、32 nm 以及 38 nm 的纳米镁颗粒[57],3 种不同尺寸的纳米镁颗粒在不同温度下的吸放氢曲线如图 5.34 所示。研究发现颗粒尺寸为 25 nm 的纳米镁颗粒相比于更大颗粒尺寸的镁颗粒而言,吸放氢速率更快,这也证实了颗粒尺寸是影响其动力学性能的重要因素,而且随着颗粒尺度的减小,其动力学性能更好。

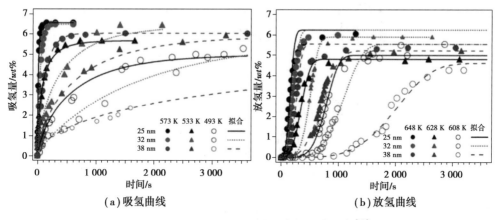

图 5.34　不同尺寸的纳米镁颗粒动力学曲线[57]

纳米颗粒/晶粒镁合金具有优异的吸放氢动力学行为,但纳米颗粒/晶粒的团聚和长大则降低了反应动力学速率和材料的循环稳定性。因此,研究者提出采用纳米限域的方法抑制纳米颗粒的团聚和长大。例如,将 MgBu$_2$ 渗入介孔碳气凝胶中,MgBu$_2$ 吸氢后,生成正丁烷(HBu)和 MgH$_2$,通过蒸发除去 HBu 后,获得介孔碳气凝胶限域 MgH$_2$ 的结构[58]。被限域的 MgH$_2$ 在 525 K 约 8 h 内完成放氢,放氢量约为 2$wt\%$,而球磨后的 MgH$_2$ 在 44 h 仅释放出约 1.5$wt\%$ 的氢气。限域的 MgH$_2$ 放氢动力学比经球磨活化的 MgH$_2$ 快 5 倍,两种 MgH$_2$ 的放氢动力学曲线如图 5.35 所示。分析认为该动力学的改善主要是归功于颗粒尺寸的减小。

采用还原氧化石墨烯纳米限域结合催化剂的方法制备的纳米镁复合材料,样品中镁的晶粒尺寸约 3.2 nm,通过添加少量的 Ni 与 Mg 形成 Mg-Ni 纳米合金,该样品的吸氢量高达 6.5$wt\%$,并且在 473 K 和 1.5 MPa 氢压下在 2.5 min 内就完成了 90% 的吸氢量,在 573 K 和 0 MPa 氢压下能完全放氢,并且又可以在 4.6 min 内完成 90% 放氢量,如图 5.36 所示[29]。这是迄今报道的镁基储氢材料最优异的储氢性能。其动力学的提升是 Mg 的纳米化、石墨烯的包覆作用以及 Ni 催化剂三方面协同作用的结果。因此,纳米限域结合催化剂的方法是同时改善镁基储氢合金热力学和动力学性能的一个新的途径。

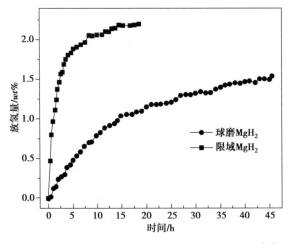

图 5.35 球磨和限域后的 MgH$_2$ 放氢动力学曲线[56]

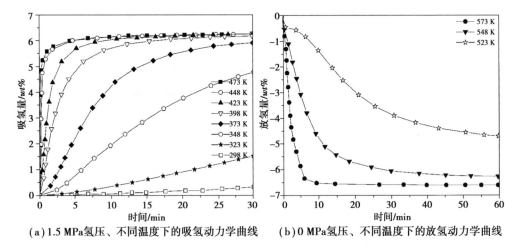

(a)1.5 MPa氢压、不同温度下的吸氢动力学曲线   (b)0 MPa氢压、不同温度下的放氢动力学曲线

图 5.36 还原氧化石墨烯纳米限域的掺杂 Ni 的镁复合材料[29]

2)纳米薄膜

通过气相沉积获得不同厚度的纳米 Mg 薄膜在近室温下能够吸氢,但放氢温度仍较高,而且经过数次吸放氢循环后,薄膜结构发生变化导致动力学性能降低[59]。有研究不同层厚的 Pd-Mg-Pd 薄膜在室温下的氢化反应动力学行为(图 5.37),结果发现,Pd-Mg-Pd 薄膜的吸放氢动力学高度依赖于镁层的厚度,特别是当镁层厚度降低至 60 nm 以下时,在室温暴露于 H$_2$ 后立即形成 MgH$_2$ 层,而在环境空气中放氢时会迅速形成 Mg 层。通过光学和电学电阻测量,发现氢扩散过程对吸放氢有显著影响。

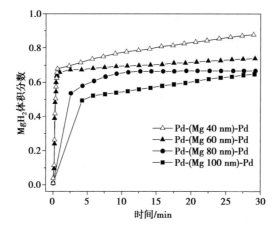

图 5.37　Pd-Mg-Pd 薄膜中 MgH_2 体积分数与氢化反应时间

对应关系(4×10^3 Pa H_2 at 298 K)[60]

3)纳米线

通过气相沉积获得不同直径的纳米线,实验测定纳米线的吸放氢动力学,结果发现直径为 30 ~ 50 nm 的纳米线其吸/放氢反应活化能分别为 33.5 和 38.8 kJ/mol H_2[33],而且其吸/放活化能随着纳米线直径的减小而降低,不同直径的 Mg 纳米线在不同温度下的吸放氢曲线,如图 5.38 所示。

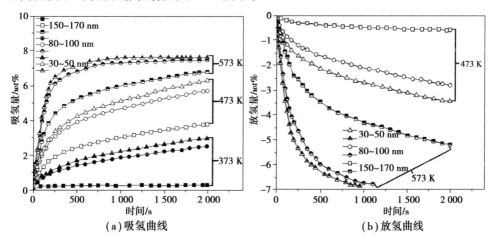

图 5.38　不同直径的 Mg 纳米线吸放氢动力学曲线[33]

鉴于吸放过程涉及材料表面及内部六大过程,即 H_2 分子表面物理吸放、H_2 分子表面解离、H 原子化学吸附、H 原子表面渗透、H 原子内部扩散及相变($\alpha \rightarrow \beta$)。

催化、合金化、纳米化、复合化等策略都不同程度地改善了氢化动力学特性。但由于不同改性策略触及的结构层次不同(晶体结构、聚合结构、微纳结构、表面结构等),都具有一定的局限性。因此,全面提升镁基材料的氢化动力学特性,复合策略是今后重点关注的方向。

5.3 镁基储氢材料的应用

储氢作为氢能源应用的关键环节,以镁基储氢材料为介质的固态储氢系统被认为是储氢技术的最终解决方案。目前镁基储氢材料在诸多领域获得了应用,如氢气的大规模安全储运、燃料电池动力车/船的氢源、相变储热、储能等。根据不同的应用场景对能源的不同需求,可利用镁基储氢材料与氢的可逆反应特性,实现化学能、电能、热能和机械能间的相互转换,并由此产生各种新的应用。图 5.39 所示为镁基储氢材料能量转换机能及应用领域。由于篇幅有限,本节根据镁基储氢材料的应用原理及规模进行分类,重点阐述镁基储氢材料在储氢、储热、储能、变色薄膜及其他领域的应用情况。

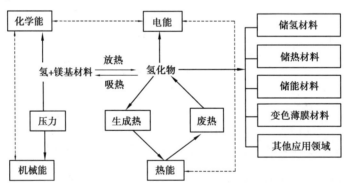

图 5.39　镁基储氢材料能量转换机能及应用领域

5.3.1　储氢

在氢能产业链中,氢气的高密度储运是氢能发展的重要环节,也是我国氢能布局的瓶颈。找到安全、经济、高效、可行的储运模式,是氢能全生命周期应用的关键。目前,储氢技术主要分为低温液态储氢、高压气态储氢和固态储氢。其中固态储氢可分为物理吸附储氢和化学氢化物储氢。储氢合金与氢气反应形成金属氢化物,以安全、高效、高储氢密度及便捷等显著优势成为储氢技术研发的热点,是最理想的储氢材料,也是储氢科研领域的前沿方向之一。自 1968 年发现储氢合金以来,在已经研究的镧(稀土)系、钛铁系、镁系及锆(钒)系四大系列储氢材料中,镁基储氢材料具有原材料充裕、理论储氢密度高、吸放氢平台缓、可逆性好等优点,被认为是很有发展前途的高容量储氢材料。表 5.1 列出典型储氢合金的储氢性能。

表 5.1　典型储氢合金的储氢容量、平衡压和工作温度[61,62]

类型	合金	氢化物	质量储氢密度/$wt\%$	平衡压/MPa	工作温度/K
纯金属	Mg	MgH_2	7.6	0.1	573
A_2B	Mg_2Ni	Mg_2NiH_4	3.6	0.1	528
AB_2	ZrV_2	$ZrV_2H_{5.5}$	3.0	0.1	443
AB	TiFe	$TiFeH_2$	1.9	0.5	303
AB_5	$LaNi_5$	$LaNi_5H_6$	1.4	0.2	298
BCC	TiV_2	TiV_2H_4	2.6	1.0	313

1)氢储运介质

与传统的高压氢储运和液态氢储运的方式相比,镁基储氢材料固态储氢具有以下突出优点:

①质量/体积储氢密度高,其中 MgH_2 的质量储氢密度能达到 7.6 $wt\%$;

②镁基储氢材料可在一定的温度和压力下放氢,提高储氢系统的应用安全性;

③能耗低,且镁资源充裕。

同时,氢储运介质还需满足以下特性:

①容易活化;生成热要小;

②吸放氢过程中的平衡氢压差要小;

③具有恒定的平台压,且室温附近的分解压应为 0.2 ~ 0.3 MPa;

④吸放氢速度快;

⑤吸/放氢循环中储氢性能不退化,循环寿命长等。

镁基储氢材料在氢储运中的应用离不开储氢容器,即镁基金属氢化物反应器。一般情况下,镁基金属氢化物反应器需要具有优异的传热性能、合理的装填结构与密度、良好的密封等特性。镁基金属氢化物反应器大多采用圆柱形外壳,壳体材料多以不锈钢为主。国外对不同规模的镁基金属氢化物反应器做了大量的基础研究。法国 Garrier 团队[63]设计一款中型镁基金属氢化物反应器,装填 1.8 kg MgH$_2$ 粉末压块,并掺杂 5 $wt\%$ 的膨胀石墨及 Ti-V-Cr 合金。该反应器储氢量为 1.2 Nm^3,反应器系统质量储氢密度约为 0.8 $wt\%$。法国 Delhomme 团队[64]设计一款大型镁基金属氢化物反应器,装填 10.0 kg 的 MgH$_2$ 粉末压块,并掺杂 10 $wt\%$ 的膨胀石墨及 Ti-V-Cr 合金。该反应器储氢量 6.7 Nm^3,放氢平均流量能达到 40 NL/min。

根据应用场景划分,镁基金属氢化物反应器主要分为固定式储氢器与移动式储氢器。固定式储氢器一般作为氢气供应站或中小规模的储氢设备。固定式储氢器对反应器系统质量储氢密度的要求相对较低,但对反应器系统体积储氢密度要求较高。美国 Hydrexia 公司已完成对镁基固态储运氢设备的各项测试,以及加氢站落地可行性方案和经济性测算,充分相信该项技术能够最终产业化落地并得到大规模推广[65]。国内镁基固定式储氢器的典型应用是氢枫能源公司于 2020 年在山东省济宁市落成的镁基固态储氢示范站,其储氢材料为 MgH$_2$,加氢能力为 550 kg/d,可供两条公交线使用。同时,镁基加氢站投资成本只有传统工艺的 1/2,且占地小加氢量大,不需要大型压力储罐,适合用于加氢与加油合建站、加氢与加气合建站及移动加氢站[66]。

移动式储氢器,应具有轻巧紧凑和反应器系统质量储氢密度高的特点。日本化学技术研究所早在 1981 年开发出移动式镁基储氢器,装填 3.5 kg 的 Mg-10Ni 合金,其储氢量为 2.9 Nm^3[67]。上海交通大学氢科学中心联合上海氢枫能源技术有限公司,于 2019 年设计出大型镁基金属氢化物反应器原型,该装置单罐可装填 1 000 kg 以上镁基储氢合金,可在 8 h 内吸放氢约 60 kg。进一步,将多个镁基固态储氢罐进行并联,解决了高温导热油分体加热储氢罐实现低能耗可控放氢的工程问题,开发出储氢量达 1 000 kg 的吨级镁基固态储运氢系统,运氢量是目前主流高压长管拖车的 3~4 倍,且可常温常压运输氢气,具有安全性高的特点,可用于交通运输、氢冶金/氢化工、季节性储能、分布式储能等领域。

氢储(上海)能源科技有限公司开发了镁基固态储氢拖车[68],如图 5.40 所示。

镁基材料固态拖车单程最大可装在 1.2 吨氢气,是标准管拖车的 3 倍多,实现吨级镁基固态储运氢。镁基材料固态拖车可在常温常压运输,在接近环境压力下运行,在加氢站几乎不需要基础设施。此外,长管拖车高压气态储氢的最优运输半径为 100～150 km 内,而氢储和上海交大目前布局的镁基材料固态储氢拖车,能将相同体积的氢气运输车储氢量提升至原来的四倍,将运输范围扩大至 400 km 以上,充分解决气源难题并推动氢能的发展。

图 5.40　上海氢储研制的镁基固态储氢拖车[68]

图 5.41 为镁基固态储氢拖车的应用场景[69]。将风能、光能等清洁能源转化为氢能存储于镁基固态储氢拖车中,在常温常压下远距离安全储运,供给镁基固态储氢加氢站用于氢燃料电池汽车的加氢,实现可再生能源制氢及储运一体化。同时,镁基固态储氢车可与固体氧化物燃料电池(SOFC)配合使用进行分布式发电,一方面镁基固态储氢车为 SOFC 发电站提供高品质的氢气作为燃料,另一方面 SOFC 产生的高温尾气可以给镁基储氢材料的放氢反应提供热量。

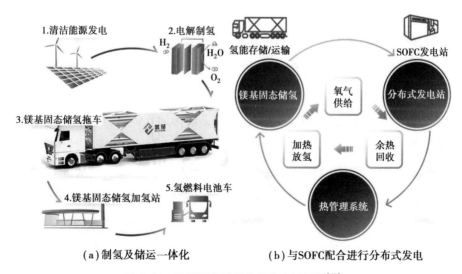

(a)制氢及储运一体化　　　　(b)与SOFC配合进行分布式发电

图 5.41　镁基固态储氢拖车的应用场景[69]

2021 年,上海交通大学氢科学中心团队与宝武清洁能源有限公司合作,开发了"太阳能发电制氢-镁基固态储氢-高压加氢"的"制-储-加氢"一体化撬装式设备,可为园区氢燃料电池叉车进行加氢。该设备目前正在宝武公司示范运行,运行状态良好,验证了镁基固态储运氢技术与可再生能源发电制氢技术耦合的可行性。

2) 氢燃料电池氢源

氢燃料电池是一种能源转换效率高、无污染、低噪声的革新性发电装置。随着国家、地方政府的各项产业政策的引导、支持及示范应用的推广,目前在交通运输、分布式电站、无人机、便携式电源、航空航天及潜艇等民用与军用领域广泛使用。在氢燃料电池动力系统的实际应用中,高效、安全、经济的储氢技术至关重要,是推动氢燃料电池技术规模化利用的关键环节。随着储氢材料的发展,金属氢化物逐渐成为燃料电池中的氢源。

美国能源部(DOE)为轻型汽车用氢源系统提出具体需求指标(2025 年),要求车载氢源的系统体积储氢密度与系统质量储氢密度分别超过 50 g/L 和 5.5 $wt\%$,工作温度为 233 ~ 358 K,工作压力为 0.5 ~ 1.2 MPa,放氢速率为 0.02 $g/(s \cdot kW)$,循环寿命超过 1 000 次。镁基储氢材料因其可逆吸/放氢、储氢量大、吸/放氢动力学性能良好的特点,被认为是最有前途的氢燃料电池供氢介质。此外,镁基储氢材料在氢燃料电池应用中具有比能量高、使用安全方便、成本低、可使用温度范围宽及污染小等优点。

目前燃料电池主要分为两大技术路线:一是质子交换膜燃料电池(PEMFC),主要作为移动式电源如电动车能源等。我国氢燃料电池汽车集中在商用车领域,如城市客车、重型卡车、物流车和叉车等。此类车对反应器系统质量储氢密度要求相对较低,而更看重反应器系统体积储氢密度。二是固体氧化物燃料电池(SOFC),主要作为发电站等固定式电源。其中 PEMFC 技术是目前最成熟、发展最快、示范应用推广最多的氢燃料电池技术,工作原理如图 5.42 所示。

氢燃料电池系统主要由储氢罐与燃料电池两部分组成,其中镁基材料粉末装填在储氢罐中作为燃料电池的供氢介质,燃料电池则作为氢能源汽车的发电机。氢从储氢罐中输入到燃料电池中之后,会发生一系列化学反应,将氢能转换为电能从而驱动车辆。将镁基固态储氢装置与燃料电池一体化集成,可充分利用燃料电池余

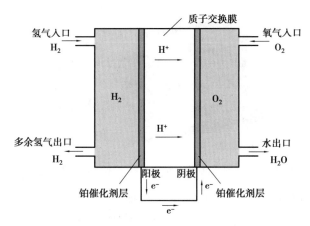

图5.42 质子交换膜燃料电池工作原理图

热,促进储氢罐放氢,使得燃料电池动力系统的能源效率得以提高。图5.43为上海镁源动力公司开发的镁基固态储氢装置与燃料电池一体化集成系统的结构示意图[70]。该镁基固态氢燃料电池具有以下优点:

①电池为全固体结构,不存在使用液体电解质带来的腐蚀和电解质流失的问题,可实现长寿命运行;

②氢燃料电池排出是水,零污染;

③电池工作温度为353 K左右,在室温下也能正常工作,发动机散热可为氢燃料电池提供热源使镁基固态材料放氢,组成联合循环;

④固态电池体积小,节省车用空间。

镁基储氢材料作为氢燃料电池氢源时,对其性能有如下要求:

①高可逆储氢容量,质量储氢密度大于3.0 *wt*% ;

②吸放氢速度快,在10 min内即可完成吸/放氢;

③在适中的环境温度下工作,室温下的压力通常为1.0 ~ 5.0 MPa;

④良好的循环稳定性,500次循环后容量损失率小于5% ,1 000次循环后容量损失小于10% 。

成都新柯力化工科技公司设计并制备了一种燃料电池用有序层状镁基复合储氢材料[71]。该储氢材料以网状非晶碳为基体材料,负载镁-过渡金属-镁合金颗粒,共同构成了网状非晶相的碳/镁基合金复合材料。其中网状非晶材料的厚度为20 ~ 60 μm,镁-过渡金属-镁合金颗粒的粒径为40 ~ 60 nm,具有复合层状结构,上下镁层的厚度为5 ~ 10 nm。这种燃料电池用镁基复合储氢材料可逆储氢量为5.42 *wt*% 。

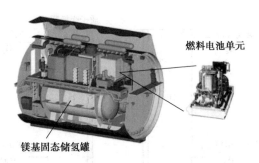

图 5.43　镁基固态储氢装置与燃料电池一体化集成系统[70]

安泰创明公司研发的氢燃料电池电动两轮车使用镁基固态储氢为氢源的燃料电池动力集成系统[70]。该氢燃料电池电动车充氢压力低于 0.1 MPa,更换储氢罐时间小于 1 min,2 瓶镁基材料储氢罐续航超 120 km,具有无须充电、换氢便捷、低压安全、超长续航里程和二氧化碳零排放等优势。储氢罐中装填的是纳米镁基储氢材料,储氢量高达 5.5 $wt\%$,动力学性能优异,在 548 K 下可逆循环 300 次后可逆储氢量为 4.5 $wt\%$,两轮车中镁基储氢材料放氢的热源主要来自发电机废热。

通过氢化镁的水解来制取氢气,再将氢气导入氢燃料电池来发电,开发了新型的氢化镁燃料电池系统。氢化镁的水解过程中可将水中的部分氢还原,因此实际的放氢量可达 15.2 $wt\%$,远高于传统的高压气态储氢系统(~3.0 $wt\%$,35 MPa)。上海交通大学氢科学中心团队已开发 200 W 燃料电池备用电源供氢系统和高能量密度 MgH_2 水解产氢燃料电池,可连续工作 96 h,供神华集团作为备用电源使用。2020年,该团队与上海宇集动力有限公司联合开发了能量密度大于 600 Wh/kg 的氢化镁燃料电池备用电源,可在 233 ~ 328 K 启动,为野外作业提供 50 h(60 W)持续供电。氢化镁水解产氢燃料电池技术可应用于备用电源、无人机、水下潜航器等领域。上海镁源动力公司和上海交大联合研究开发出的氢化镁可控水解产氢技术,供氢速度连续可调,可为 1 000 W 内的燃料电池供氢,材料的水解度达到 99% 以上,用水量接近理论反应所需量,其氢化镁水解燃料电池系统如图 5.44 所示[70]。氢化镁水解产氢可为燃料电池提供的功率范围覆盖几瓦到千瓦,用于电子、航海、航空航天及新能源汽车等领域,也可以作为野外应急储备电源或水下装备电源,其能量密度远高于常规的锂电池。上海镁源动力公司与新加坡 HES 公司合作,用镁基储氢复合材料为氢源的燃料电池无人机创造了飞行 6 h 和航程 300 km 的纪录。

镁基储氢材料同样可应用于燃料电池发电站系统。镁基材料通过将可再生能源制得的氢气储存起来,需供电时与 SOFC 结合进行结合发电。SOFC 以致密的固体氧化物作电解质,工作温度为 1 073 ~ 1 273 K。SOFC 的余热可作为镁基储氢材料放氢的热源,氢气作为燃料与空气反应将化学能转换成电能,从而实现发电。燃料电池发电站对储氢系统的重量储氢密度要求较低,但系统体积储氢密度是一个关键技术指标[73]。世界各国在进行燃料电池发电技术的研发和示范运行中,其主要储氢材料为稀土系 LaNi₅ 型、TiFe 等储氢合金,而镁基储氢材料鲜有报道。

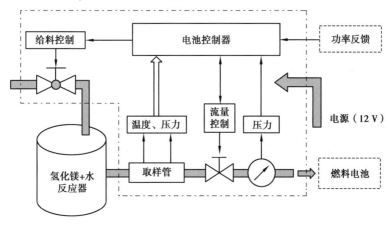

图 5.44　高能量密度氢化镁燃料电池系统[70]

上海镁源动力公司设计并提出了一种基于镁基储氢材料的发电站系统[74],该发电站系统包括氢气发生装置、氢气储存装置、氢燃料电池。储氢装置中装填镁基储氢材料(镁-石墨、镁-铁、镁-纳米碳管、铁-石墨烯、镁-铜以及镁-镍材料中的一种或两种)且镁元素的含量在 70 ~ 99 wt%, 613 K 下可逆储氢容量分别为 4.6 wt%。另外,该发电系统使用相变储热层和保温层辅助储存镁基材料吸氢的热量,并在放氢过程中提供热量,从而提高能源利用率。

目前,在氢燃料电池的供氢方面,在国内外普遍使用高压气态储氢技术,低温液态储氢在国外也有较大的发展。镁基储氢材料在氢燃料电池中的应用仍处在研究与小规模生产阶段。在实现示范与商业化应用中,镁基储氢材料还需解决吸放氢温度偏高、循环性能较差等问题。开发适用于高压固态混合储氢罐的镁基材料也将是未来氢燃料电池车供氢系统中的研究热点。

3)燃氢汽车氢源

在碳达峰和碳中和的政策背景下,用氢气取代汽油的燃氢汽车,因不会排放含碳化合物和氮化合物,有利于环境保护的优点而广受关注。从燃料箱重量及其容积上看,金属氢化物里的氢密度高,为高压氢的 4~6 倍,且储存安全。表 5.2 为不同燃料源燃料箱的重量与容积比较。

以金属氢化物为储氢方式的燃氢汽车主要由发动机、金属氢化物反应器、氢气供给装置、金属氢化物反应器加热装置等构成。为了使金属氢化物反应器贮存的氢气作为汽车燃料,所用储氢材料氢化物须满足如下特性:

①吸热能小,放氢平台压低于 1.0 MPa;

②质量储氢密度高;

③放氢动力学好;

④成本低、寿命长。

镁基储氢材料在燃氢汽车氢源中的应用,主要利用其氢化物高温低压放氢的特性,可为汽车提供优质的氢燃料。对于使用现代内燃机的汽车,只要稍加改造,就可以用氢气做燃料。利用汽车尾气热量加热随车储存的镁基材料氢化物促进其放氢,且氢发动机的热效率也比烧汽油的好。另外,还可用氢气和汽油的混合物为燃料,效果比单用汽油的好。

表5.2　燃料箱的重量与容积比较[75]

燃料源	重量		容积	
	kg	比	L	比
汽油	61	1	78	1
MgH_2	328	5.4	257	3.5
Mg_2NiH_4	649	10.7	544	7.0
液氢(20 K)	160	2.6	289	3.7
高压氢(14.0 MPa)	1 020	18.2	1 870	23.9

早在 1969 年,美国普鲁克赫本国立研究所提出了用镁基和 TiFe 系两种金属氢化物作为汽车发动机氢源的供给系统方案[75]。其中 TiFe 系金属氢化物属于低温工作型,以发动机冷却水作热源。在低温区 TiFe 系金属氢化物也有足够的放氢压力,不需要额外的辅助热源。镁基金属氢化物属于高温工作型(Mg、Mg_2Ni 和 Mg_2Cu 等),放氢时需要的高温热源(最低约 573 K),启动时需要额外加热用辅助热源。而发动机排气温度高,是一种优质热能,适于作为镁基金属氢化物的放氢热源。目前

使用金属氢化物的氢能汽车大部分是在 TiFe 系金属氢化物和镁基金属氢化反应器基础上设计的。发动机工作需要 0.1~0.2 MPa 的氢压。其中,Mg 和 Mg_2Ni 的氢化物都比 TiFe 轻,可以减轻反应器的质量。

在以前开发的各种金属氢化物中,镁基金属氢化物的含氢量高,最大为 7.6 $wt\%$,但缺点需要另外准备热源,且工作温度高;TiFe 系金属氢化物含氢量仅为 1.8 $wt\%$,使金属氢化物反应器氢的载重量增加。为解决上述问题,奔驰公司利用二段储氢法,将 TiFe 系金属氢化物反应器与 Mg-Ni 系金属氢化物反应器组合在一起,在反应器轻量化上获得成功,如图 5.45 所示。在氢能汽车上装有 3 个独立的金属氢化物反应器:一是 Mg-Ni 系金属氢化物反应器,利用发动机的废气直接加热,其废热也可用于车内制暖;二是 TiFe 系金属氢化物反应器,利用加热 Mg-Ni 系金属氢化物时的废气的剩余热量;三是 TiFe 氢化物燃料箱,装有车内空调用液体热交换器。这种将高温型与低温型金属氢化物组合在一起的汽车氢气供给系统,总重量 340 kg,储氢 5.4 kg(相当于 20.8 L 汽油),已进行了 100 km 的行车试验[73]。

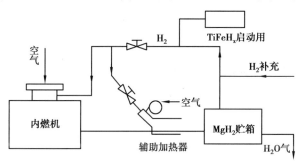

图 5.45　高温型与低温型金属氢化物组合的汽车氢气供给系统[75]

镁基储氢材料在燃氢汽车氢源上的应用,虽在行车距离上,燃氢汽车比不上汽油车,但其优点在于不污染环境,而且车内空调不另外消耗能源,可作为市内或短途运输工具。镁基材料氢化物放氢时需要高温,会使得发动机效率降低。因此,镁基储氢材料在此领域应用的未来研究方向是通过热力学改性降低其氢化物放氢焓,进而使放氢温度能达到适中的温度。另外,采用氢-汽油混合燃料也是未来发展方向。这种车的特点是用汽油代替部分氢气,解决了以镁基材料氢化物为氢源时汽车启动的热源问题,也提高了燃料利用率。与纯汽油车比,不仅减少了大气污染,而且解决了发动机动力不足问题。

4)氢气分离与提纯

氢气的分离与提纯通常是指从化工厂的废气中将氢气与其他杂气分离、提纯得到更高纯度氢气的过程。在化学工业、石油精制、冶金工业等工业生产中,均有大量含氢尾气排出,部分气体含氢量能达到50%~60%。因此,对这部分氢加以回收利用有利于提高经济效益。另外,集成电路、半导体器件、电子材料、光纤等电子信息材料生产中,需要使用超高纯氢气。若能通过一定方法将氢气从煤化工生产的副产气体中分离提纯出来并加以有效的利用,将具有十分显著的经济和社会效益。

现有氢气分离的手段主要有:变压吸附、深冷分离、膜分离等。其中,变压吸附与深冷分离均存在能耗较高、工艺复杂、获得氢气纯度较低的缺点;膜分离存在成本高与渗透通量较低的缺点。利用金属氢化物回收并纯化氢作为一项新技术,引起国内外广泛关注。镁基材料储氢装置结合其他设备分离提纯氢,具有原料来源丰富、价格低廉、氢回收率高、氢纯度高等优点[76]。

镁基储氢材料在氢气提纯与分离中应用,其原理分为两方面:一是镁基储氢材料与氢气反应生成金属氢化物,加热后放氢的可逆吸/放氢反应;二是利用镁基储氢材料对氢原子有特殊的亲和力,对氢有选择性吸收作用,而对 Ar、N_2、CH_4、CO、CO_2、NH_3 等杂质气体则有排斥作用。这种吸氢而分离杂质的方法与其他吸附剂以吸附杂质的分离方法相反。镁基储氢材料提纯和分离氢气的工艺流程如图5.46所示,其中镁基储氢材料装填于净化器中,融净化与压缩于一体,使粗氢经净化和压缩后得到高纯氢。镁基储氢材料在氢分离精制技术中的应用,其尾气原料主要多为含氢量高,气体组分较单一的混合气体中。一般工业用氢气中含有不同比例的 N_2、O_2、CO_2 等杂质。

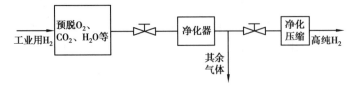

图5.46 氢气分离与提纯工艺流程图

中南大学周承商等[77]发明一种纳米镁基储氢合金粉末,将其应用于氢气分离。图5.47为镁基储氢材料氢气提纯与分离装置示意图,该装置对混合气的压力要求低,获得氢气纯度很高,并且能耗低、工艺简单、安全可靠。同时对于混合气存在

O_2、CO、H_2O、H_2S 等易导致氧化和脏化的杂质也能很好地去除。镁基储氢材料用来氢气提纯与分离,避免昂贵 Pd 基金属的使用,具有较好的经济价值,具有良好的应用前景[77]。但镁基储氢材料净化氢气对原料气中氢纯度要求高(大于99.99%),且镁基储氢材料多次循环使用会产生脆裂粉化现象,生产规模不易扩大,因而不适合粗氢及含氨及一氧化碳尾气的大规模分离提纯。

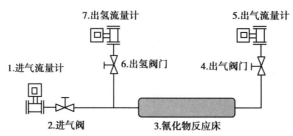

图 5.47　镁基储氢材料氢气提纯与分离装置原理图[77]

目前,关于氢气分离与提纯应用的储氢材料主要集中于稀土系、TiFe 系及 TiV 系等,镁基储氢材料的报道与研究相对较少,这主要是由于镁基储氢材料相对较高的吸放氢温度,限制了其在氢气离与提纯的应用。另外,已开展的镁基储氢材料分离提纯氢气技术大部分应用于含氢量高、气体组分较单一的混合气体中,而关于类似焦炉煤气这种成分复杂、含轻量低的混合气体仍没有相关的报道。

镁基储氢材料在此领域要有所发展首先需解决合金/氢化物在吸放氢过程中因各种非氢杂质存在而中毒的特性,如 CO 的存在破坏放氢能力,O_2 和水分杂质可能导致氢化物的失效,影响循环稳定性等,而合金/氢化物对杂质气体的抗中毒性与其本身的物化性质有关。因此,较彻底的解决方法是开发设计新型高性能镁基储氢材料。目前,镁基储氢材料化学组元与含量对氢化/放氢特性参数的内在影响作用机制仍不清楚,导致缺乏有效的理论指导。由此可见,开发高回收率、高氢纯度和抗中毒的镁基储氢材料,对实现氢的高效回收规模化应用具有重要的研究意义。

5)氢同位素分离

氢同位素分离是指利用储氢合金吸氢反应中形成氢同位素化合物反应速度的差异,实现氢同位素分离的过程。核工业中常常大量应用重水作原子裂变反应堆的冷却剂和中子减速剂,氚则是核聚变反应的主要核燃料。同时由于氚具有放射性,回收核聚变反应废物的氚,以减少氚释放进入大气环境至关重要。因此氢同位素分离在核工业中具有重要意义[78]。

一般金属氢化物都表现出氢的同位素效应。金属或合金吸氢、氘、氚的平衡压力和吸附量上存在差异;在合金中的扩散速度以及吸收速度方面也存在着差异,前者称为热力学同位素效应,后者称为动力学同位素效应[7]。因此,利用这些差异特性能够分离氢(H_2)、氘(D_2)和氚(T_2)。

目前,金属氢化物法是实验室规模分离氢同位素中应用较多的金属或合金有钯、铀、锆及 TiNi 合金等,尤其是钯,是较好的同位素分离材料,但价格昂贵。为了寻找更加廉价的替代金属或合金,对 Mg_2Ni、TiFe、$LaNi_{4.25}Al_{0.75}$ 等合金进行了广泛的研究。随着镁基储氢材料的发展,镁基材料在此领域的研究与应用势必会逐渐深入。今后的研究重点可沿着 Mg-Pd 多层纳米薄膜的制备这一方向开展,其薄膜须尺寸稳定,不易开裂;且在适当的温度和压力下具有较高的渗透性以及较高的同位素选择性。

5.3.2 储热

热能是最常见的能量转换和传递形式。储热技术的发展有利于提高能源利用效率,保护环境和解决热能供需失配的矛盾,在太阳能热发电、工业余热利用和电力调峰等场合具有广阔的应用前景。储热材料是一种能在特定的温度(如相变温度)下发生物相变化,并伴随着吸收或放出热量的材料,可用来控制周围环境的温度,或用以储存热能。储热材料按照储热方式可分为显热储热材料、潜热储热材料和热化学储热材料,其中热化学储热材料具有能量密度高、不需要保温、热损失小等优点,受到广泛的关注。对于太阳能热发电的储热化学反应中,基于金属氢化物分解反应的储热技术具有反应可逆性好、反应热大、腐蚀性低和反应易于控制等优点,具有广泛的应用前景[79]。此外,金属氢化物在制冷、空调和热泵等领域也具有应用价值。

储氢材料在作储热用时,其氢化物的生成热要尽量大,这与储氢用时刚好相反;同时,还应具备高的有效导热率等特性。由于镁基储氢材料吸放氢时显著的热效应,使其在热能利用中扮演重要角色。目前,镁基储氢材料在热能利用中基本具有两种形式[80,81]:

①利用镁基储氢材料吸氢时放出热量、放氢时吸收的热量的特点,可以进行工

业废热、余热的回收,实现储热从而达到节省能源的目的;

②与储氢性能相互匹配的储氢材料做成热泵,把低品质的热源转换成高品质热源,同时也可达到制冷的效果。

1)储热系统中作储热材料

镁基储氢材料吸氢时放热、放氢时吸热,可利用其可逆吸放氢过程中的化学反应焓进行热能的储存或释放,如储存工业废热、地热、太阳能等热能。根据其工作温度可将储热金属氢化物分为高温、中温及低温型,其中镁基材料氢化物属于中温型,其储热工作温度一般为 473 ~ 823 K[73]。根据工作温度,进一步将镁基材料氢化物细分。表5.3列出了部分储热用镁基材料氢化物的热力学性质和储热性能。

早在1982年,日本的 Kawamura 等[82]对镁基材料氢化物高温储热系统进行了实验研究,该系统主要由储热反应器和储氢罐组成,可以有效地利用 573 ~ 773 K 的废热。储热反应器采用单管式结构,其内部装填了 Mg_2Ni 合金共 6.27 kg,总储热量可达 8 MJ,实验结果显示此反应器的总传热系数约为 11.61 W/($m^2 \cdot$ K)。1989 年,德国的 Bogdanovic 等[83]建造了高温金属氢化物储热实验系统,其储热反应器和储氢反应器内分别装填了 Ni 掺杂 MgH_2 材料和 $Ti_{0.98}Zr_{0.02}V_{0.43}Fe_{0.09}Cr_{0.05}Mn_{1.2}$ 合金。实验结果表明,随着储氢反应器温度的提高,储热反应器的总放氢量、最大放氢率、再吸氢量和总储热量都呈下降趋势。

表5.3　部分蓄热用镁基材料氢化物的热力学性质和储热性能[84]

材料	储氢量	反应焓/($kJ \cdot mol^{-1} H_2$)	温度/K	平衡压力/MPa	储热密度/[$MJ \cdot kg^{-1}$]
低温镁基氢化物	—	—	—	—	—
Mg_2Ni/Mg_2NiH_4	3	62.2	523 ~ 623	0.1 ~ 1.1	0.916
$Mg/MgH_2+2\% Ni$	6	74	563 ~ 693	0.1 ~ 2.5	2.257
中温镁基氢化物	—	—	—	—	—
Mg/MgH_2	7.6	74	623 ~ 723	0.6 ~ 4.4	1.837
$NaH-Mg/NaMgH_3$	3.27	86.6	655 ~ 766	0.1 ~ 1.0	1.415
高温镁基氢化物	—	—	—	—	—
$Mg-Co/Mg_2CoH_5$	3.5	76	723 ~ 823	1.1 ~ 4.8	1.260

续表

材料	储氢量	反应焓 /(kJ·mol^{-1} H$_2$)	温度/K	平衡压力 /MPa	储热密度 /[MJ·kg^{-1}]
Mg-Fe/Mg$_2$FeH$_6$	5	77.2	723~823	2.8~13.8	1.817
Mg-Co/Mg$_6$CoH$_{11}$	3.5	89	—	—	1.472

　　基于以上案例发现镁基材料氢化物高温储热系统构成可以分为"储热反应器+储氢反应器"和"储热反应器+储氢罐"两种形式[85]。图5.48所示的高温蓄热系统由高温储热反应器、低温储氢反应器和阀门等部件构成,储热反应器和储氢反应器内分别填充高温金属氢化物和低温储氢合金。此系统的工作原理叙述如下:加热储热反应器使其内部的高温金属氢化物分解,释放出的氢气与储氢反应器内的储氢合金反应,放出的热量被冷却水吸收,实现了热量储存的过程;当需要高温热量时,采用低温热源(如太阳能、工厂废热、地热等)对储氢反应器进行加热,释放出的氢气与高温金属氢化物反应,放出热量,即为热量释放的过程。热量的储存和释放过程可以通过两个反应器之间的阀门方便地控制。

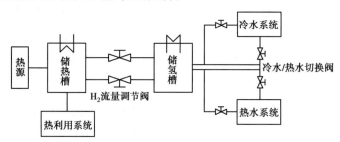

图5.48　镁基材料氢化物高温储热系统构成

　　"储热反应器+储氢反应器"形式的系统最常见,其主要优点是单位体积储热量大,且在低温热源的品位较高时还可以实现变热器操作,但低温储氢合金(Ti基合金)较贵,系统成本较高。"储热反应器+储氢罐"形式的系统成本较低,但此系统动态特性比较差,蓄放热速率慢。除以上两种常见系统外,在此基础上发展的增压强化型储热系统,即安装氢气压缩机以提高系统的动态性能。采用压缩机后,可以降低储热反应器内的压力并提高储氢反应器(或储氢罐)内的压力,加速吸放氢反应速率和氢气流动。但增设压缩机会使系统成本提高很多,且其工作时会消耗高品位的电能,并使系统操作复杂化[79]。

　　镁基储氢材料及其氢化物是研究最广泛的储热材料,人们对其反应动力学性能、热力学性能和循环稳定性等也最了解。从表 5.3 可知,目前已开发出的镁基氢化物材料适用于 523～823 K 温度范围内的储热场合,这与槽式太阳能热电站的操作温度是相匹配的。但镁基氢化物材料的主要问题是高温时合金平衡压力过高,例如当储热温度为 723 K 时,Mg_2FeH_6 和 MgH_2 的平衡氢压分别达到了 6.6 MPa 和 9.2 MPa。NaMgH 最近被建议用于高温储热场合,其主要优势是高温时氢气平衡压力较低。例如,当储热温度为 723 K 时,其平衡氢压只有 1.1 MPa,远小于 Mg_2FeH_6 和 MgH_2。

　　目前被推荐用于高温储热领域的镁基材料氢化物包括 MgH_2、Mg_2NiH_4、Mg_2FeH_6、Mg_2CoH_5 和 $NaMgH_3$ 等几种。研究得最多的材料是 MgH_2,德国马普研究所的 Bogdanovic 等对其进行了长期的研究。早在 1975 年,德国的 Alefeld 就提出了采用 MgH_2 作为高温储热材料,但西门子公司的研究发现其导热系数低、反应动力学性能差,限制了其在储热领域的应用[86]。Bogdanovic 等[86]发现采用合适的过渡金属配位化合物溶液处理商业 Mg 或 MgH_2 材料可以使过渡金属均匀地分布在 Mg 或 MgH_2 的表面,可提高其反应动力学性。1989 年,德国的马普研究所、Bomin 太阳能有限公司和斯图加特大学开展了小型太阳能热电站的合作研究项目。项目采用的电站由太阳能集热器、热管传热系统、斯特林发动机、发电机、MgH_2/Mg 储热装置和储氢罐等几部分组成,如图 5.49 所示。储热装置包含 14 个瓶式反应器,共装填 MgH_2 材料约 24 kg,装置操作温度范围为 573～753 K,总储热量达到 12 kW·h,可满足斯特林发动机持续工作 2 h[87,88]。A. Reiser[84] 系统研究了 Mg-Ni/Mg_2NiH_4、Mg-Fe/Mg_2FeH_6、Mg-Co-H 等储氢材料作为热能存储的基本性能,研究发现存储热能的温度范围为 523～823 K,能量密度可达 2 257 kJ/mol。2017 年,德国的 Urbanczyk 等[89]研制基于 Mg_2FeH_6 的储热系统,在高于 573 K 温度下采用熔盐作为系统导热介质,实现 1.5 kW·h 的热能存储,可用于工业废热的回收。我国也对镁基氢化物作储热材料及其系统进行了研究,北京有色金属研究院蒋利军等[90]搭建一套太阳能集热发电用储热示范系统,储热材料是 600 kg 的 Mg-Ni 基合金,储氢材料是 $MmNi_{5.5}Mn_{0.5}$ 合金。实际测试表明:储热量高达 1 000 MJ,放热速度≥6 MJ/min,在≥2 000 L/min 的吸氢速率下可连续工作 3 h,实现国内首家镁基氢化物材料储热与太阳能集热系统的集成。

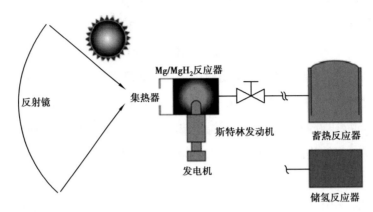

图 5.49 基于镁基氢化物的小型太阳能热电站示意图[87,88]

早期研究者的工作主要集中在镁基氢化物材料作为高温储热材料的研究和开发,也取得了较多的成果。但在此之后的一段时间内,镁基氢化物材料储热应用的研究进展明显趋缓,目前其储热技术的商业化应用并不广泛,基本都是小型的示范装置,且镁基储氢材料在反应动力学性能、循环稳定性、导热系数和氢压等方面还存在诸多问题。为了镁基储氢材料在储热领域更进一步发展与应用,需开发出性能更理想的高温镁基氢化物材料。此外,储热反应器和储氢反应器内装填的高温镁基氢化物和低温储氢合金之间的性能匹配也是影响系统性能的研究重点。未来镁基储氢材料在储热方向的研究应该在镁基储氢材料的开发与低温储氢合金的匹配、反应器仿真与优化设计和储热系统动态特性分析等方面开展工作,以提高储热系统的性能并降低储热成本,推动镁基储氢材料高温储热技术逐渐实用化[79]。

2)热泵、制冷中的应用

作为空调、热泵、制冷机的核心材料,制冷剂氟利昂具有极其优良的使用性能,但其破坏臭氧层并引起温室效应等严重的环境问题,被列为淘汰产品。为了取代氟利昂,世界各国学者都在大力开发各种制冷剂,并取得了很大的进步。

金属氢化物是近20多年来发展起来的一类新型功能金属材料,能够可逆地吸/放氢气,同时伴有明显的热效应。因此,利用两种具有不同平衡氢压的储氢材料分别置于高温热源侧和低温热源侧,以氢气作为工作介质,进行吸/放氢循环,制成金属氢化物热泵。按照用途的不同,通过配置性能适当的储氢合金对,即可达到空调制冷、升温、或增热的目的。这样设计成的金属氢化物热泵空调循环是一种具有环境友好性的制冷或制热技术，既不对环境造成污染，也不会产生温室效应，且还可以利用低品位废热，节省大量的常规能源，目前已成为国际上竞相研究和开发的热点[91]。

镁基储氢材料在制冷、空调、热泵和储热系统应用的本质上是相似的，只是因为应用目的不同在材料选择和操作方式上有所区别。镁基储氢材料热泵同样是以氢气为工作介质，以储氢合金作为能量转换载体，通常选择两种平衡氢压差异明显的储氢合金配对 M1 和 M2 构成热力学循环系统。镁基储氢材料热泵装置一般由两个互相连通的反应器组成，如图 5.50 所示。两反应器之间加装阀门，用来控制氢气的流动，产生的热量和冷量由换热流体带走，从而达到制冷、升温或增热的目的[92]。根据热泵的用途和循环特点，镁基储氢材料热泵按功能分类，可分为：升温型、增热型、制冷型。

表 5.4 为热泵用镁基储氢材料的工作性能与应用情况，目前热泵用储氢材料主要有稀土系、Ti 系、Zr 系及 V 基固溶体合金等，而镁基材料的研究与开发较少。1995 年，德国的 Bogdanovic 等[93]对具有金属氢化物蓄热装置的太阳灶/冷藏制冰系统进行研究。此系统的蓄热反应器与炊具相连，装填 5.4 kg 的 Ni 掺杂 MgH_2 材料，总蓄热量达到 3 kW·h。储氢反应器与冷藏室和水箱相连接，内含有 30 kg 的 $MmNi_{5.22}Fe_{0.78}$ 合金。此系统工作时可以使得炊具达到 573 K 并保持 5~6 h，同时储氢反应器降低到 263 K，制冷量达到 0.9 kWh。

目前，镁基氢化物材料热泵的研究开发中，存在主要问题是进一步提高镁基储氢合金的性能及合金对的适配性，尤其是合金在氢化和脱氢反应中的滞后现象和平台压特性。储氢合金的滞后程度大，其配对组合起来构成的循环会影响驱动力；平台压斜率大，会影响氢气传递量，效率降低。影响镁基氢化物热泵空调性能的第二个问题是热泵空调系统的强化传热传质问题。因此，未来的研究工作主要集中于开发有效可逆吸放氢量大、吸放氢速度快、焓变大、滞后程度小、平台压斜率小、氢化物导热系数大、易活化、抗毒害粉化性强且性能稳定的镁基储氢材料；同时，合金对的适配性与传热传质强化的研究也必不可少。

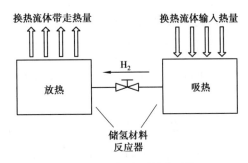

图 5.50 热泵工艺原理图

表 5.4 热泵用镁基储氢材料[91]

开发者	热泵工作性能						系统特点	输出功率/kW
	循环类型	储氢合金对	温度/K			循环周期/min		
			T_H	T_M	T_L			
德国 Daimler-BenzAG	升温升温	$Ti_{0.8}Zr_{0.2}CrMn/Mg$ $Mg_{0.95}Ni_{0.05}/Ti$	623 ~ 1 042	532 ~ 952	288 ~ 296	376 ~ 250	车用空调	—
德国 Bogdanovic	升温/制冷	$MgH_2/MmNi_{5.22}Fe_{0.78}$	—	—	—	360 ~ 300	太阳灶/冷藏制冷	0.9

5.3.3 储能

镁基储氢材料在储能领域的应用,主要利用镁基储氢材料与氢的可逆反应,实现化学能、电能的相互转换。例如,镁基储氢材料在含能材料中作燃料组分,提高能量水平;Ni-H 电池与锂离子电池中作负极材料实现电能转换。

1)含能材料

含能材料是指在没有外界其他物质参与下,能够可持续反应并在短时间内释放出巨大能量的一类物质。含能材料是化学能源,广泛应用于军事和航天工业中,其性能的改善直接影响武器的使用效能和航天推进系统的性能。然而,一直以来对于含能材料的研究思路都是通过有机硝基化合物来改善其性能[94]。氢气作为能量密度高、储量丰富、清洁的绿色燃料,燃烧值高达 121 061 kJ/kg,高于甲烷、汽油、乙醇和甲醇。由液氧和液氢组成的推进剂所产生的比冲高达 3 822 N·s/kg。可见,氢气非常适用于含能材料,但氢气的贮存、运输和使用需要高压、低温等特殊条件,其技术复杂、成本高且不安全。因此,要在固体推进剂、炸药等含能材料中引入氢能,使用安全可靠的高容量储氢材料是可行的方法之一[95]。

在储氢材料中,金属氢化物具有比纯金属更高的燃烧热。镁基储氢材料在含能材料中的应用原理是利用镁基材料固态储氢,并在稳定的压力范围内放氢,其释放的氢可作为固体推进剂和炸药的高能组分;镁基材料氢化物分解产生的活性金属镁的燃烧热值高达 24 773 kJ/kg,也是较为常用的固体推进剂的金属燃料,又能进一步提高推进剂的燃烧热;镁基材料氢化物分解产生的 Mg 及其他金属能促进固体推进剂和炸药中其他高能组分的热分解,从而提高固体推进剂和炸药的能量水平。

在含能材料领域,镁基储氢材料较于其他金属的储氢材料有着许多优势:

①储氢量高,如 MgH_2 为 7.6 $wt\%$,Mg_2NiH_4 为 3.6 $wt\%$,$Mg(BH_4)_2$ 的储氢量高达 14.8 $wt\%$ [96, 97]。

②镁金属资源丰富,价格低廉。

③镁基储氢材料储存的大部分氢可在稳定的压力范围内放出,氢的利用率高。

④燃烧后对空气污染少。

⑤相比其他金属储氢材料,镁基材料氢化物具有更高的化学稳定性和热稳定性,在含能材料的生产和贮存过程中不易分解,降低安全隐患。镁基储氢材料在含能材料中的应用按照其化学结构不同将其可分为氢化镁、镁基储氢合金氢化物和镁基配位氢化物。

(1)MgH_2

MgH_2 作为单一轻金属氢化物,其密度为 1.45 g/cm^3,质量储氢密度为 7.6 $wt\%$,远高于镁基储氢合金氢化物和其他金属氢化物。同时,MgH_2 的放氢反应焓变为 74.5 kJ/mol H_2,放氢温度在 573 K 左右,使得 MgH_2 具有较高的热稳定性。因此,MgH_2 适合作为固体推进剂和炸药的组分。目前,MgH_2 具有热解放氢和水解放氢两种方式,均可以应用于含能材料领域,其反应方程式如下所示:

$$MgH_2 \longrightarrow Mg + H_2 \uparrow \tag{5.26}$$

$$MgH_2 + 2H_2O \longrightarrow Mg(OH)_2 + 2H_2 \uparrow \tag{5.27}$$

MgH_2 被认为是新一代固体推进剂和炸药的高能组分,用 MgH_2 代替复合固体推进剂中的金属燃料组分,可提高其能量水平;作为炸药的高能添加剂,MgH_2 也能显著提高其爆炸威力。Hradel[95]发现 MgH_2 均有助于提高三硝基甲苯(TNT)、2,4,6-三硝基苯甲硝胺(Tetryl)和 C-4 几种有机炸药的做功能力。刘磊力等[98]研究 MgH_2 对高氯酸铵/铝粉/丁羟(AP/Al/HTPB)复合固体推进剂性能的影响,发现添加 1.3 $wt\%$ MgH_2,使该推进剂的燃速提高了 13.9%,优于 Mg_2NiH_4 和 Mg_2Cu-H。刘晶如等[99, 100]采用机械合金法制备了含铝的 MgH_2 粉末,其质量储氢密度为 5.8 $wt\%$,密度为 2.476 g/cm^3,实际燃烧热为 $-30\ 359$ kJ/kg,燃烧效率达到94%。含铝 MgH_2 粉末实际燃烧热和燃烧效率远高于同粒度的超细铝粉。用其取代高氯酸铵/铝粉/丁羟复合固体推进剂中的铝粉,可以大幅提高推进剂的理论能量水平。当含铝 MgH_2 添加量达到 22 $wt\%$ 时,该推进剂的理论比冲出现极值。与纯铝比,其最大理论比冲量提高了 51.04 N·s/kg,涨幅为 1.96%;特征速度也提高了 28.7 m/s,涨幅为 1.8%。张洋等[101]采用激光点火和高速摄影可视化技术对 MgH_2 与 RDX 等 5 种含能材料的混合物进行了点火延迟时间和火焰传播速度的测试。对于含能材料而言,添加 MgH_2 能够提升其点火燃烧性能。MgH_2 提升含能化合物点火燃烧性能的主要原因在于:一是 MgH_2 放氢后,在氢气燃烧的强烈热反馈和强化作用下,促进了含能化合物凝聚相表面温度升高和熔化;二是 MgH_2 分解产生的金属单质镁,在含能化合物由凝聚相转变至气相的过程中起到导热剂的作用,加剧相变速率和气相温度的上升速率,促进气相组分流动、扩散,最终加快了气相点火的发生。

然而,MgH_2 与固体推进剂和炸药各组分之间的相容性和安定性,以及 MgH_2 加入后对固体推进剂或炸药感度的影响等相关问题还缺乏广泛深入的研究。同时针对 MgH_2 的防水性能和抗氧化性能不佳的问题,需要发展 MgH_2 表面改性方法,提高其贮存稳定性,降低维护成本,延长使用寿命[95]。

(2)镁基储氢合金氢化物

镁基合金的储氢量相对较高,如 Mg_2NiH_4 的储氢可达 3.6 $wt\%$,放氢温度在 523 K 左右,热稳定性好,释放出的氢气不仅能够提供高的燃烧热,而且可以促进固体推进剂的燃烧。目前,研究人员将镁基储氢合金氢化物应用于固体推进剂和炸药领域,研究成果丰富,具有十分良好的应用。

刘磊力等[102]制备了两种镁基储氢合金氢化物 Mg_2Cu-H 与 Mg_2NiH_4。研究发现 Mg_2Cu-H 和 Mg_2NiH_4 对高氯酸铵(AP)热分解过程都具有显著的促进作用。添加 5 $wt\%$ 的 Mg_2Cu-H 或 Mg_2NiH_4 使 AP 的分解热由 436 kJ/kg 分别增至 1 250 和 1 293

kJ/kg,且镁基储氢合金氢化物的添加量与其对 AP 热分解的促进作用成正比。同时,Mg_2Cu-H 和 Mg_2NiH_4 的加入对高氯酸铵/铝粉/丁羟复合固体推进剂的热分解也有显著的促进效用。添加 1.3 $wt\%$ 的 Mg_2Cu-H 或 Mg_2NiH_4 后,推进剂的放热峰温分别降低了 41.7 和 10.4 K,其分解热由 1 940 kJ/kg 分别增至 3 540 kJ/kg 和 3 860 kJ/kg,分别使 AP/Al/HTPB 燃速提高了 14.4% 和 3.5%。

以镁镍和镁铜合金氢化物作为固体推进剂和炸药的添加剂或者替代复合固体推进剂中的金属燃料,是目前镁基储氢合金氢化物在含能材料中应用的主要方式。为进一步提高推进剂和炸药的能量水平,必须充分研究镁基合金氢化物与推进剂、炸药中各组分之间的相容性、安定性,掌握其对推进剂和炸药的燃速、能量以及物化性质等特征的影响,在此基础上才能充分了解这些新型镁基合金氢化物在推进剂和炸药中的应用效果和使用价值[95]。

(3)镁基配位氢化物

镁基配位氢化物在镁基储氢材料中具有最高的质量储氢密度。得益于这个优点,镁基配位氢化物在含能材料中的应用占据越来越高的地位。镁基配位氢化物主要有 3 类:镁基硼氢化物、镁基铝氢化物和镁基氮氢化物,对应分别为 $Mg(BH_4)_2$、$Mg(AlH_4)_2$ 和 $Mg(NH_2)_2$。在固体推进剂燃烧条件下,$Mg(NH_2)_2$ 不易放出氢气,且易分解产生氨气,因此不宜作为推进剂燃烧过程中的氢源。

$Mg(BH_4)_2$ 和 $Mg(AlH_4)_2$ 一般通过对应的钠基和锂基配位金属氢化物和 $MgCl_2$ 发生离子交换反应来获得[103]。$Mg(BH_4)_2$ 的质量储氢密度为 14.9 $wt\%$,其放氢焓约为 37 kJ/mol H_2,远低于镁基合金氢化物和 MgH_2。早在 20 世纪 80 年代初,Fifer 等[104]就提出金属硼氢化物有助于提高推进剂的燃烧速率并使推进剂更易点燃。研究成果表明,$Mg(BH_4)_2$ 在大幅提高炸药分解热的同时,也有利于提高其安定性[105, 106]。除 $Mg(BH_4)_2$ 外,$Mg(AlH_4)_2$ 的质量储氢密度为 9.34 $wt\%$。不同于碱金属配位铝氢化物,$Mg(AlH_4)_2$ 分解过程中不生成 $[AlH_6]^{3-}$ 中间体,继续加热至 560 K,MgH_2 将分解生成 Mg。由于放氢反应是放热过程,在热力学的角度是不可逆的。虽然相对于 $Mg(BH_4)_2$ 而言,$Mg(AlH_4)_2$ 的质量储氢密度低,但也远高于镁基储氢合金氢化物和氢化镁。因此,$Mg(AlH_4)_2$ 也可用于提高固体推进剂和炸药的能量水平。

镁基配位氢化物的质量储氢密度处于金字塔顶端。因此,通过对镁基配位氢化物不断地深层次认知,发现其在含能材料中的未来有着十分巨大的潜力,可以在很大程度上提高含能材料的能量水平,促进行业的不断发展。但镁基配位氢化物的研究工作起步较晚,制备工艺不成熟,对其吸放氢机理的认识也不充分,对其物理化学机理的研究成果还不够全面,阻碍了其在固体推进剂和炸药中的应用。

2)镍氢电池

由于便携式电子设备的快速发展以及对绿色、低能耗交通行业的需求,电化学储能和转换系统越来越受到关注。常用的二次电池包括铅酸电池、镍镉(Ni/Cd)电池,镍氢(Ni/MH)电池、锂离子(Li-ion)电池和锂离子聚合物(Li-ion polymer)电池。镍氢电池是以氢氧化镍电极为正极,储氢合金电极为负极,氢氧化钾溶液为自身电解质的一种新型绿色可充电电池。图5.51为镍氢电池的电化学充放电过程示意图。在充电时,氢原子从正极的 $Ni(OH)_2$ 上分离,并被储氢合金吸收,在负极形成金属氢化物;放电时,储存在金属氢化物中的氢原子在负极上离解,在正极上生成 $Ni(OH)_2$。因此,镍氢电池的充放电机制是氢在金属氢化物电极和镍氢化物电极之间的运动。镍氢电池的整体电化学反应可描述为:

$$x Ni(OH)_2 + M \underset{\text{放电}}{\overset{\text{充电}}{\longleftrightarrow}} x NiOOH + MH_x \tag{5.28}$$

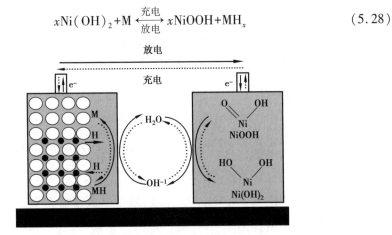

图5.51　Ni/MH 电池的电化学充放电过程[107]

镍氢电池以其高能量密度、长循环寿命、高速率容量、过充过放电的耐受性和良好的环境兼容性的特点而被广泛应用,并迅速取代了镍镉电池在便携式电子应用中的地位。如今,已成为电动汽车(EV)和混合动力汽车(HEV)的首选动力源,并开始尝试用于电动工具。镍氢电池的容量、循环寿命和放电性能在很大程度上取决于电极材料的固有特性,尤其是作为负极材料的储氢合金[107]。

作为 Ni-MH 二次电极材料,必须满足以下性能需求:

①在 253 ~ 313 K 温度下高的吸放氢容量,即充放电性能。

②在碱性环境中(KOH 溶液)电极要有高的循环稳定性。

③良好的催化活化性能。

④合适的粒度大小,可以用于电极板等。大量的储氢合金已经开发作为镍氢电池的负极材料,包括 AB$_5$ 型稀土合金、AB$_3$ 或 A$_2$B$_7$ 型稀土镁合金、AB$_2$ 型多元合金、镁基合金和钛钒基多相合金。

镁基储氢合金作为镍氢电池的负极材料,因其可逆储氢容量高、电极理论容量高的特性而备受关注。高容量镁基储氢材料有望成为高能量密度镍氢电池的电极材料,但是镁基储氢合金电极材料在碱性电解液中会发生氧化腐蚀,电池容量衰减快,严重降低了电池的循环使用寿命。目前报道的元素取代、表面改性、复合等方法,虽然改善了镍氢电池用镁基储氢合金电极材料的容量衰减问题,但是初始放电容量(最大放电容量)有所下降,具有一定的局限性。目前,镁基储氢合金电极材料在镍氢电池上的实际应用面临两方面问题:其一是如何提高镁基储氢合金电极的容量。镁基储氢合金电极的初始容量可达 700 ~ 800 mA·h/g,仍低于其理论值。其二是如何提高镁基储氢合金电极的循环寿命,超过 20 次充放电循环能达到的稳定的放电容量为 300 ~ 400 mA·h/g,远低于其理论值。这两个问题的存在,使得镁基储氢合金电极在镍氢电池中难以得到应用[108]。

此外,还需要进一步提高镁基储氢合金电极的动力学特性,尤其是在室温附近吸/放氢的能力。Liu 等人[109]发现添加 1.0 wt% 的 La,Mg$_2$Ni 的充电量几乎没有变化,但相同时间内放电量却显著提高,表明微量 La 添加可改善 MgNi 的放电行为。Cui 等人[110]以 V 部分取代 Mg,Al 部分取代 Ni 制得 Mg$_{1.9}$V$_{0.1}$Ni$_{0.8}$Fe$_{0.2}$,发现氢的扩散速率显著提高,有利于电极的吸氢和放氢动力学。第二个问题主要是因为镁的化学性质太活泼造成的。在电极的电化学反应过程中,镁基储氢合金电极放置在 KOH 电解液中,合金表面很快形成 Mg(OH)$_2$ 钝化层,从而阻碍了吸/放氢过程。另外,合金元素在电解液中的溶解,电极在吸放氢过程中的粉化也是导致电极性能衰减的原因。

近几年出现使用过渡金属化合物尤其是氧化物(Sc$_2$O$_3$、TiO$_2$、V$_2$O$_5$、Cr$_2$O$_3$、SiO$_2$ 等)与镁基储氢合金在高能球磨条件下复合以提高催化性能的研究方法,并在充放氢动力学性能和改善储复容量方面取得了一定的效果。此外,镁基储氢材料的氟化处理、表面镀铜或镀镍等表面改性处理改善循环寿命;另外还有结合合金元素改性和表面改性的报道,此方法较单独使用一种改性方法对电极性能改变较大,但是离实际应用还有一定的差距。Xu 等[111]首次使用非合金化但催化 Mg 作为镍氢电池的负极。在纳米镁中加入 5 mol% 的 TiF₃,以加速氢的吸附动力学。研究了几种防止镁钝化的策略,包括电极保护性封装,使用室温/高温离子液体和碱性聚合物膜作为工作电解质。这种 Mg-TiF₃ 复合负极镍氢电池具有良好的电化学性能,并有进一步改进的空间。图 5.52 为 TiF₃ 催化 Mg 作为负极的镍氢电池原理图。元素取代、表面改性和复合这些方法尽管改善了镁基储氢材料的容量衰减,但是却以牺牲最大放电容量为代价,且元素取代需大量昂贵的过渡金属元素,增加了成本,离实用化还有很大的距离。

随着电子等高新技术产品的迅猛发展,对镍氢电池的性能也提出更高的期待和要求,亟待开发具有高功率和高能量的镍氢电池,其中研究和开发出具有高储氢量和高容量的储氢合金负极电极材料是关键。镁基储氢合金是极具希望的镍氢电池的负极材料,如何充分利用和开发出镁基储氢合金电极的优势对于未来清洁能源的发展具有重要意义。影响镁基储氢合金电极特性的因素较多,其中包括合金的性能、电极制备技术等。因此,一方面需要继续改进镁基储氢合金的性能,另一方面需改善电极乃至电池的制备技术。除采用机械合金化、元素取代等方法,进一步寻求新的方法来改善镁基储氢合金的结构与性能。

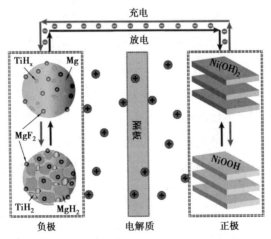

图 5.52　TiF₃ 催化 Mg 作为负极的镍氢电池原理图[111]

3）锂离子电池

商业化的锂离子电池负极材料为石墨类碳材料,在储锂过程中形成插层化合物 LiC_6 结构,储锂容量低(理论容量 372 $mA \cdot h/g$),已经不能满足于新型锂离子电池的发展要求。随着金属氢化物的发展,研究者逐渐将眼光转向镁基金属氢化物。

镁基储氢材料在锂离子电池中的应用主要是利用镁基材料氢化物储锂特性,可作为电池中的负极材料,在电化学锂化过程中实现向电能的转换。MgH_2 的理论储锂容量可达到 2 038 $mA \cdot h/g$,在实际电化学锂化过程中表现出 1 480 $mA \cdot h/g$ 的可逆高比容量[112]。同时 MgH_2 具有适合负极材料工作的平均对锂电位平台(0.5 V vs. Li^+/Li^0)和相对转换反应材料来说最小的充放电电压滞后现象(<0.25 V)。其他镁基储氢合金的氢化物 Mg_2NiH_4、Mg_2CoH_5、Mg_2FeH_6 也具有类似的对锂性质。这一发现搭建了镁基储氢材料与锂离子电池负极材料间的桥梁,具有重大意义。

但 MgH_2 用作锂离子电池负极材料也存在着动力学迟缓、可逆性差、循环寿命短等问题。针对此问题,研究重点主要集中于采用纳米化或与功能材料形成复合材料的方法来提升 MgH_2 作为负极材料的电化学性能。Huang[113] 等通过在氢气气氛下反应球磨制备了 0.7MgH_2-0.3TiH_2 纳米复合材料。实验表明,MgH_2 与 Li^+ 在 0.52 V 发生转换反应,δ-$TiH_{1.5}$ 与 Li^+ 在 0.21V 发生转换反应生成 α-Ti 和 LiH。该复合电极首次循环显示了较好的可逆性(可逆容量为 1 540 $mA \cdot h/g$)以及更低的极化,但该电极的容量保持率还是偏低,7 次循环后,放电容量降至 530 $mA \cdot h/g$。但与石墨负极材料相比,MgH_2 等负极材料仍具有较好的商业化前景。现有的研究目标重点在于解决脱锂反应时电极体积变化而造成的影响以及 LiH 较差的导电性问题[73]。

5.3.4 变色薄膜

氢致变色薄膜是一种新型功能材料,以具有可逆吸放氢特性的复合薄膜为核心,通过氢化和放氢实现透明态和反射态之间的转换,对可见及红外波段光谱都具有智能调控性,该类材料可用作智能窗镀膜,用以改善和调节光线的入射,起到隔热保温节能作用,此类窗户可在建筑、汽车、宇宙飞船等场合作为高效光谱调控构件,也可以应用于具有选择性的滤光片等光学器件[114]。

20世纪末,Huiberts[115]等报道了"氢致转变"现象,其中提到一种因氢化致使光学透过率提高的功能薄膜,且适当改变环境气氛可使薄膜再次回复到氢化前的反射态。整个可逆反应过程中,薄膜的各项光学性能都在发生变化,同时,薄膜呈现的颜色也会"因材而异"。基于氢致变色现象的光纤传感器和智能调光玻璃研究也因此得以迅速发展[116-118]。

具有"氢致变色"特性的薄膜材料最初以纯稀土金属为主,如镧元素,也被称为第一代金属氢化物氢致变色材料,但由于其氢化物的稳定性较差,可见光透过率低,调控光学范围较小,在其实际应用中还存在一些局限。因此,寻找氢化时具有更高可见光透过率,放氢时具有更高反射率的薄膜材料已成为氢致变色薄膜材料研究的主要方向。1997年Philips公司发现镁稀土合金薄膜对可见光具有优异的透过率,镁基氢化物薄膜极大地拓展了氢致变色功能薄膜的应用范围。且镁作为地球上储量最丰富的元素之一,储氢能力达到 7.6 $wt\%$[119]。至此,镁基薄膜就成为氢致变色薄膜家族中的重要一员,经过20多年的发展已取得显著进展。

镁基材料在氢致变色薄膜领域应用原理是利用镁基材料能够可逆吸附氢的特性,其变色机理为镁基薄膜材料与氢气在催化剂的作用下,氢气与变色层镁基薄膜结合,生成较大光学带的镁基氢化物,变色层由反射态向透明态转变;而当镁基材料表面通入惰性气体时,即氢气分压减少时,镁基氢化物实现放氢,氢原子脱离变色层,发生逆向反应,由透明态恢复到反射态;从而实现薄膜对光透射率的调节作用。镁基薄膜器件具有结构简单,响应速度快,光学调控范围广和可持续性强等优点,是目前主要的氢致变色功能薄膜材料[119]。

1)氢致变色镁基调光薄膜

变色节能窗,即智能调光玻璃,通常用作交通工具和建筑物的门窗,在显示器件领域也发挥着重要作用。节能窗是由玻璃等透明基材和调光薄膜组成,根据激发原理可分为热致、电致、气致和光致。气致调光属于氢致变色激发方式的一种,即薄膜可在氢气中改变其对特定波段太阳光的透射率及反射率,从而调节进入室内的光强及光的载热量,降低制冷制热能耗,实现节能的目的。由于反应过程只涉及氢气和氧气,除了水没有其他副产物。因此氢致变色调光薄膜属于环境友好材料。镁基薄膜作为氢致变色调光薄膜家族的重要一员,已有近 20 年的研发历史,取得了诸多进展。目前,调光薄膜的主要研究对象是镁与其他元素合成的薄膜体系[119]。

第二代金属氢化物变色材料主要为镁-稀土金属薄膜。镁-稀土合金调光薄膜将镁和稀土金属元素复合作为氢致转变层,氢化物在该层中进行合成与分解,外部加覆的钯层则用于催化氢气的解离和氢原子的重组。在稀土金属(Y 或 La 等)里掺入 Mg,镁组元可在薄膜氢化前的金属态时增加其反射率,氢化后的 MgH_2 可提高薄膜的透射率和光学带隙。近年来,日本先进工业科学技术研究所(AIST)一直致力于研究高耐久性的镁基调光薄膜。Yamada 等[120]采用直流磁控溅射法制备了基于镁钇合金薄膜,通过调节镁、钇元素比例实现了吸放氢循环 10 000 次的突破,在长时间多次的氢致转换测试中,Y 成分在 0.27 ~ 0.70 范围内的薄膜在透明状态下的可见光透过率为 35% 左右的氢化态透射率,且稳定性较好。随后的研究中,钯和 Mg-Y 中间增加了钽层,以防止钯层和 Mg-Y 层之间的相互扩散,实现了薄膜超高的耐久性能,更将氢化态的透射率提升至 45%,金属态和氢化态的透射率差异也增加到 35%,薄膜的调光性能进一步提高[121]。镁-稀土合金薄膜优异的氢致光学特性虽已有较长的研究历史,然而稀土元素来源稀少,若将薄膜应用于建筑玻璃、车载窗或其他大型器件上,其价格较高,不利于工业化大规模生产。

第三代金属氢化物变色材料为 Mg-过渡金属(Ni、Co、Mn、Fe、Ti)型氢化物[117]。随着 2001 年 Richardson 等[122]开发的 Mg-Ni 合金薄膜问世,氢致变色镁基功能薄膜领域取得重大进步。Griessen 等[123]研究发现 Mg-Ni 薄膜在加氢前,从基底面和薄膜的层面观察均为银白色的反射态,在缓慢加氢的过程中,基底侧的薄膜已转变成暗黑吸收态,而钯层面依然保持加氢前的颜色,随着加氢量的增加,薄膜逐渐转为透明态,颜色消失,同样的现象也发生在 Mg-Co 和 Mg-Fe 薄膜上。其他过渡族金属如锰、钛、钒、铌与镁结合制备的合金薄膜也具有氢致变色效应。其中利用磁控溅射的方法制备了 Mg-Nb 合金薄膜,在氢化态的可见光透射率最高可达 45%,放氢态的反射率为 60%,优于 Mg-Ti 合金薄膜。此外,Mg-Ti 薄膜完全氢化和放氢的时间只需 20 s 和 250 s,在经历 150 次吸放氢循环后,调光区间的衰减幅度很小,这也得益于 Mg-Ti 薄膜能在反复的吸放氢循环中能够保持稳定的结构[124]。钛、钒、铌还可以作为中间层起到防止钯与镁基层间扩散的作用,这一效果与钽类似。相对第一、二代变色材料有着明显的优势:具有较大的光学透过率可调节范围、可调节光的波长范围大、成本低、过渡金属相对于稀土金属不易氧化等优点。但这类变色材料的变色性能依赖于合金组分的比例,不同配比的 Mg-过渡金属合金薄膜具有不同的变色效果。Mg-Ni 合金薄膜在氢化态的颜色将由 Ni 组分比例较高时的深红色转变为浅黄色,这限制了 Mg-Ni 合金薄膜在调光玻璃方面的实际应用。同时,其他镁过渡族金属体系如 Mg-Ti 合金在透明状态下,虽接近无色,但其可见光透射率却不足 40%,调光效果较差。

第四代金属氢化物变色材料为 Mg-碱土金属(Ca、Ba、Sr)型氢化物。Yamada 等[125]率先在镁碱土金属调光薄膜方面取得突破,通过直流磁控溅射的方法,在石英玻璃基底上制得了覆盖钯的 Mg-Ca 合金薄膜,当钙含量为 0.06 时可见光透射率达到最大值 46%。在此之后,相继利用锶和钡取代钙,与镁复合制备了 Mg-Sr 和 Mg-Ba 合金薄膜,$Mg_{0.8}Sr_{0.2}$ 薄膜的氢化态可见光透射率为 45%,$Mg_{0.45}Ba_{0.55}$ 薄膜的氢化态可见光透射率可达到 50%。该类材料的变色性能也依赖于合金组分间的比例,如 $MgCa_x$ 只有在 $0.035<x<0.075$ 范围才具有良好的变色性能。

在以往对氢致变色镁基调光薄膜的报道中,镁基合金薄膜是主流的研究对象,大多数新体系的开发基本是以相同合金元素的储氢材料为基础,进而研究其转型成薄膜方面的应用。鉴于过渡族金属氧化物在镁基氢能源材料方面的优异性能,目前已研发到了第五代变色薄膜材料,即镁-过渡金属氧化物薄膜。其中,最具代表性的为 Mg-TiO_2 复合薄膜。TiO_2 能够催化 Mg 和氢的反应,能够显著提高 Mg 的吸放氢动力学,因而 Mg-TiO_2 复合薄膜具有良好的变色性能。上海交通大学 Liu 等[126]通过磁控溅射的方法将镁与 TiO_2 共沉积为复合膜层,再覆盖一层钯,制备出了多个 Mg-TiO_2 配比的 Pd/Mg-TiO_2 调光薄膜,并对其氢致变色特性进行研究。结果发现 TiO_2 摩尔百分比为 10% 的薄膜,比同等条件下无 TiO_2 添加的 Pd/Mg 薄膜提升了 23.6%,而放氢态薄膜反射率接近 70%。

我国在氢致变色镁基薄膜方面取得了一定的成果,但仍然处于基础研发阶段,氢致变色薄膜材料的拓展开发和产业化应用基础研究仍有待进一步加强。由于磁控溅射的方法很适合 Mg-TiO_2 薄膜的合成,未来的发展方向将沿着镁-过渡族金属氧化物薄膜在氢致变色调光玻璃领域的发展,改进工艺、优化性能、共同推动镁-过渡族金属氧化物调光薄膜的应用开发。

2)氢致变色镁基光纤传感薄膜

氢气作为一种清洁能源载体将在未来的可持续发展型社会中发挥关键作用,然而当空气中的氢气含量(体积分数)位于 4% ~75% 时,遇明火则会发生爆炸。因此在氢气的储存、运输和使用过程中应避免氢气泄漏等问题,配备灵敏可靠的氢气探测装置势在必行。以往的氢气探测工作主要是通过催化电阻检测器或电化学装置来实现,此类器件目前仍存在缺陷。因此,将目光转向了光纤传感器。光纤末端沉积的钯或金属氧化物层氢化时会产生光学信号的变化,通过这种光学信号来检测氢气浓度。光纤的信号收集器可以从感测点中分离出来,而且它占用的空间很小,单个检测器上可配置多个光纤,信号量充足可靠。因此,氢化前后光学对比度具有明显差异的光纤薄膜有着重要的应用价值,氢致变色镁基调光薄膜在光纤传感器方面的研究与应用也自此展开。

光纤氢气传感器的整体结构设计如图 5.53 所示[127]。光纤的纤芯一般是二氧化硅材质,与调光玻璃所用的基底材料石英玻璃相同,镁基薄膜沉积在纤芯末端,再覆盖钯作为催化层,最后加上保护涂层。Slaman 等[128]将 Mg-Ti 合金薄膜作为调光层制成光纤传感器,当周围环境中的氢气浓度由 0% 变为 1% 时,光纤薄膜的反射率可在 8 ~20 s 内从 61% 下降到 7%,气氛中的氧气浓度越高反应时间越长。虽然这种光纤薄膜具有良好的重现性,且对纤维表面的黏附性较强,但是在 50 次吸放氢循环后,薄膜放氢所用的时间会从 130 s 增加至 300 s。为了进一步优化其性能,将镁、钛分成双层结构制备了一种新型 Pd/Mg/Ti 光纤薄膜,通过透射率或反射率的变化观察薄膜经历金属、绝缘体之间转换的区域,可用来直接测量施加的氢气压力,检测范围可从 200 Pa 延伸至 4 000 Pa。

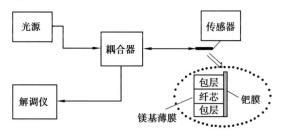

图 5.53　光纤氢气传感器的结构设计示意图[127]

为了满足传感器对响应速度的需求,Zhao 等[129]分别制备非晶态和晶态的 Pd/Mg 和 Pd/Mg-Ni 薄膜,研究发现非晶态的薄膜比相应的结晶薄膜具有更快的光学转换特性,非晶态的无定形镁基层组织可以防止具有阻挡作用的氢化物的层形成,促进了氢原子在镁基层内的扩散。基于这一发现,可以通过非晶化改善氢致变色镁基薄膜的响应特性。

由于含有稀土元素的薄膜在氢致转变过程前后具有明显的颜色差异,从信号量的角度考虑,它们非常适用于光纤氢气传感器,然而部分稀土元素易氧化的特点限制了其在空气环境中的检测速度。Song 等[130]通过共溅射的方法在石英基底上制备一种 Pd-Y 合金薄膜,在 293 K 的空气中放置一个月后,已经发生性能退化的薄膜经 473 K 退火处理又重新恢复了氢气快速响应特性,这可能归因于应力松弛机制。如图 5.54 所示,在 0.1% ~ 2% 的氢气浓度(体积分数)范围内,薄膜的响应值随氢气浓度的增加呈线性变化。Pd/Mg-Y15% 调光薄膜经历 10 000 次吸放氢循环后仍能保持较好的光学转换特性,表明氢致变色镁基薄膜在光纤氢气传感器领域具有很大的发展潜力。虽然我国在氢致变色镁基功能薄膜方面取得了一定的成果,但仍处于基础研发阶段,氢致变色薄膜材料的拓展开发、产业化应用基础研究等仍然有待进一步加强。

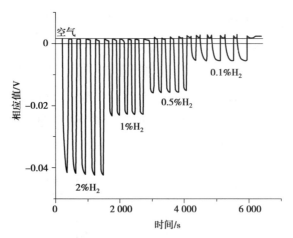

图 5.54　薄膜的响应值随氢气浓度的增加的曲线[130]

虽然镁基氢化物在变色薄膜领域的研究已经有了比较全面地开展,但其距离商品化还很遥远,很多方面还有待突破。镁基氢化物变色材料需要的制作处理工艺比较复杂,成本较高,需要昂贵的 Pd 或 Pt 等贵金属作催化剂,薄膜的耐久性虽然有所改善,但还有待提高,薄膜放氢反应对温度有一定依赖性等。因此,未来关于镁基储氢材料在变色薄膜领域有两个发展方向。一是发挥现有镁基氢化物变色材料优良性能的特点,在此基础上通过一些工艺方法,获得突破,改善薄膜材料变色性能,降低制备成本。例如可以尝试在合金薄膜中掺杂 Zr,Mn,Y,V 等元素,研究其变色性能变化;也可以尝试采用电镀、溶胶凝胶等成本较低的制备方法降低成本。二是研究开发和设计新的镁基氢化物变色材料,在镁基储氢材料中寻找新的可以作为复合薄膜的氢储存层的材料,并且能够满足在纳米尺寸下透明、对温度比较敏感等条件。

5.3.5　其他应用领域

1)化学合成的催化剂

金属间化合物如 $LaNi_5$,Mg_2Ni,Zr_2Ni,$TiFe$ 等对氢的吸收和释放具有可逆性。反应时氢是被分解后吸收的,氢是以单元子存在于表面的,说明金属间化合物的表面具有相当大的活性。因此,它们作为活性催化剂已引起人们的关注。特别是有氢参与的反应,有望产生高的活性和特殊性。

镁基储氢材料在这一领域也有相关报道,其主要以 Mg_2Ni 和 Mg_2Cu 为主。Imai 等[131]报道了用 $FeTi$、$(Fe_{0.9}Mn_{0.1})Ti$、$CaNi_5$、$LaNi_{4.7}Al_{0.3}$、Mg_2Cu 等储氢合金在甲醇、乙醇放氢反应中的催化活性的研究结果。Tomohico 等[7]于 1990 年在脉冲反应器中于 0.1 MPa 的氢气氛和 503 K 温度下,研究 Mg_2Cu 合金在 C_{18} 醇合成反应中的活性,结果指出 Mg_2Cu 经 773~973 K 预氧化处理后,在第 2、3 次脉冲后产率可达 100%,面积比活性超过 CuCrO 催化剂。在有机化合物的加氢反应中,镁基材料氢化物不仅可以起催化作用,同时氢化物中以原子态溶解的氢具有很高的活性,能有效地氢化不饱和的化合物,兼具"氢源"的功能,对催化加氢起到关键作用。在有机物加氢的多数情况下,镁基材料氢化兼具催化与氢源的作用。

2)医学领域

氢气是一种理想的医用气体,能够在细胞水平发展作用,可以作为对抗心脑血管、癌症、代谢和呼吸系统疾病的新型治疗策略的候选。早在 1975 年，Dole 等[132] 在 *Science* 上发表论文证明，动物连续呼吸氢气（8 个大气压，其中 97.5% 氢，2.5% 氧）14 天可有效治疗动物皮肤恶性肿瘤，并认为是通过抗氧化作用实现的。2007 年 7 月，Ohsawa 等[133] 报告动物呼吸 2% 的氢气可显著改善脑缺血再灌注损伤，发现氢气可以选择性中和轻自由基和亚硝酸阴离子，而后两者是氧化损伤的最重要介质。因此认为，氢气治疗脑缺血再灌注损伤的基础是选择性抗氧化作用。数十年来，我国氢医学的研究发展也非常迅猛，已有上百家研究机构在生物医学的不同领域开展了氢分子医学的相关研究。目前，很多氢相关产品得到研发和推广，比如吸氢机、氢氧呼吸机、富氢水杯、氢食品等。

镁基固态储氢材料的医用价值主要归功于它的两大分解产物——镁离子和氢气。首先，镁是人体必需的常量元素，镁基合金在人体生理环境中可腐蚀降解，镁在人体中降解无毒，且镁离子是人体内一种重要的离子。镁离子参与人体多种生理活动是通过作为酶的辅助因子来完成的，可以激活催化大约 350 种酶系统，并与线粒体细胞及所有膜结构和功能完整性有关。镁离子通过激活膜上的 Na^+-K^+-ATP 酶来保持细胞内钾的稳定。因此，镁对维持心肌、神经、肌肉的正常生理活动起着特殊的作用，其中对骨形成的作用尤为显著[134]。其次，大量研究表明，氢气具有抗氧化、抗炎症和抗细胞凋亡的生物效应，对人类常见的如心血管疾病、糖尿病、阿尔兹海默症和肿瘤等 70 多种慢性疾病均具有良好的辅助治疗效果，氢气在生物医学领域显示出巨大的应用潜力。

由于氢分子的特性，氢的获取应用在日常生活中有很多不便之处，使用镁基固态储氢材料研发的氢健康产品，很好地解决了日常生活中氢的获取和应用问题，使氢健康深入生活成为可能。镁基固态储氢材料的水解在室温下就能进行，反应条件温和，放氢量大，约为 15.2 *wt%*，是热分解放氢量的两倍[135]。上海镁源动力科技有限公司将镁基固态储氢材料运用到了医疗健康领域的衍生品中，包含吸氢机、富氢杯及洗护用富氢片剂，不同于常规的吸氢机、富氢杯，无须用电，产生的氢气纯度高，不存在余氯和臭氧问题。图 5.55 上海镁源动力公司开发的富氢杯与吸氢机。富氢杯不受饮品种类和温度限制，符合中国人喜欢热饮的习惯；吸氢机小型化，使用便捷。

(a) 富氢杯 　　　　　　　　　(b) 吸氢机

图 5.55　氢健康产品

　　镁基固态储氢材料在生物医学领域具有广阔的发展前景,值得基础医学和临床应用研究的重视。目前上海镁源动力公司联合华山医院,上海交通大学氢科学中心等单位合作,初步验证了氢化镁在炎症、肿瘤、免疫性疾病、细菌感染治疗中所具有的高安全性和有效性;与日本及国内相关企业合作,利用氢化镁水解缓释产生的氢来还原氧化自由基,对人体产生较好的保健作用。未来,氢化镁也将在氢健康和氢医学领域得到推广应用。

　　作为氢科学与技术创新发展领域的重点板块,氢医学近年来在学术和产业方面都取得一系列发展成果。随着可降解镁基医用材料"降解可控-生物适配"功能一体化表面改性修饰的关键科学技术问题的解决,镁基储氢材料有望成为新型医学材料。镁基储氢医学材料研发,也为推动氢科学领域产学研深度融合发展做出积极贡献。未来镁基储氢材料作为医学应用的发展方向主要是实现其可控释氢和诱导组织修复功能及其相关分子学机制的阐明。

3) 农业领域

　　氢气是目前广泛应用于工业的清洁能源,也是一种具有生物学功能和高生物安全性的气体信号分子。2003 年 Dong 等通过对固氮放氢作用的研究和根际微生物的分析,提出"氢肥理论",即不含吸氢酶的根瘤菌在固氮过程中释放的氢气能够促进根际氢氧化细菌的生长并进一步促进植物生长[136]。通过研究发现氢气能够有效地改良土壤,调节植物生长状态;提高植物的抗逆及抗氧化能力,降低果蔬的呼吸作用,进而提高其保鲜时长等作用[137]。因此,有研究认为氢气可作为潜在的化肥替代品。然而,直接使用氢气应用于大田生产显然是不现实的。有人试图利用氢水棒或电解的办法获得富氢水以浇灌植物,但是受限于成本和实际条件无法大规模使用该方法;且氢气在水中溶解度低,滞留时间短,这给氢气在农业中的应用带来一定的不便。

镁基储氢材料发展与研究,为探索适用于氢农业的稳定可靠的供氢方式提供技术支持。镁基储氢材料在农业和畜牧业领域的应用也是基于镁和氢的共同作用。镁基储氢材料作为一种缓释氢肥,起到调节植物激素的作用,提高植物的抗逆性,促进植物的营养吸收,改善土壤微生物群落结构,有利于植物生长发育。分解产生的镁离子是叶绿素的合成元素,是植物光合作用所必须的;产生的氢气可直接被植物根系吸收,或释放到地表空气中形成氢气氛围被植物各组织部分吸收[138]。在土肥、水肥、叶肥中加入镁氢缓释材料,将是农业领域氢应用的可行的方法,对农业产生有利的影响。

氢化镁不仅是一种高效储氢材料,还作为一种安全的生物供氢材料。不过,氢化镁水溶液为碱性,不利于植物生长,限制其实际应用。上海交通大学氢科学中心丁文江院士和邹建新教授课题组以高纯 MgH_2 为材料,利用柠檬酸缓冲液进一步提高其产氢效率,并调节 pH 值到植物适宜的范围。图 5.56 为几种不同氢化镁-柠檬酸缓冲液与富氢水等溶液下不同天数康乃馨切花照片。实验结果发现,与对照蒸馏水相比,氢化镁-柠檬酸缓冲液可以延长康乃馨切花的瓶插寿命约 52%,并比单独使用氢化镁和电解制备的富氢水效果好[138]。

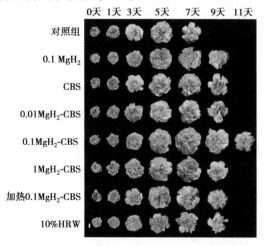

图 5.56 几种不同氢化镁-柠檬酸缓冲液与富氢
水等溶液下不同天数康乃馨切花照片[138]

镁基固态储氢材料作为氢肥料有以下优点：①成本低、用量少，有利于大规模推广应用；②无污染，基本无残留，环保效果好；③应用范围广，可在旱地、水田大规模应用，也可以应用于温室大棚、无土栽培、盆栽、插花等领域。若将氢化镁粉末当作农肥使用，其产生的氢对植物有很好的生长调节作用，增强植物的光合作用，提高亩产。小麦大田试验结果表明，采用添加 MgH_2 粉末灌溉的小麦产量可以提升 15% 左右。因此，氢化镁作为肥料添加剂，可促使农作物增产，未来在农业方面具有极大的应用潜力和市场。同时，有研究结果显示，在牛羊等饲养中加入氢气，会改善牛羊体质，减少抗生素使用，同时奶品蛋白质含量显著提高，而镁基固态储氢材料在供氢的同时补充镁元素，是优良的饲料添加剂。

我国部分地区土壤和植物镁缺乏症日益严重的问题显示出氢化镁在农业生产应用上可能具有很大的潜力。未来发展将拓展镁基储氢材料氢化物的应用范围，从工业到农业，进一步挖掘氢化镁在氢农业中的应用潜力，促进氢经济的全面发展。

参考文献

[1] LI J, LI B, SHAO H, et al. Catalysis and downsizing in Mg-based hydrogen storage materials[J]. Catalysts, 2018, 8(2): 89.

[2] CHEN X, LI C, GRAETZEL M, et al. Nanomaterials for renewable energy production and storage[J]. Chemical Society Reviews, 2012, 41(23): 7909-7937.

[3] ZHONG H, WANG H, LIU J, et al. Altered desorption enthalpy of MgH_2 by the reversible formation of Mg(In) solid solution[J]. Scripta Materialia, 2011, 65(4): 285-287.

[4] WANG H, ZHONG H, OUYANG L, et al. Fully reversible de/hydriding of Mg base solid solutions with reduced reaction enthalpy and enhanced kinetics[J]. The Journal of Physical Chemistry C, 2014, 118(23): 12087-12096.

[5] REILLY JR J J, WISWALL JR R H. Reaction of hydrogen with alloys of magnesium and nickel and the formation of Mg_2NiH_4[J]. Inorganic Chemistry, 1968, 7(11):

2254-2256.

[6] 胡子龙. 贮氢材料 [M]. 北京: 化学工业出版社, 2002.

[7] GUO J, HUANG C, YANG K, et al. The Effects of Sn Element on Hydrogen Storage Characteristics of $Mg_{2-x}Sn_xNi$ (x = 0, 0.05, 0.1, 0.15, 0.2) Alloys[J]. MRS Online Proceedings Library (OPL), 2006, 971.

[8] 蓝志强, 肖潇, 苏鑫, 等. Al 掺杂对 Mg_2Ni 合金的电子结构及贮氢性能的影响 [J]. 物理化学学报, 2012, 28(08): 1877-1884.

[9] YANG H, YUAN H, JI J, et al. Characteristics of $Mg_2Ni_{0.75}M_{0.25}$ (M = Ti, Cr, Mn, Fe, Co, Ni, Cu and Zn) alloys after surface treatment[J]. Journal of Alloys and compounds, 2002, 330: 640-644.

[10] 李谦, 蒋利军, 林勤, 等. 银和铝对 Mg_2Ni 合金储氢性能的影响[J]. 中国有色金属学报, 2003(4): 864-870.

[11] TAKAHASHI Y, YUKAWA H, MORINAGA M. Alloying effects on the electronic structure of Mg_2Ni intermetallic hydride[J]. Journal of Alloys and Compounds, 1996, 242(1-2): 98-107.

[12] MEYER M, MENDOZA-ZÉLIS L. Mechanically alloyed Mg-Ni-Ti and Mg-Fe-Ti powders as hydrogen storage materials[J]. International Journal of Hydrogen Energy, 2012, 37(19): 14864-14869.

[13] LI Q, LIN Q, CHOU K, et al. A mathematical calculation of the hydriding characteristics of $Mg_{2-x}A_xNi_{1-y}B_y$ alloy systems[J]. Journal of Alloys and Compounds, 2005, 397(1-2): 68-73.

[14] VAJO J J, SALGUERO T T, GROSS A F, et al. Thermodynamic destabilization and reaction kinetics in light metal hydride systems[J]. Journal of Alloys and Compounds, 2007(446): 409-414.

[15] VAJO J J, MERTENS F, AHN C C, et al. Altering hydrogen storage properties by hydride destabilization through alloy formation: LiH and MgH_2 destabilized with Si [J]. The Journal of Physical Chemistry B, 2004, 108(37): 13977-13983.

[16] ZHONG Y, YANG M, LIU Z-K. Contribution of first-principles energetics to Al-Mg thermodynamic modeling[J]. Calphad, 2005, 29(4): 303-311.

［17］ CRIVELLO J-C, NOBUKI T, KUJI T. Improvement of Mg-Al alloys for hydrogen storage applications［J］. International Journal of Hydrogen Energy, 2009, 34(4): 1937-1943.

［18］ VAJO J J, SKEITH S L, MERTENS F. Reversible storage of hydrogen in destabi- lized $LiBH_4$［J］. The Journal of Physical Chemistry B, 2005, 109 (9): 3719-3722.

［19］ PAN Y, LENG H, JIA W, et al. Effect of $LiBH_4$ on hydrogen storage property of MgH_2［J］. International Journal of Hydrogen Energy, 2013, 38 (25): 10461-10469.

［20］ SAJANLAL P R, SREEPRASAD T S, SAMAL A K, et al. Anisotropic nanomate- rials: structure, growth, assembly, and functions［J］. Nano Reviews, 2011, 2 (1): 5883.

［21］ WAGEMANS R W, VAN LENTHE J H, DE JONGH P E, et al. Hydrogen storage in magnesium clusters: quantum chemical study［J］. Journal of the American Chemical Society, 2005, 127(47): 16675-16680.

［22］ CHEUNG S, DENG W-Q, VAN DUIN A C, et al. $ReaxFF_{MgH}$ reactive force field for magnesium hydride systems［J］. The Journal of Physical Chemistry A, 2005, 109(5): 851-859.

［23］ BERUBE V, CHEN G, DRESSELHAUS M. Impact of nanostructuring on the en- thalpy of formation of metal hydrides［J］. International Journal of Hydrogen Energy, 2008, 33(15): 4122-4131.

［24］ 卢柯. 金属纳米晶体的界面热力学特性［J］. 物理学报, 1995(9): 1454-1460.

［25］ CUI J, OUYANG L, WANG H, et al. On the hydrogen desorption entropy change of modified MgH_2［J］. Journal of Alloys and Compounds, 2018, 737: 427-432.

［26］ AGUEY ZINSOU K F, ARES FERNαNDEZ J R. Hydrogen in magnesium: new perspectives toward functional stores［J］. Energy & Environmental Science, 2010, 3(5): 526-543.

［27］ PASKEVICIUS M, SHEPPARD D A, BUCKLEY C E. Thermodynamic changes in mechanochemically synthesized magnesium hydride nanoparticles［J］. Journal of the American Chemical Society, 2010, 132(14): 5077-5083.

[28] CHO E S, RUMINSKI A M, ALONI S, et al. Graphene oxide/metal nanocrystal multilaminates as the atomic limit for safe and selective hydrogen storage[J]. Nature communications, 2016, 7(1): 1-8.

[29] CHO E S, RUMINSKI A M, LIU Y S, et al. Hierarchically controlled inside-out doping of Mg nanocomposites for moderate temperature hydrogen storage[J]. Advanced Functional Materials, 2017, 27(47): 1704316.

[30] HIGUCHI K, YAMAMOTO K, KAJIOKA H, et al. Remarkable hydrogen storage properties in three-layered Pd/Mg/Pd thin films[J]. Journal of Alloys and Compounds, 2002(330): 526-530.

[31] ZHANG J, ZHOU Y, MA Z, et al. Strain effect on structural and dehydrogenation properties of MgH_2 hydride from first-principles calculations[J]. International Journal of Hydrogen Energy, 2013, 38(9): 3661-3669.

[32] ZHANG J, MAO C, CHEN J, et al. Strain tuned dehydrogenation thermodynamics of magnesium based hydride: A first principle study[J]. Computational Materials Science, 2015(105): 71-74.

[33] LI W, LI C, MA H, et al. Magnesium nanowires: enhanced kinetics for hydrogen absorption and desorption[J]. Journal of the American Chemical Society, 2007, 129(21): 6710-6711.

[34] LI L, PENG B, JI W, et al. Studies on the hydrogen storage of magnesium nanowires by density functional theory[J]. The Journal of Physical Chemistry C, 2009, 113(7): 3007-3013.

[35] SHANG C, BOUOUDINA M, SONG Y, et al. Mechanical alloying and electronic simulations of (MgH_2+ M) systems (M= Al, Ti, Fe, Ni, Cu and Nb) for hydrogen storage[J]. International Journal of Hydrogen Energy, 2004, 29(1): 73-80.

[36] ZHANG X, SHEN Z, JIAN N, et al. A novel complex oxide $TiVO_{3.5}$ as a highly active catalytic precursor for improving the hydrogen storage properties of MgH_2 [J]. International Journal of Hydrogen Energy, 2018, 43(52): 23327-23335.

[37] BARKHORDARIAN G, KLASSEN T, BORMANN R. Fast hydrogen sorption ki-

netics of nanocrystalline Mg using Nb_2O_5 as catalyst[J]. Scripta Materialia, 2003, 49(3): 213-217.

[38] CUI J, WANG H, LIU J, et al. Remarkable enhancement in dehydrogenation of MgH_2 by a nano-coating of multi-valence Ti-based catalysts [J]. Journal of Materials Chemistry A, 2013, 1(18): 5603-5611.

[39] MALKA I, PISAREK M, CZUJKO T, et al. A study of the ZrF_4, NbF_5, TaF_5, and $TiCl_3$ influences on the MgH_2 sorption properties[J]. International Journal of Hydrogen Energy, 2011, 36(20): 12909-12917.

[40] FAN M-Q, LIU S-S, ZHANG Y, et al. Superior hydrogen storage properties of MgH_2-10 wt. % TiC composite[J]. Energy, 2010, 35(8): 3417-3421.

[41] LILLO-RÓDENAS M, GUO Z, AGUEY-ZINSOU K, et al. Effects of different carbon materials on MgH_2 decomposition[J]. Carbon, 2008, 46(1): 126-137.

[42] ULLAH RATHER S, TAIMOOR A A, MUHAMMAD A, et al. Kinetics of hydrogen adsorption on MgH_2/CNT composite[J]. Materials Research Bulletin, 2016 (77): 23-28.

[43] HOU X, HU R, ZHANG T, et al. Hydrogenation thermodynamics of melt-spun magnesium rich Mg-Ni nanocrystalline alloys with the addition of multiwalled carbon nanotubes and TiF_3[J]. Journal of Power Sources, 2016(306): 437-447.

[44] LUO F P, WANG H, OUYANG L Z, et al. Enhanced reversible hydrogen storage properties of a Mg-In-Y ternary solid solution [J]. International Journal of Hydrogen Energy, 2013, 38(25): 10912-10918.

[45] OUYANG L, CAO Z, WANG H, et al. Dual-tuning effect of in on the thermodynamic and kinetic properties of Mg_2Ni dehydrogenation[J]. International Journal of Hydrogen Energy, 2013, 38(21): 8881-8887.

[46] XIE D H, LI P, ZENG C X, et al. Effect of substitution of Nd for Mg on the hydrogen storage properties of Mg_2Ni alloy[J]. Journal of Alloys and Compounds, 2009, 478(1): 96-102.

[47] SONG W, LI J, ZHANG T, et al. Dehydrogenation behavior and microstructure evolution of hydrogenated magnesium-nickel-yttrium melt-spun ribbons[J]. RSC

Advances, 2015, 5(67): 54258-54265.

[48] SONG W, LI J, ZHANG T, et al. Microstructure and tailoring hydrogenation performance of Y-doped Mg_2Ni alloys[J]. Journal of Power Sources, 2014(245): 808-815.

[49] LIANG G, HUOT J, BOILY S, et al. Hydrogen storage in mechanically milled Mg-$LaNi_5$ and MgH_2-$LaNi_5$ composites[J]. Journal of Alloys and Compounds, 2000, 297(1-2): 261-265.

[50] WANG P, ZHANG H, DING B, et al. Structural and hydriding properties of composite Mg-$ZrFe_{1.4}Cr_{0.6}$[J]. Acta materialia, 2001, 49(5): 921-926.

[51] ARES J R, LEARDINI F, DíAZ-CHAO P, et al. Non-isothermal desorption process of hydrogenated nanocrystalline Pd-capped Mg films investigated by ion beam techniques[J]. International Journal of Hydrogen Energy, 2014, 39(6): 2587-2596.

[52] SCHULZ R, HUOT J, LIANG G, et al. Recent developments in the applications of nanocrystalline materials to hydrogen technologies[J]. Materials Science and Engineering: A, 1999, 267(2): 240-245.

[53] ZALUSKA A, ZALUSKI L, STRÖM-OLSEN J. Nanocrystalline magnesium for hydrogen storage[J]. Journal of Alloys and Compounds, 1999, 288(1-2): 217-225.

[54] FRIEDRICHS O, AGUEY-ZINSOU F, FERNANDEZ J A, et al. MgH_2 with Nb_2O_5 as additive, for hydrogen storage: chemical, structural and kinetic behavior with heating[J]. Acta Materialia, 2006, 54(1): 105-110.

[55] SCHIMMEL H, JOHNSON M, KEARLEY G, et al. Structural information on ball milled magnesium hydride from vibrational spectroscopy and ab-initio calculations [J]. Journal of Alloys and Compounds, 2005, 393(1-2): 1-4.

[56] JEON K-J, MOON H R, RUMINSKI A M, et al. Air-stable magnesium nanocomposites provide rapid and high-capacity hydrogen storage without using heavy-metal catalysts[J]. Nature Materials, 2011, 10(4): 286-290.

[57] NORBERG N S, ARTHUR T S, FREDRICK S J, et al. Size-dependent hydrogen storage properties of Mg nanocrystals prepared from solution[J]. Journal of the

American Chemical Society, 2011, 133(28): 10679-10681.

[58] ZHANG S, GROSS A F, VAN ATTA S L, et al. The synthesis and hydrogen storage properties of a MgH_2 incorporated carbon aerogel scaffold[J]. Nanotechnology, 2009, 20(20): 204027.

[59] QU J, WANG Y, XIE L, et al. Superior hydrogen absorption and desorption behavior of Mg thin films[J]. Journal of Power Sources, 2009, 186(2): 515-520.

[60] QU J, LIU Y, XIN G, et al. A kinetics study on promising hydrogen storage properties of Mg-based thin films at room temperature[J]. Dalton Transactions, 2014, 43(15): 5908-5912.

[61] SANDROCK G. A panoramic overview of hydrogen storage alloys from a gas reaction point of view[J]. Journal of Alloys and Compounds, 1999, s293-295 (2): 877-888.

[62] 解立帅. 镁基合金的微观结构、吸放氢行为与组织稳定性[D]. 西安: 西北工业大学, 2020.

[63] GARNER S, CHAISE A, RANGO P D, et al. MgH_2 intermediate scale tank tests under various experimental conditions[J]. International Journal of Hydrogen Energy, 2011, 36(16): 9719-9726.

[64] DELHOMME B, RANGO P D, MARTY P, et al. Large scale magnesium hydride tank coupled with an external heat source[J]. International Journal of Hydrogen Energy, 2012, 37(11): 9103-9111.

[65] 佚名. 氢枫能源:镁基固态储氢设备阶段性成果发布[EB/OL]. [2020-07-14]. https://baijiahao. baidu. com/s? id = 1672132618955500354&wfr = spider&for=pc.

[66] 全球新能源网. 氢枫能源百辆氢能重卡落地济宁[EB/OL]. [2020-08-11]. https://www. xny365. com/news/article-204934. html

[67] NISHIMIYA N, SUZUKI A, ONO S. A novel batch-type hydrogen transmitting system using metal hydrides[J]. International Journal of Hydrogen Energy, 1982, 7(9): 741-750.

[68] 陈庆辉, 周裕妩. 全球唯一的镁基固态储氢车亮相第 22 届工博会[EB/OL].

［2020-09-16］. https：//news. dayoo. com/gzrbyc/202009/16/158752 _ 53568452. htm.

［69］ HYDREXIA. Hydrexia provides hydrogen storage equipmen，metal hydride，Mg-based solid-state hydrogen storage trailer［EB/OL］. ［2022-06-28］. https：// hydrexia. com/equipment/applications.

［70］ 佚名. 上海镁源动力科技有限公司［EB/OL］. ［2022-05-20］. http：//www. mg-power. com. cn.

［71］ 陈庆，廖健淞. 一种燃料电池用有序层状镁基合金储氢材料及制备方法：108832138A［P］.

［72］ 佚名. 集萃先进能源材料与应用技术研究所"氢燃料电池电动两轮车"项目荣获常州市创新创业大赛一等奖［J］. 新能源科技，2021（8）：1.

［73］ 李谦，罗群. 金属氢化物热力学与动力学［M］. 上海：上海大学出版社，2021.

［74］ 邹建新. 基于镁基储氢材料的发电站系统：207664150U［P］.

［75］ 大角泰章. 金属氢化物的性质与应用［M］. 北京：化学工业出版社，1990.

［76］ 张为强，张少春. 化工厂尾气中提纯净化高纯氢气以及各式金属氢化物氢气储罐的开发分析［C］. 中国环境科学学会 2006 年学术年会优秀论文集（下卷），2006：227-230.

［77］ 周承商，刘咏，刘彬. 一种纳米镁基储氢合金粉末的应用：111217327A［P］.

［78］ 王伟伟，周晓松，龙兴贵. 金属氢化物法分离氢同位素研究进展［J］. 同位素，2011，24（S1）：15-20.

［79］ 鲍泽威，吴震，SERGE N N，等. 金属氢化物高温蓄热技术的研究进展［J］. 化工进展，2012，31（8）：1665-1670，1676.

［80］ BOGDANOVI B，HOFMANN H，NEUY A，et al. Ni-doped versus undoped Mg-MgH_2 materials for high temperature heat or hydrogen storage［J］. Journal of Alloys and Compounds，1999，292（1-2）：57-71.

［81］ BOGDANOVIC B，SPLIETHOFF B. Active MgH_2-Mg-systems for hydrogen storage ［J］. International Journal of Hydrogen Energy，1987，12（12）：863-873.

［82］ KAWAMURA M，ONO S，HIGANO S. Experimental studies on the behaviours of hydride heat storage system[J]. Energy Conversion and Management, 1982, 22 (2): 95-102.

[83] BOGDANOVIE B, SPLIETHOFF B, RITTER A. The magnesium hydride system for heat storage and cooling[J]. Zeitschrift Für Physikalische Chemie, 1989, 164 (Part2): 1497-1508.

[84] REISER A, BOGDANOVIC B, SCHLICHTE K. The application of Mg-based metal-hydrides as heat energy storage systems [J]. International Journal of Hydrogen Energy, 2000, 25(5): 425-430.

[85] FELDERHOFF M, BOGDANOVIE B. High temperature metal hydrides as heat storage materials for solar and related applications[J]. International Journal of Molecular Sciences, 2009, 10(1): 325-344.

[86] BOGDANOVIĆ B, RITTER A, SPLIETHOFF B. Active MgH_2-Mg systems for reversible chemical energy storage[J]. Angewandte Chemie International Edition, 2010, 29(3): 223-234.

[87] WIERSE M, WERNER R, GROLL M. Magnesium hydride for thermal energy storage in a small-scale solar-thermal power station[J]. Journal of the Less Common Metals, 1991, 172: 1111-1121.

[88] GROLL M, ISSELHORST A, WIERSE M. Metal hydride devices for environmentally clean energy technology[J]. International Journal of Hydrogen Energy, 1994, 19(6): 507-515.

[89] URBANCZYK R, PEINECKE K, PEIL S, et al. Development of a heat storage demonstration unit on the basis of Mg_2FeH_6 as heat storage material and molten salt as heat transfer media[J]. International Journal of Hydrogen Energy, 2017, 42 (19): 13818-13826.

[90] 万琦, 蒋利军, 李志念, 等. 太阳能集热发电用 Mg 基储热材料的研究现状 [J]. 新材料产业, 2016(5): 58-62.

[91] 李刚, 刘华军, 李来风, 等. 金属氢化物热泵空调研究进展[J]. 制冷学报, 2005(2): 1-7.

[92] 倪久建, 杨涛, 陈江平, 等. 金属氢化物热泵和空调[J]. 太阳能学报, 2006

（3）：314-320.

［93］BOGDANOVI B, RITTER A, SPLIETHOFF B, et al. A process steam generator based on the high temperature magnesium hydride/magnesium heat storage system ［J］. International Journal of Hydrogen Energy, 1995, 20(10)：811-822.

［94］张志强, 王玉平. 储氢材料及其在含能材料中的应用［J］. 精细石油化工进展, 2006(11)：28-31.

［95］陈曦, 邹建新, 曾小勤, 等. 镁基储氢材料在含能材料中的应用［J］. 火炸药学报, 2016, 39(3)：1-8.

［96］SCHAPBACH L, ZUTTEL A. Hydrogen-storage materials for mobile applications ［J］. Nature, 2001, 414(6861)：353-358.

［97］REILLY J J, WISWALL R H. Reaction of hydrogen with alloys of magnesium and nickel and the formation of Mg_2NiH_4［J］. Inorganic Chemistry, 1968, 7(11)：2254-2256.

［98］刘磊力, 李凤生, 支春雷, 等. 镁基储氢材料对AP/Al/HTPB复合固体推进剂性能的影响［J］. 含能材料, 2009, 17(5)：501-504.

［99］刘晶如, 罗运军. 贮氢合金燃烧剂与固体推进剂常用含能组分的相容性研究 ［J］. 兵工学报, 2008(9)：1133-1136.

［100］刘晶如, 罗运军. 含储氢合金的丁羟推进剂固化气孔问题研究［J］. 固体火箭技术, 2011, 34(1)：92-96.

［101］张洋, 徐司雨, 赵凤起, 等. MgH_2对含能材料点火燃烧性能影响的实验研究 ［J］. 火炸药学报, 2021, 44(4)：504-513.

［102］刘磊力, 李凤生, 支春雷, 等. Mg_2NiH_4对高氯酸铵热分解过程的影响［J］. 高等学校化学学报, 2007(8)：1420-1423.

［103］FICHTNER M, FUHR O, KIRCHER O. Magnesium alanate—a material for reversible hydrogen storage［J］. Journal of Alloys and Compounds, 2003, 356：418-422.

［104］FIFER R A, COLE J E. Catalysts for nitramine propellants：4379007［P］.

［105］YAO M, CHEN L, PENG J. Effects of $MgH_2/Mg(BH_4)_2$ powders on the thermal decomposition behaviors of 2,4,6-trinitrotoluene (TNT)［J］. Propellants Explosives Pyrotechnics, 2015, 40(2): 197-202.

[106] 姚淼, 陈利平, 堵平, 等. Mg(BH$_4$)$_2$ 和 MgH$_2$ 对 RDX 热分解特性的影响 [J]. 中国安全科学学报, 2013, 23(1): 115-120.

[107] LIU Y, CAO Y, HUANG L, et al. Rare earth-Mg-Ni-based hydrogen storage alloys as negative electrode materials for Ni/MH batteries[J]. Journal of Alloys and Compounds, 2011, 509(3): 675-686.

[108] 朱敏. Mg 基储氢合金及其在 Ni-MH 电池中应用的研究进展[J]. 中国科学基金, 2001(2): 21-25.

[109] LIU Y, ZHANG X. Effect of lanthanum additions on electrode properties of Mg$_2$Ni[J]. Journal of Alloys and Compounds, 1998, 267(1-2): 231-234.

[110] CUI N, LUO J L. Electrochemical study of hydrogen diffusion behavior in Mg$_2$Ni-TYPE hydrogen storage alloy electrodes[J]. International Journal of Hydrogen Energy, 1999, 24(1): 37-42.

[111] XU Y, MULDER F M. Non-alloy Mg anode for Ni-MH batteries: Multiple approaches towards a stable cycling performance[J]. International Journal of Hydrogen Energy, 2021, 46(37): 19542-19553.

[112] OUMELLAL Y, ROUGIER A, NAZRI G, et al. Metal hydrides for lithium-ion batteries[J]. Nature materials, 2008, 7(11): 916-921.

[113] HUANG L, AYMARD L, BONNET J-P. MgH$_2$-TiH$_2$ mixture as an anode for lithium-ion batteries: synergic enhancement of the conversion electrode electrochemical performance [J]. Journal of Materials Chemistry A, 2015, 3 (29): 15091-15096.

[114] MECHELEN J, NOHEDA B, LOHSTROH W, et al. Mg-Ni-H films as selective coatings: tunable reflectance by layered hydrogenation[J]. Applied Physics Letters, 2004, 84(18): 3651-3653.

[115] HUIBERTS J N, GRIESSEN R, RECTOR J H, et al. Yttrium and lanthanum hydride films with switchable optical properties[J]. Nature, 1996, 380(6571): 231-234.

[116] LEE Y A, KALANUR S S, SHIM G, et al. Highly sensitive gasochromic H$_2$

sensing by nano-columnar WO_3-Pd films with surface moisture[J]. Sensors and Actuators B Chemical, 2017, 238: 111-119.

[117] REZAEI S D, SHANNIGRAHI S, RAMAKRISHNA S. A review of conventional, advanced, and smart glazing technologies and materials for improving indoor environment[J]. Solar Energy Materials and Solar Cells, 2017, 159: 26-51.

[118] ZHANG Y N, PENG H, QIAN X, et al. Recent advancements in optical fiber hydrogen sensors[J]. Sensors and Actuators B Chemical, 2017, 244: 393-416.

[119] 彭立明, 刘越, 陈娟, 等. 氢致变色镁基功能薄膜研究进展[J]. 中国材料进展, 2018, 37(12): 970-977, 993.

[120] YAMADA Y, MIURA M, TAJIMA K, et al. Optical switching durability of switchable mirrors based on magnesium-yttrium alloy thin films[J]. Solar Energy Materials and Solar Cells, 2013, 117: 396-399.

[121] YAMADA Y, MIURA M, TAJIMA K, et al. Influence on optical properties and switching durability by introducing Ta intermediate layer in Mg-Y switchable mirrors[J]. Solar Energy Materials and Solar Cells, 2014, 125: 133-137.

[122] RICHARDSON T J, SLACK J L, ARMITAGE R D, et al. Switchable mirrors based on nickel-magnesium films[J]. Applied Physics Letters, 2001, 78(20): 3047-3049.

[123] LOHSTROH W, WESTERWAAL R J, NOHEDA B, et al. Self-organized layered hydrogenation in black Mg2NiHx switchable mirrors[J]. Physical Review Letters, 2004, 93(19): 197404.

[124] BAO S, TAJIMA K, YAMADA Y, et al. Color-neutral switchable mirrors based on magnesium-titanium thin films [J]. Applied Physics A, 2007, 87 (4): 621-624.

[125] YAMADA Y, BAO S, TAJIMA K, et al. Optical properties of switchable mirrors based on magnesium-calcium alloy thin films[J]. Applied Physics Letters, 2009, 94(19): 191910.

[126] LIU Y, CHEN J, PENG L, et al. Improved optical properties of switchable mirrors based on Pd/Mg-TiO_2 films fabricated by magnetron sputtering[J]. Materials

and Design, 2018, 144: 256-262.

[127] SLAMAN M, DAM B, SCHREUDERS H, et al. Optimization of Mg-based fiber optic hydrogen detectors by alloying the catalyst[J]. International Journal of Hydrogen Energy, 2008, 33(3): 1084-1089.

[128] SLAMAN M, DAM B, PASTUREL M, et al. Fiber optic hydrogen detectors containing Mg-based metal hydrides[J]. Sensors and Actuators B Chemical, 2007, 123(1): 538-545.

[129] ZHAO Q, LI Y, SONG Y, et al. Fast hydrogen-induced optical and electrical transitions of Mg and Mg-Ni films with amorphous structure[J]. Applied Physics Letters, 2013, 102(16): 161901.

[130] HAN S, CHEN Y, GANG Z, et al. Optical fiber hydrogen sensor based on an annealing-stimulated Pd-Y thin film[J]. Sensors and Actuators B Chemical, 2015, 216(9): 11-16.

[131] IMAI H, TAGAWA T, NAKAMURA K. Catalytic activities of hydrogen storage alloys for decomposition of alcohols[J]. Applied Catalysis, 1990, 62(1): 348-352.

[132] DOLE M, WILSON F R, FIFE W P. Hyperbaric hydrogen therapy: a possible treatment for cancer[J]. Science, 1975, 190(4210): 152-154.

[133] OHSAWA I, ISHIKAWA M, TAKAHASHI K, et al. Hydrogen acts as a therapeutic antioxidant by selectively reducing cytotoxic oxygen radicals[J]. Nature medicine, 2007, 13(6): 688-694.

[134] 刘鹤, 陈春雨, 何畔, 等. 镁材料的特性及医学研究进展[J]. 口腔医学研究, 2013, 29(9): 874-876.

[135] 孙学军. 氢分子生物学[M]. 上海: 第二军医大学出版社, 2013.

[136] 刘照启, 张蔚然, 韩鑫, 等. 氢气与富氢水在农业生产上的应用分析[J]. 种子科技, 2020, 38(10): 102-103.

[137] 曾纪晴. 缓控释氢肥或复合氢肥的制备方法与应用: 106699330A[P].

[138] LI L, LIU Y, WANG S, et al. Magnesium hydride-mediated sustainable hydrogen supply prolongs the vase life of cut carnation flowers via hydrogen sulfide[J]. Frontiers in Plant Science, 2020(11): 595376.